U0052380

和風布花
の手作時光

從基礎開始學作和風布花の32件美麗飾品

開始捏撮和風布花吧！

撮和風布花是江戶時代流傳下來的日本傳統工藝。正因為是將裁剪得小小的正方形布片加以捏撮（つまみ）製作而成，故被稱為「捏撮和風布花（つまみ細工）」，也有人稱之為「撮花髮簪」。

除了藝妓的髮簪或成人式＆七五三節的髮飾以外，近年來也作為日常使用的飾品，或生活中的手工藝而廣為人知。

傳統的捏撮和風布花是使用一種稱為羽二重的薄質平織絲絹。本書即是以此羽二重製作的纖細布花為主，並運用了各種不同布材創造出風格各有特色的飾品。從基礎的撮花開始，到變化多樣的應用撮花技法，千萬不容錯過。

期待喜愛捏撮和風布花的你，能將捏撮和風布花的無窮魅力拓展到世界的每一個角落……

材料購入店家

TSUMAMI-DO つまみ堂（捏撮和風布花專門店）
http://tsumami-do.com

工房 和 横浜（捏撮和風布花專門店）
http://ko-bo-kazu.ocnk.net

三浦清商店（白色羽二重布 4文目）
http://www.miurasei.jp

アムリタ商店（白色羽二重布 5・8文目）
http://amsilk.shop-pro.jp/

浅草ゆうらぶ（彩色羽二重布 8文目）
http://www.youlove.co.jp

Le Bouche a Oreille ル・ブーシュ・ア・オレイユ
（真絲雪紡薄紗 6文目）
http://www.rakuten.co.jp/resonance/

SEIWA（染色材料）
http://seiwa-net.jp

吉田商事（飾品配件）
http://www.yoshida-shoji.co.jp

Staff

編輯・編排／atelier・jam（http://www.a-jam.com）

攝影／大野伸彥・山本高取

造型／オコナー マキコ

作品製作協力／CATEMO（http://catemo.ocnk.net）

造型協力／和遊び ひろこ

Contents

捏撮和風布花の步驟流程

在此將簡單介紹捏撮和風布花時，從準備到完成為止的大略步驟，以作為和風布花的入門體驗。

1 準備布片

將布裁剪成正方形布片。依據捏製作品的不同，尺寸會隨之改變。建議先裁剪出必要的片數。

2 浸濕布片

本書是將進行基本裁剪的布片浸濕之後再使用。需要使用預先浸濕的布片的作品，會於作法頁中以右側記號作為表示。 浸濕

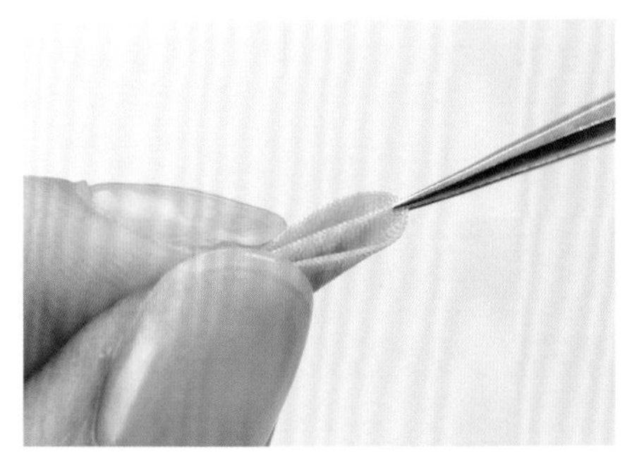

3 進行捏撮

以鑷子捏撮布片，摺疊成花瓣的形狀。除了以「劍撮」&「圓撮」為基礎之外，也有撮花的應用技法。

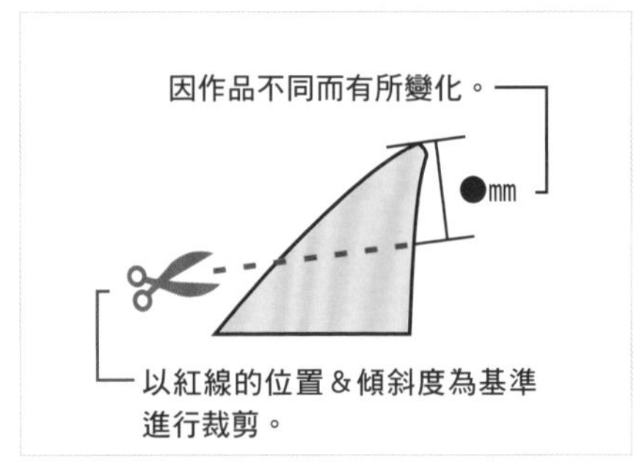

4 進行端切

斜刀剪下捏撮布花的下端，稱之為「端切」。剪下的位置則視作品的不同而所差異。不妨以圖示為基準，進行端切。

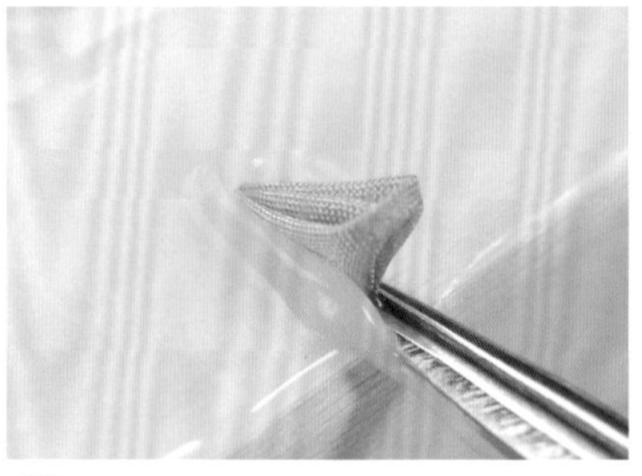

5 沾附漿糊

將捏好的布片排列於漿糊板上，靜置約10分鐘再從漿糊板上夾起來。

6 準備底座

準備葺花的底座。底座的種類會依完成的飾品款式進行改變。

7 葺於底座上

將已捏撮好的花瓣配置在底座上，再逐一製作成花朵形狀的作業，稱之為「葺」。

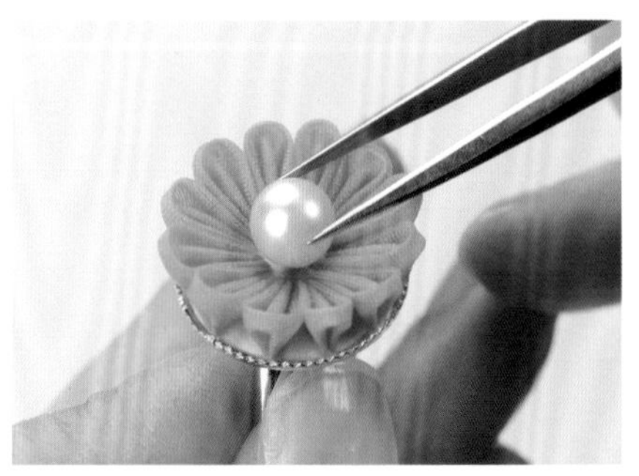

8 組裝上飾品或五金配件

於葺好的花朵上，黏接串珠等珠飾或五金配件以完成作品。

9 組合配置

將不同顏色或種類的複數花朵加以組合配置，一件作品完成了！

本書使用の撮花技法

本書的作品，皆以下列撮花技法為基礎來進行製作。

基礎の撮花◆之1

圓撮
▸p.12

二重圓撮
▸p.14

黏合布足の圓撮
▸p.18

基礎の撮花◆之2

劍撮
▸p.22

二重劍撮
▸p.25

袋撮
▸p.26

裡返劍撮
▸p.58

撮花の應用技法

菱形撮
▸p.39

二重菱形撮
▸p.45

縮撮
▸p.48

櫻撮
▸p.51

細褶撮2褶
▸p.56

細褶撮3褶
▸p.57

細褶撮變化3褶
▸p.58

細褶撮變化2褶
▸p.62

細褶返裡撮3褶
▸p.65

細褶返撮2褶
▸p.66

細褶圓撮
▸p.69

※關於書中的尺寸標記
作品的完成尺寸僅為參照標準。
實際製作時，因布材種類或葺置方法的不同，尺寸會有所差異。

捏撮和風布花の必備工具

捏撮和風布花的必備工具皆可從居家生活購物中心、均一價商店或手藝店購得。以手邊方邊取得的工具來準備即可。

鑷子
建議選擇前端筆直，捏夾處無止滑（溝槽）的鑷子。

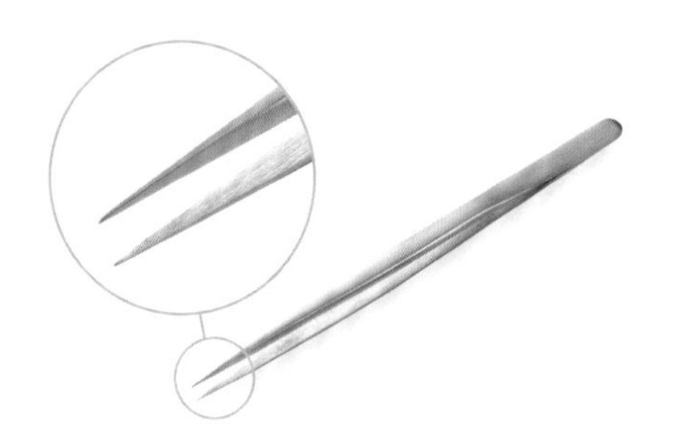

漿糊板
塗上一層漿糊之後，再排列上撮花沾附漿糊。以鮮奶盒或魚板下的木板來代替也OK。

漿糊（澱粉漿糊）
文具店裡販賣的一般漿糊。抹平在漿糊板上使用。

白膠
製作底座、加上裝飾珠飾或花蕊時使用。

小鏟・抹刀
壓住布片時使用。本書使用文字燒用的小鐵鏟。

抹膠刮刀
塗抹白膠或漿糊時使用。亦可取鮮奶盒裁下4×10cm的紙片，或以冰淇淋木匙來取代。

金屬用膠水
黏接底座＆五金配件時使用。

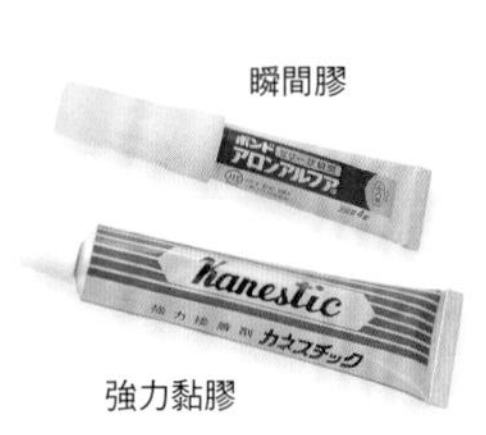

鉗子・斜口鉗
將鐵絲進行折彎或剪斷等動作時使用。建議備齊圓嘴鉗、平口鉗、斜口鉗會更方便。

圓嘴鉗

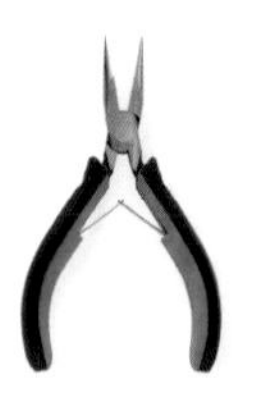
平口鉗

斜口鉗

郵票用沾水海棉
可去除沾附於鑷子上的漿糊。

除塵擦拭布
可當成作業台或擦手巾使用。建議選擇無凹凸織法的擦拭布。

托盤
可作為浸濕布片的器皿使用。

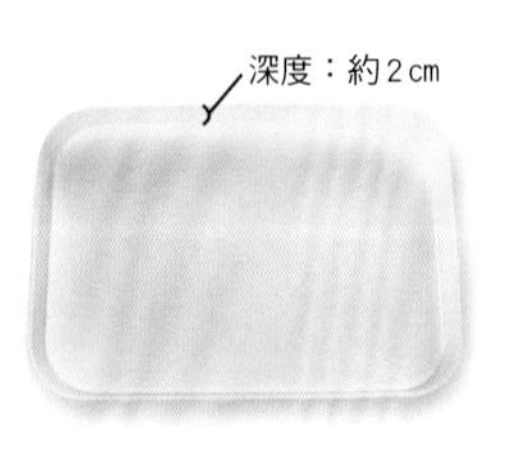

OASIS®吸水海綿或稻草束
將撮花葺於台座（p.9）時，可暫時插放製作中的作品，非常方便。

OASIS®吸水海綿

稻草束

剪刀
建議準備裁剪底墊或布片的手藝專用剪刀＆裁布剪。

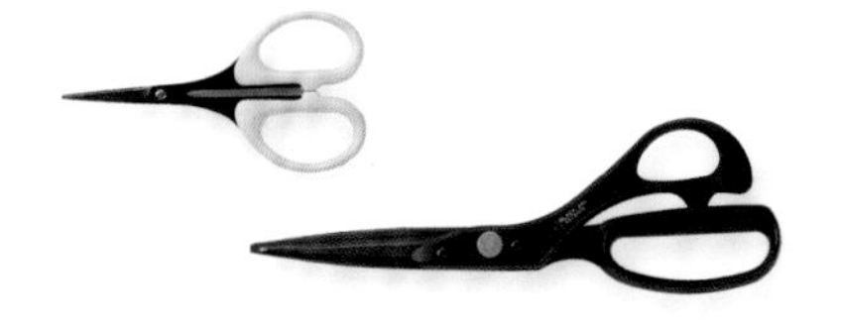

輪刀
將布片裁切成正方形時使用。

切割墊
建議選擇有方眼格的切割墊。

鐵尺
切割布片時使用。由於塑膠尺很容易割傷，因此建議使用鐵尺。

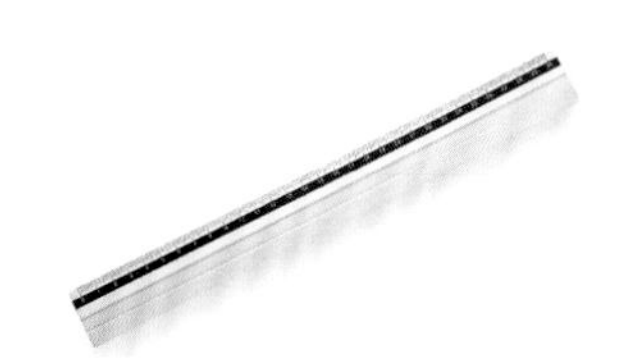

配置工具套組

待工具備齊之後，為了使作品更易於製作，請先進行套組配置，再開始製作。

① 托盤＆擦拭布（用於浸濕布片。）
② 已裁剪的布片
③ 擦拭布（用於吸取布片的水氣。）
④ 稻草束（用於暫時插放葺置途中的作品備用。）
⑤ OASIS®吸水海綿（用於暫時插放葺置途中的作品備用。）
⑥ 郵票用沾水海棉（用於去除鑷子上的漿糊。）
⑦ 漿糊板
⑧ 抹膠刮刀
⑨ 鑷子
⑩ 剪刀

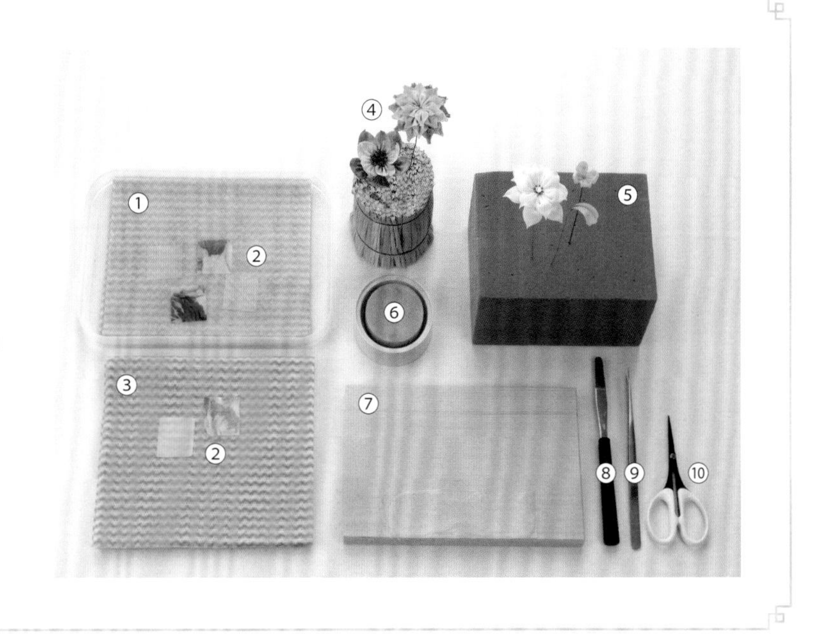

製作底座の工具

捏撮和風布花時，葺置花朵等物的底座是必備的組件。請裁剪厚紙，以布片或和紙包裹起來，製作底墊或底座。底座可以直接使用，也可以與飾品五金搭配使用。

錐子
在底墊上鑿穿孔洞之後，即可穿入花藝鐵絲。

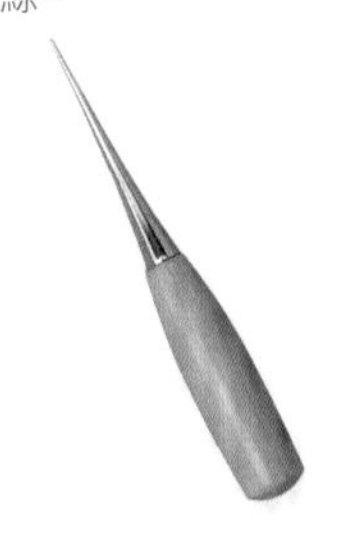

厚紙
使用類似蛋糕盒，兩面皆為白色＆具有強度的厚紙。

和紙
製作底座時使用。建議使用雲龍紙等較薄的紙款。

圓規刀
可將厚紙切割成必要大小的圓形，使用起來相當方便。

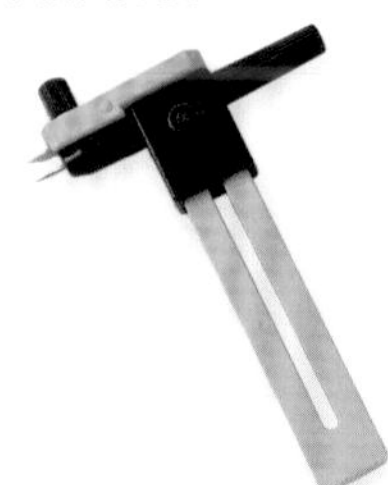

包釦
以布片或和紙包覆之後，即可製成底座。

組合用線
組合髮梳或髮簪等作品時使用。建議使用絹線或刺繡用釜線（▶p.45）。

花藝鐵絲
製作台座時使用。人造花使用的市售鐵絲，本書使用＃22至＃28的白色・綠色・茶色鐵絲。

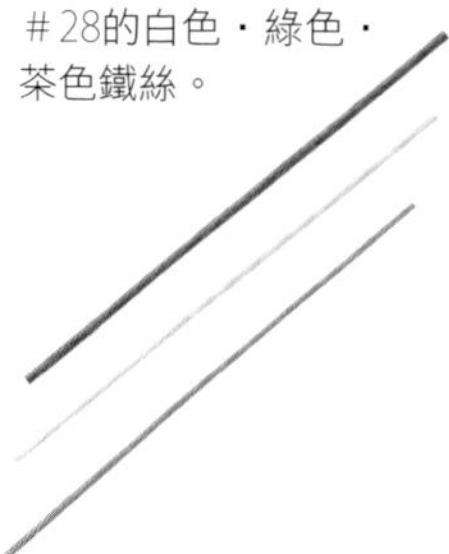

保麗龍球・切割器
製作半球花的底座時使用。以保麗龍切割器將圓球切半後使用。

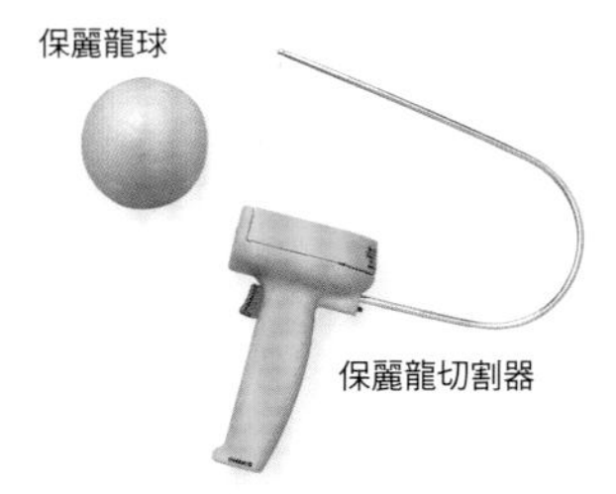

輕量黏土・量匙
製作半球花的底座時使用。

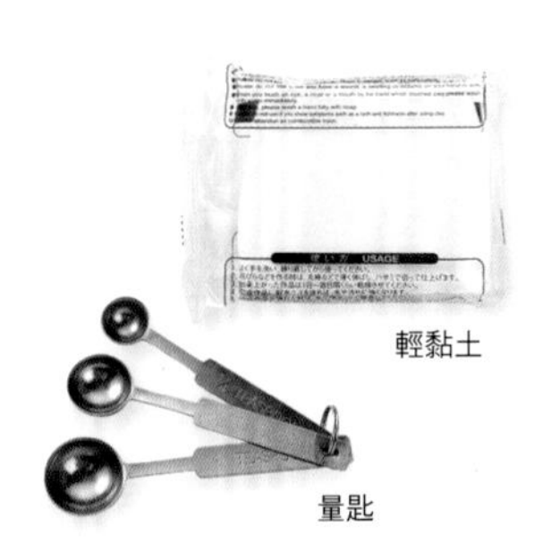

打洞器
製作圓形底墊（▶p.8）時使用。大型手藝店的皮革工藝區等處皆有販售。

▸關於布材

本書的作品主要使用羽二重（日本絲綢）、真絲雪紡薄紗、COMBED LAWN細棉布、100緞面布、Bemberg®綾織布Bemiria、和服裡布。由於布料越厚，處理時越困難，因此建議選擇薄型的布料。

布材種類

◆羽二重（絲綢100%）

羽二重為平織的絲綢布，購買純白繭綢絲絹，進行染色＆糊化之後，再行使用。並以所謂的文目（匁）這種重量單位來表示厚度，數字越大代表越厚。本書使用4文目．5文目．8文目。

※難以購買羽二重時：

如果不易購得羽二重，或覺得染色較為麻煩……亦可使用透光性佳的薄質圍巾（絲絹）來取代。

◆真絲雪紡薄紗6文目

100%絲綢的布料，兼具柔軟＆細緻的凹凸感，可完成輕柔質感印象的作品。可從專門店的線上購物中心購買。

◆COMBED LAWN細棉布（棉100%）

質地輕薄柔軟，100%純棉的布材。適用於製作休閒風格的作品，可於大型手工藝店購入。

◆Bemberg®彭帛纖維布（Cupra）

富有獨特的美麗張力＆光澤，再加上具有適當的厚度，是一款極易捏撮的布材。常被作為服裝的裡布使用，可於大型手工藝店購入。

◆EXTRA FINE 100緞面布（棉100%）

觸感滑順，帶有光澤性＆垂墜風的優異緞面布材。可從大型手工藝店或專門店的線上購物中心購買。

裁剪布材

1 端正地放置上布材，以輪刀將超出布片方格以外的部分切割下來。

2 將布片裁成正方形。在進行橫向切割時，建議將切割墊旋轉90°來進行。

3 只要事先依尺寸或顏色將裁好的布片進行分類，使用起來會更為方便。

★使用羽二重時

使用羽二重4文目時，只要於布片下方墊上一張宣紙，再進行切割，就會變得比較容易取下。

浸濕布片 浸濕

※裁好的布片在開始捏撮之前先行浸濕。

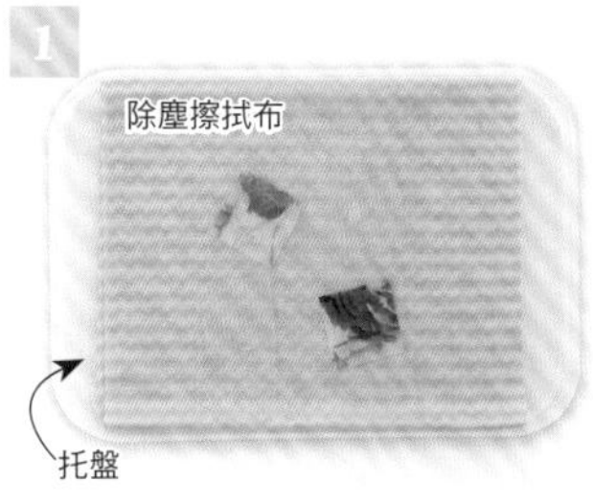

1 在托盤裡墊一張除塵擦拭布，水量注入到剛好可蓋過擦拭布的程度，並放置上裁好的布片，使布片充分浸濕。

2 擦拭布浸泡在水裡之後擰乾，再放置上步驟1的布片，以便吸取多餘的水分。

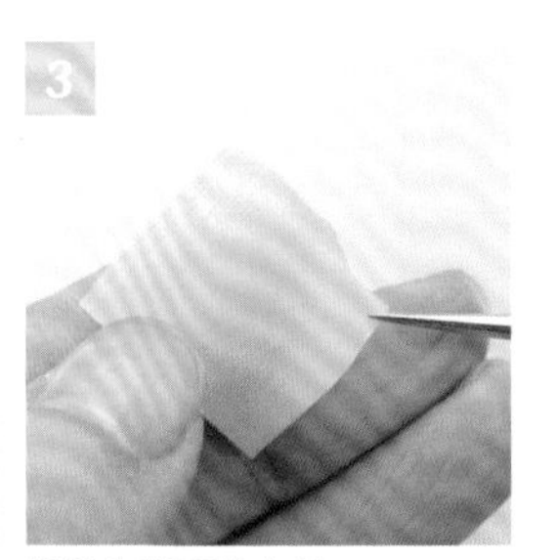

3 捏撮步驟2的布片。

★注意事項

是否需要浸濕布片，視作品的不同而有所差異。

希望作品呈現出緊實端正的印象，或使用難以捏撮的布片，即需預先浸濕布片。

希望作品呈現出圓潤飽滿的印象，或捏製黏合布足の圓撮・裡返劍撮・櫻撮時，則不需浸濕布片。

準備漿糊板

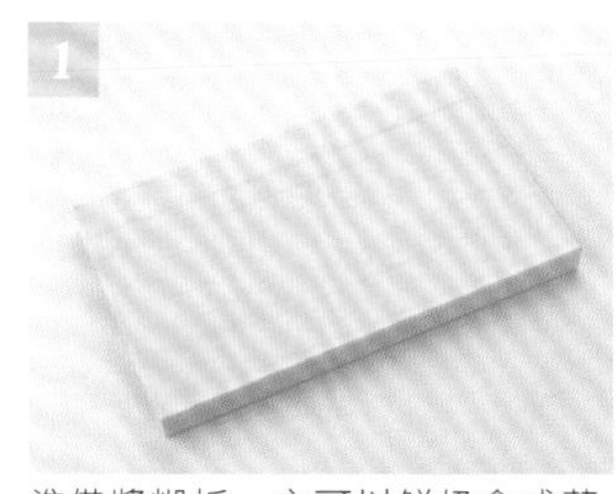

1 準備漿糊板。亦可以鮮奶盒或蒲鉾（魚板）下的木板來代替。

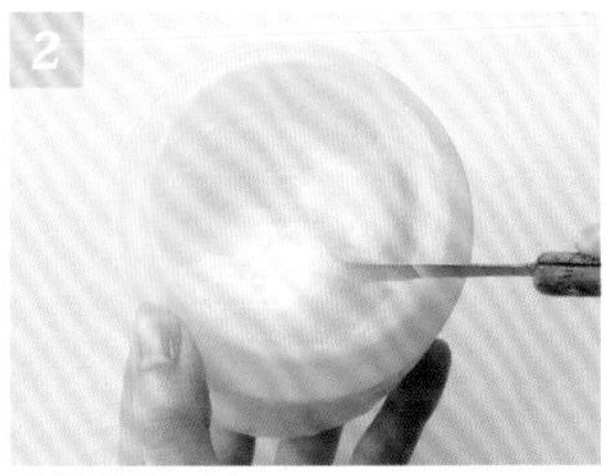

2 準備漿糊＆抹刀。

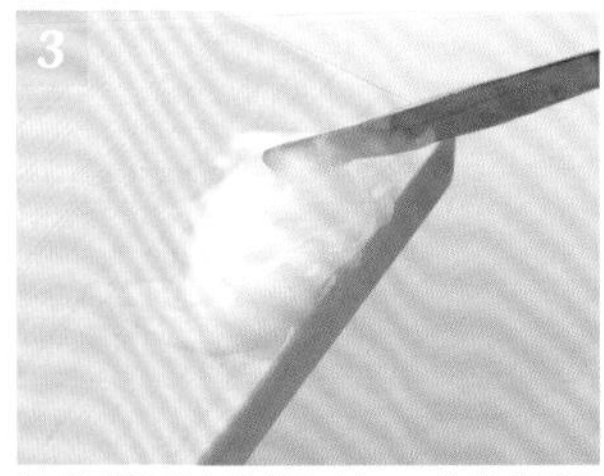

3 將漿糊置於漿糊板上。若漿糊質地較硬時，可以添加少量的水。

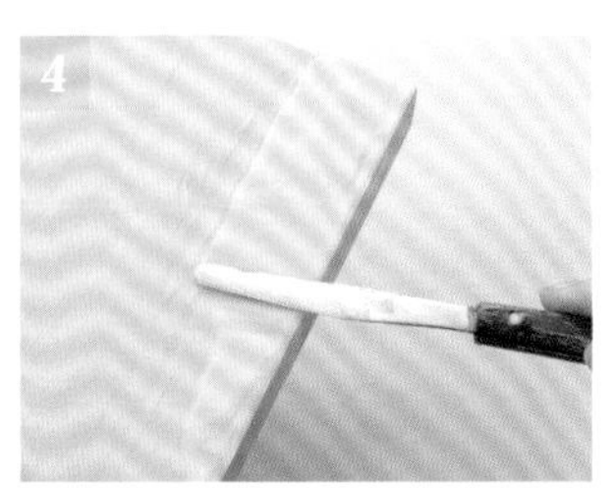

4 為使漿糊分布均勻，請盡量地拌開抹平。祕訣在於由左至右，往同一方向抹開延展。

5 完成漿糊板的準備工作。漿糊的厚度大約控制在2㎜左右，漿糊抹開的範圍則依作品的不同而有所差異。

6 將捏撮好的布片放置在漿糊板上。

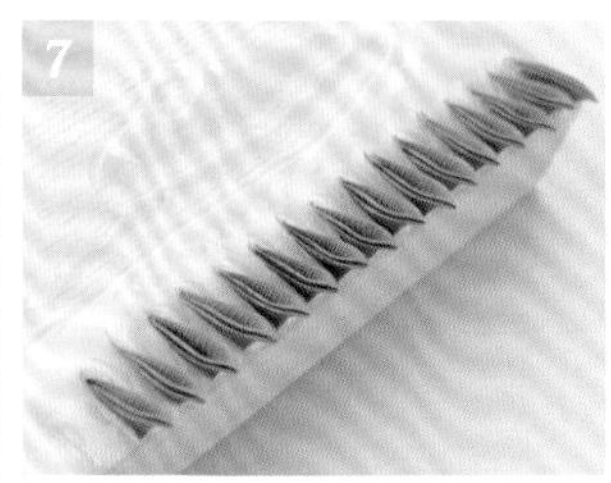

7 靜置約10分鐘後，再開始葺置。

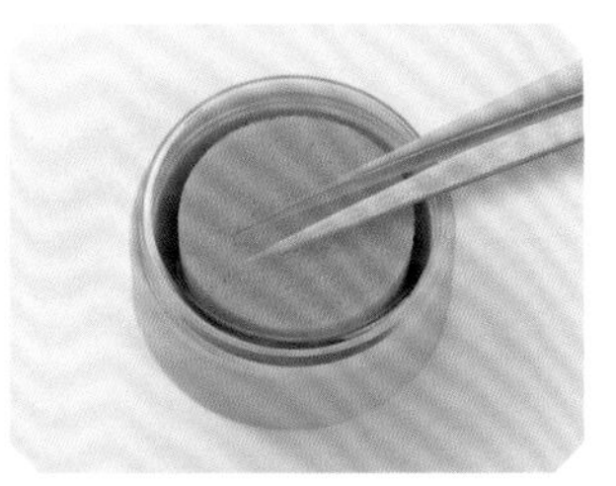

沾附於鑷子上的漿糊，應仔細地擦拭乾淨。郵票用沾水海棉相當方便好用喔！

底墊の作法

在此將介紹葺置花朵＆葉子的底墊或台座（於底墊上加裝鐵絲支撐物的底座）的作法。本書的作品雖然將打洞圓形底墊、布片圓形底墊、和紙圓形底墊區分狀況使用，但若工具或材料難以取得時，請選擇適合自己的方式來製作。

製作圓形底墊

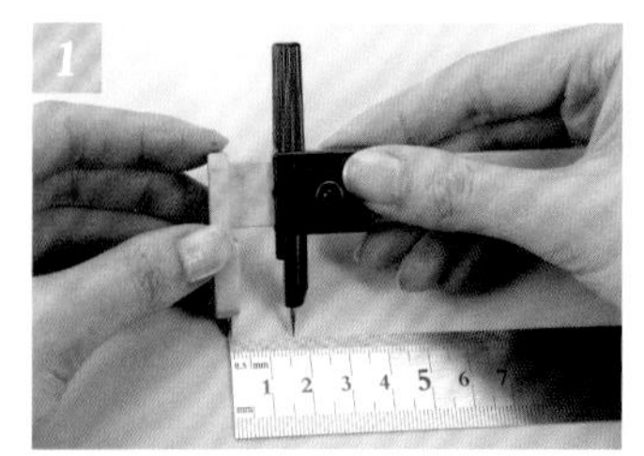
將圓規刀的刻度對準需要的長度。

將圓規刀定點在厚紙上，進行切割。

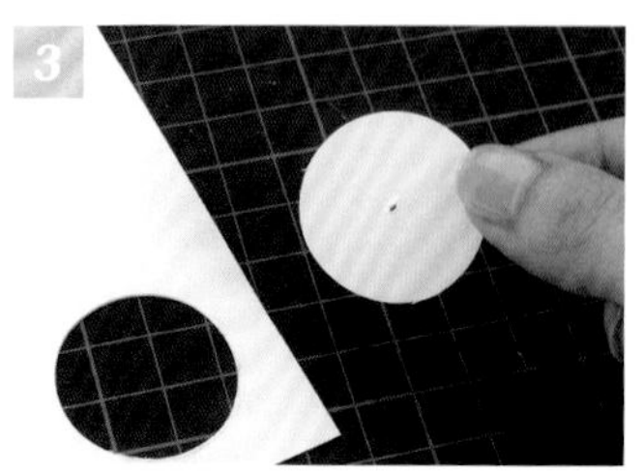
圓形底墊完成了！如果手邊沒有圓規刀，以圓規畫圓之後，再以剪刀剪下也OK。

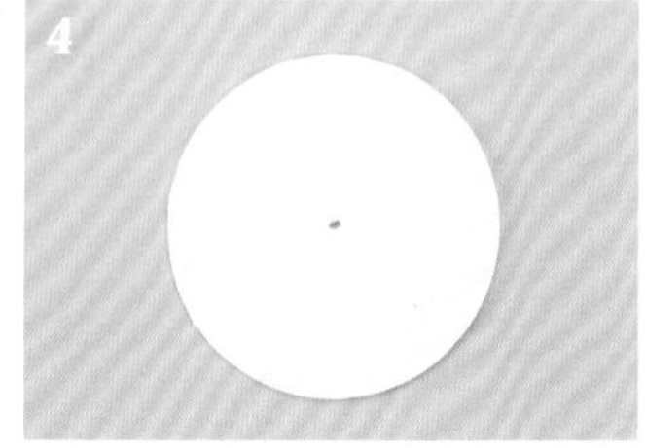
底墊尺寸視作品的不同而有所差異。

製作打洞圓形底墊 ※和紙選用與葺花布料相近的顏色。

準備厚紙＆和紙。

以抹刀將和紙塗上一層白膠後，再黏貼於厚紙上。

夾在雜誌中，靜置約1天的時間，使其充分乾燥。

放上打洞器，以木槌敲打下圓片。

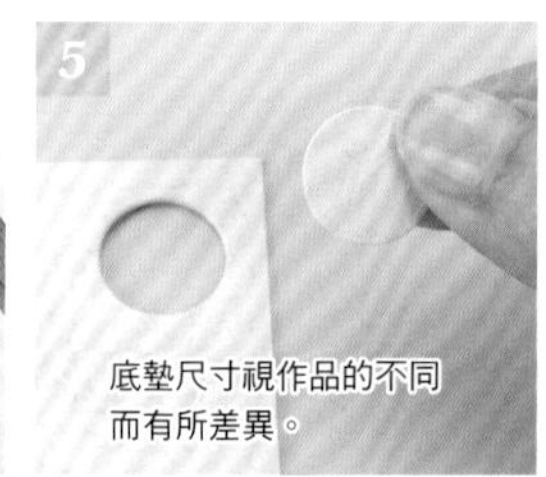

打洞圓形底墊完成！

製作和紙圓形底墊 ※和紙選用與葺花布料相近的顏色。

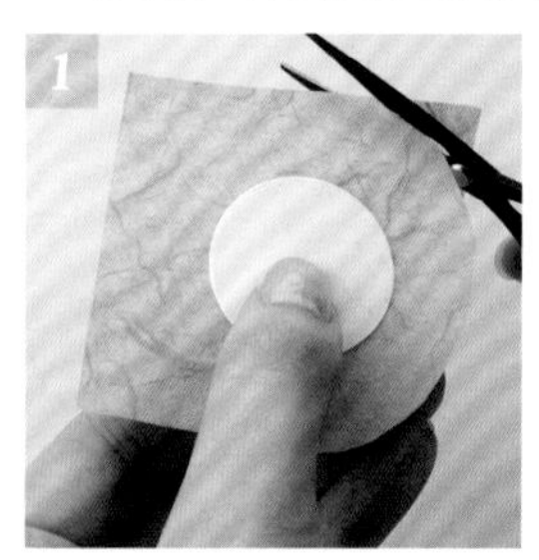
在和紙上放置圓形底墊，將和紙剪成圓形。

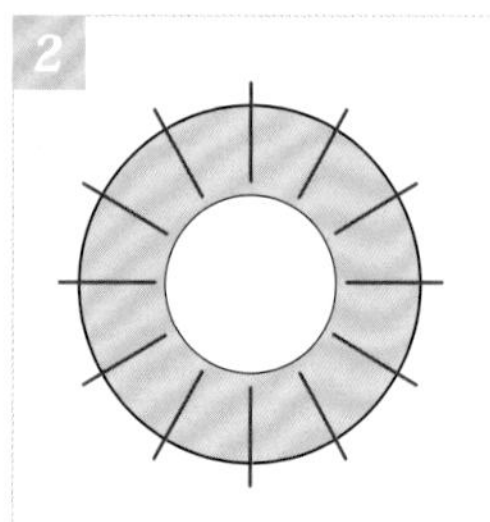
以紅線的間隔為基準，剪出牙口。

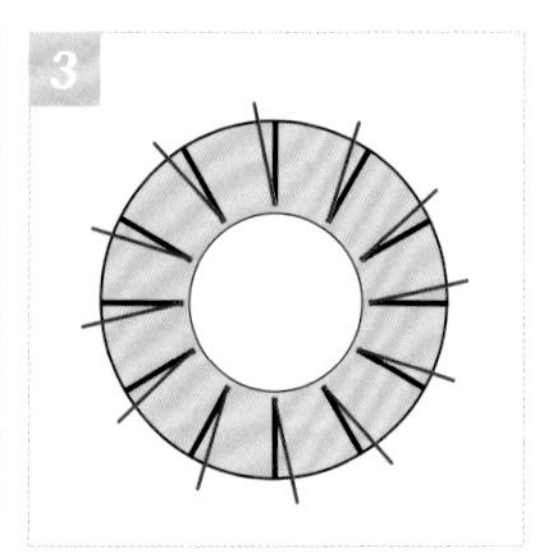
利用紅線的牙口，裁出三角形的缺口。

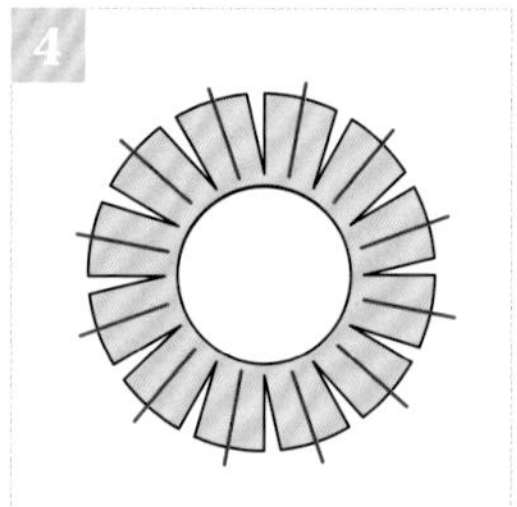
將各切片從中央對半剪出牙口。

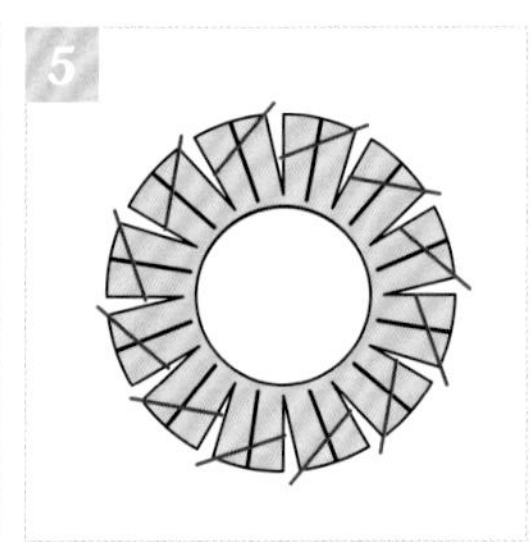
如紅線所示斜向剪下。

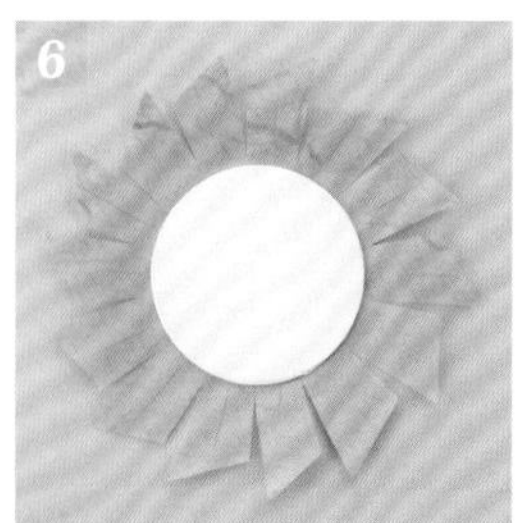
裁剪完成。

將和紙塗上一層漿糊。

黏上圓形底墊。

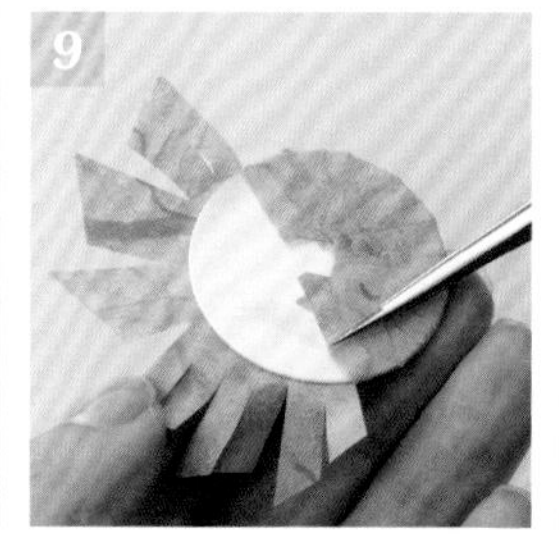
將和紙黏在圓形底墊上。

和紙圓形底墊完成！

製作布片圓形底墊

※包覆於圓形底墊或台座上的布片，儘可能使用質料輕薄的布材（八掛布〈和服裡層靠下部的內襯〉）等▶p. 43）。

1 依和紙圓形底墊（▶p.8作法1至5）的相同作法，在布片上剪牙口。

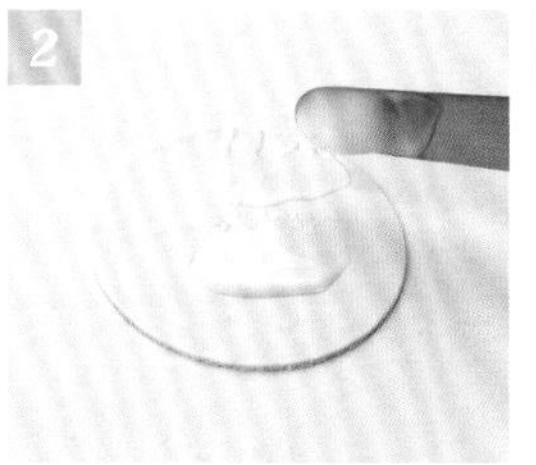

2 在圓形底墊上塗抹白膠。

3 黏接上圓形底墊，並將牙口處塗抹上白膠。

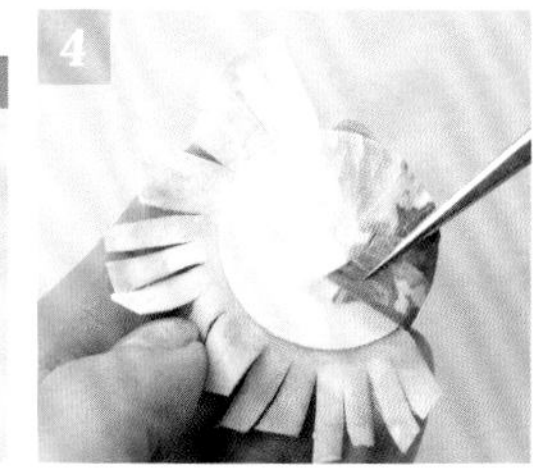

4 將布片黏貼在圓形底墊上。

5 布片圓形底墊完成！

製作台座

※將底墊加裝上鐵絲支撐物的底座，稱之為「台座」。

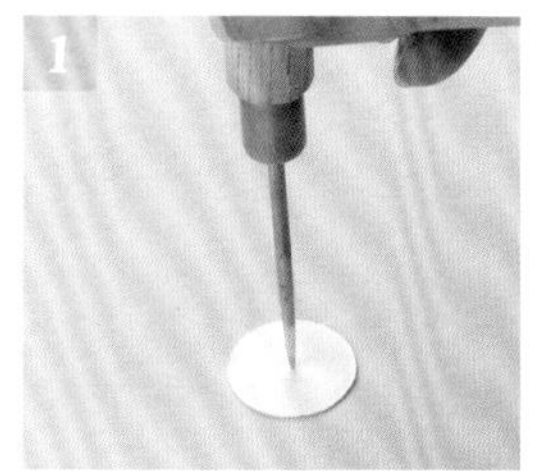

1 以錐子將圓形底墊鑿出小孔。

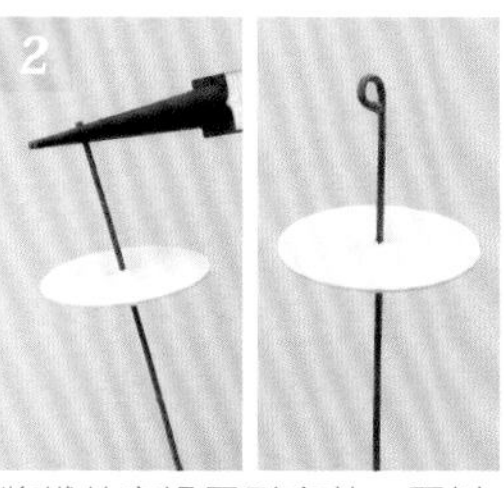

2 將鐵絲穿過圓形底墊，再以圓嘴鉗將前端捲成圈狀。

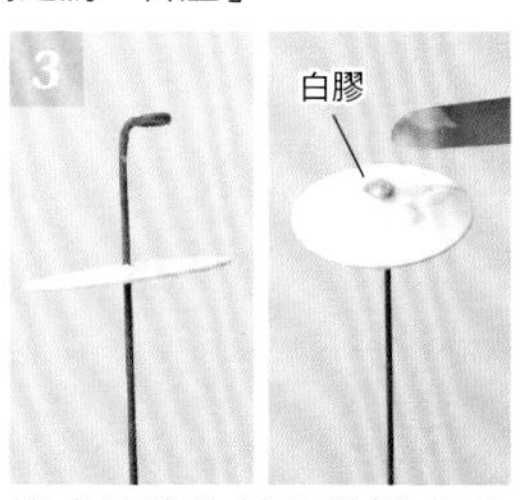

3 捲成圈狀的部分彎摺成直角。塗抹白膠，黏接鐵絲&底墊，靜置乾燥。

4 牙口處的和紙沾附上漿糊，與底墊黏在一起。
※使用布片時，則是將底墊背面塗上白膠，再黏合牙口處的布條。

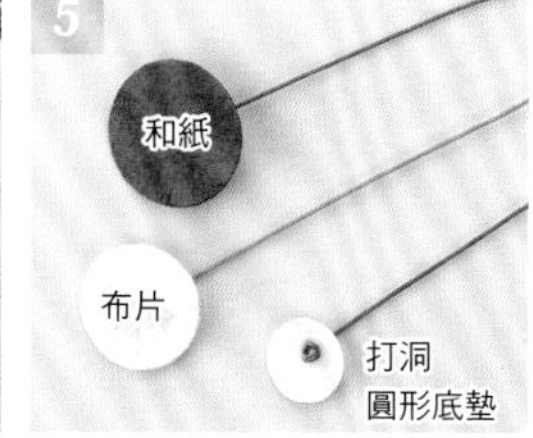

5 台座完成！
※小型台座或纖細的作品，可使用和紙；若想增加強度時，則建議使用布片。

飾品五金&裝飾用配件

以和風布花製作而成的飾品，不僅能搭配和服，也極適合日常生活的服裝穿搭。為了搭配如髮飾、胸針、日式小物……不同用途的飾品，不妨備齊喜歡的五金配件吧！

使用於花心處的配件

◆珍珠·水晶貼鑽

◆花座

◆金蔥鐵絲線

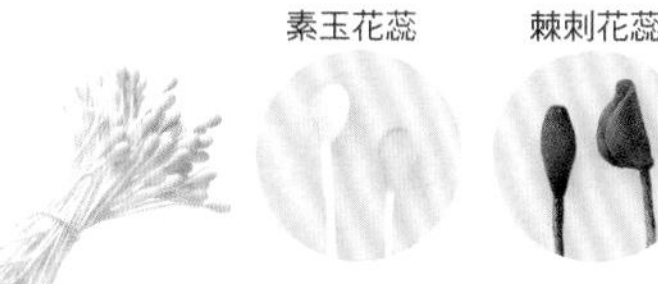

素玉花蕊　棘刺花蕊

◆人造花蕊

人造花蕊為人造花使用的花心，無論形狀或顏色的種類都相當豐富。本書中，使用前端為圓形的「素玉花蕊」&略微扁平的「棘刺花蕊」。

飾品五金類

◆圓形底托戒指

◆圓形底托

◆鞋花夾扣

◆胸針·2way胸針台等

◆髮梳

◆附裝飾台座的水滴夾

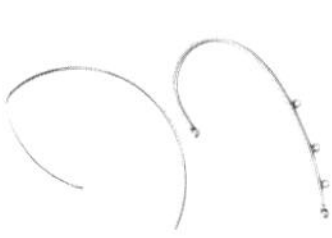

◆耳針·耳鉤

◆包鍊

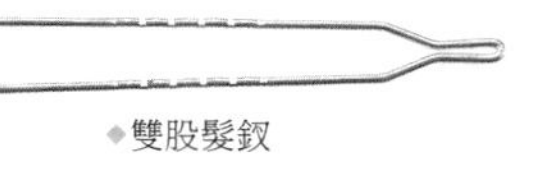

◆雙股髮釵

◆五金包覆自動髮夾

針・環圈・飾品類

於飾品最後的配置時使用。

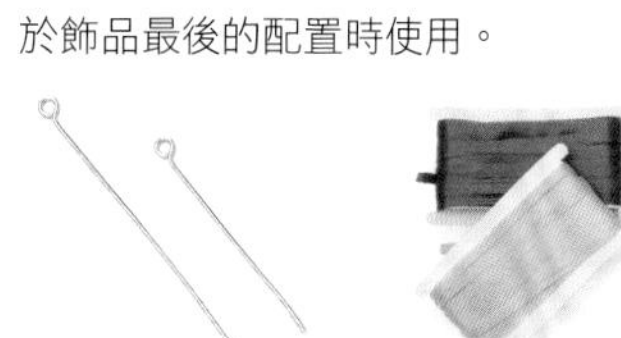

◆9針　◆緞帶

◆C圈　◆單圈

◆流蘇·飾穗

渾圓可愛の圓花配飾

No.1 圓花戒指
▶p.13

No.2 二重圓花項鍊
▶p.14

No.3 八重圓花帽針
▶p.16

以捏撮和風布花的基礎技法「圓撮」，來製作日常使用的飾品。就算僅憑圓撮技法，也可以藉由改變花瓣的片數或大小，創作出各種神情韻味的作品。

No.4 2way香梅髮夾

▶p.17

No.5 山茶花胸針

▶p.18

捏製「圓撮」

捏撮和風布花的基礎技法為「劍撮」&「圓撮」兩種。首先熟練「圓撮」的作法吧！重點在於確實地將圓撮特徵的「摺返」捏出來，並使摺返的深度整齊一致。

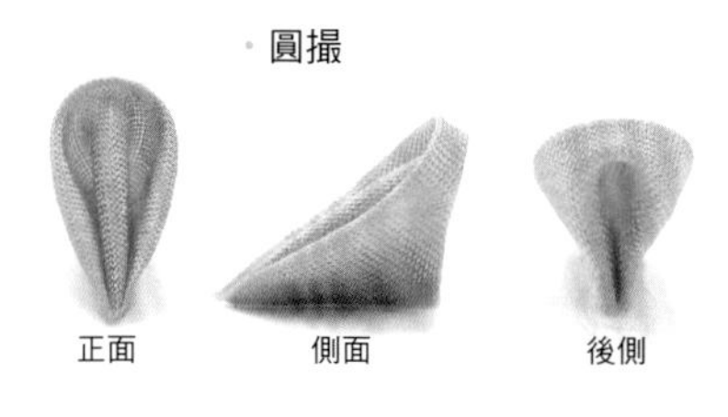

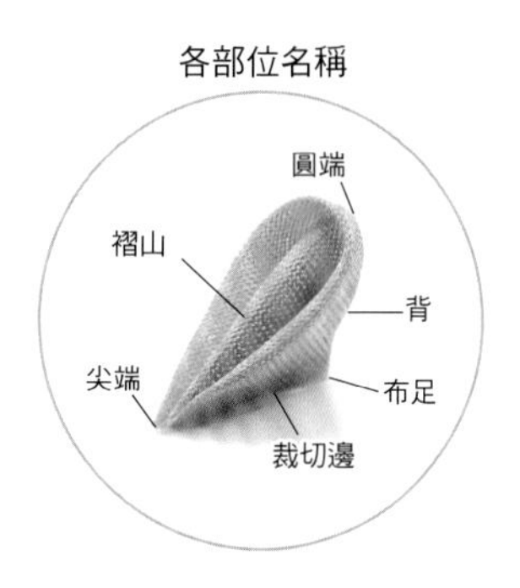

✣ 圓撮的撮花技法

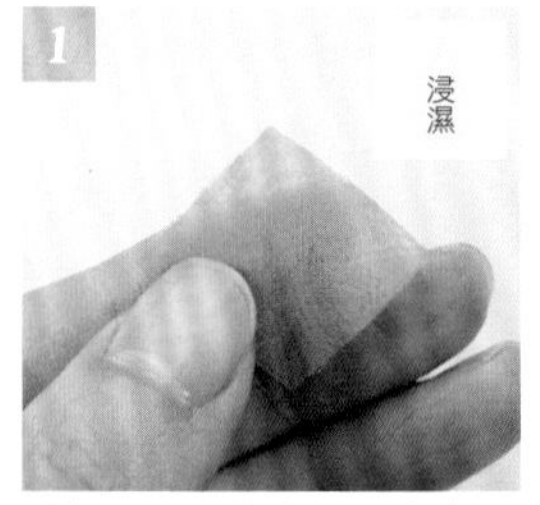

以拇指&食指夾住已裁成正方形並浸濕的布片。

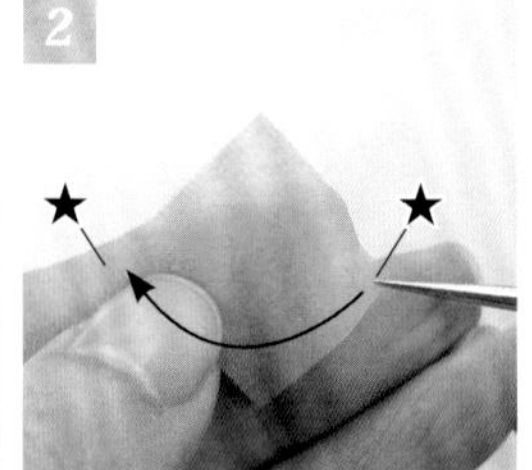

以鑷子將★與★對齊疊合。

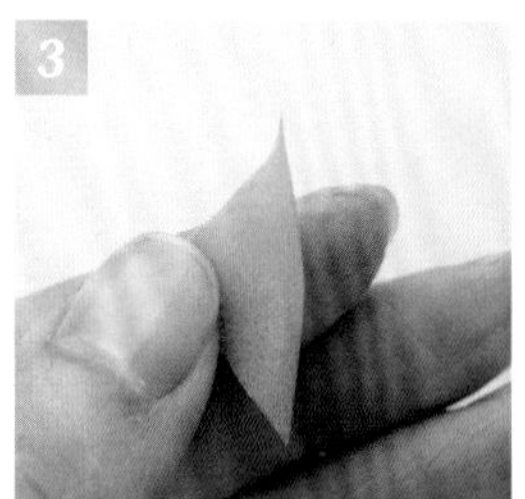

以拇指壓住對齊的布端。

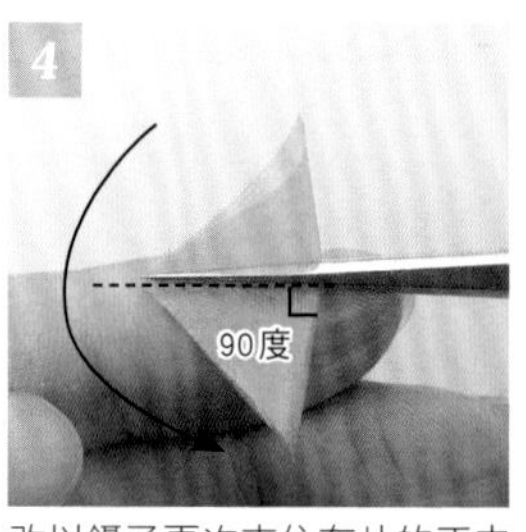

改以鑷子再次夾住布片的正中央，再次對半摺疊。

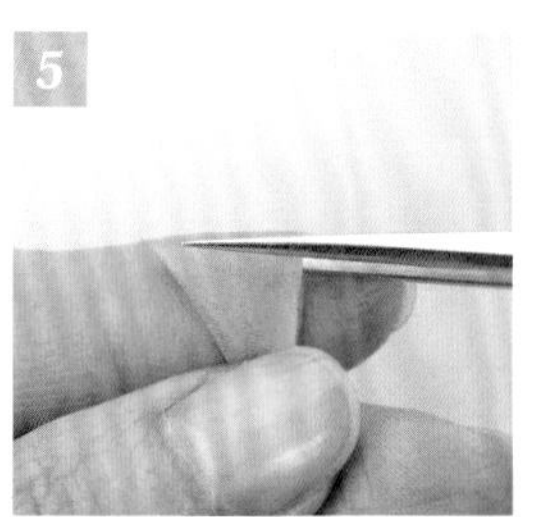

摺疊完成之後，以拇指壓住布片的下端。

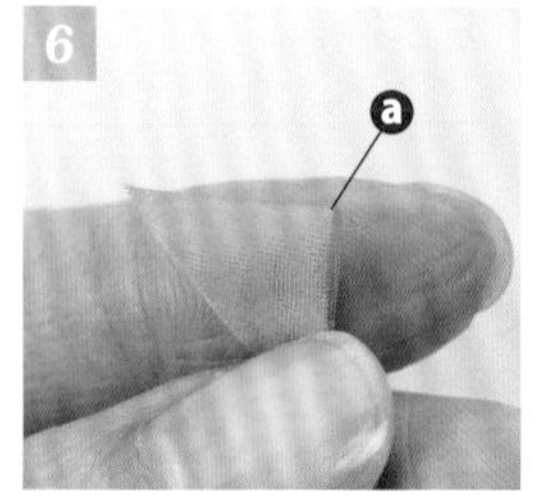

抽出鑷子，手持布片。並注意頂角ⓐ的位置。

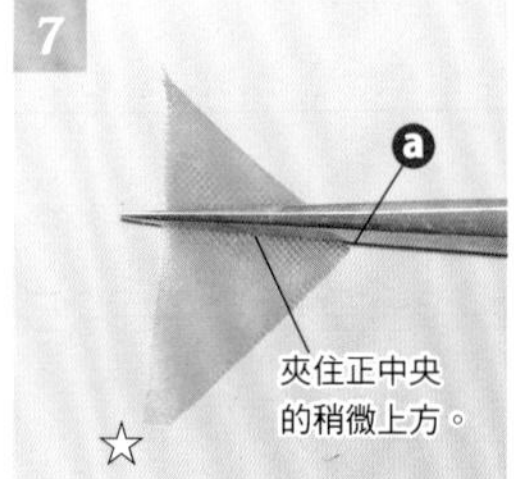

將☆處如步驟8所示展開。

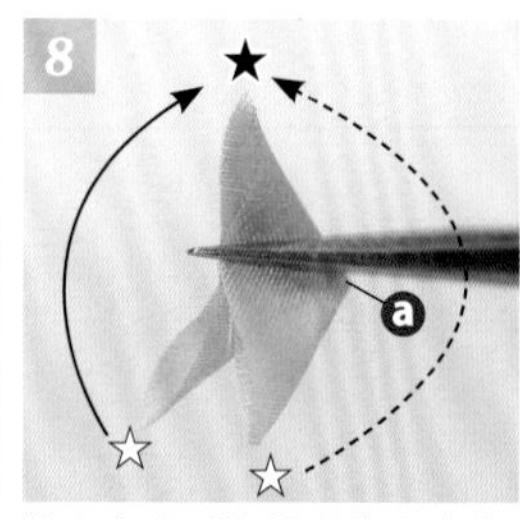

將☆處分別依箭頭的方向往上摺&對齊★處。

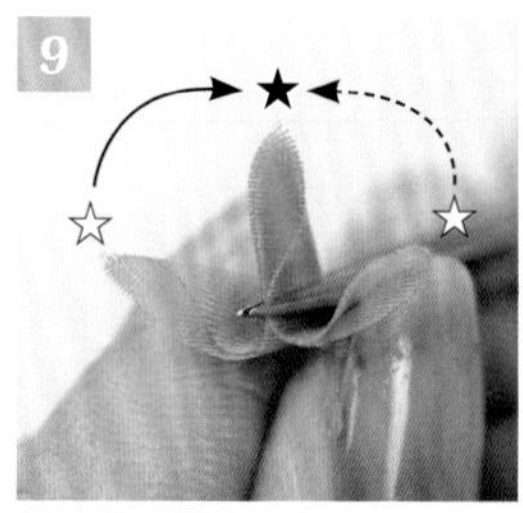

對齊步驟8的☆與★。

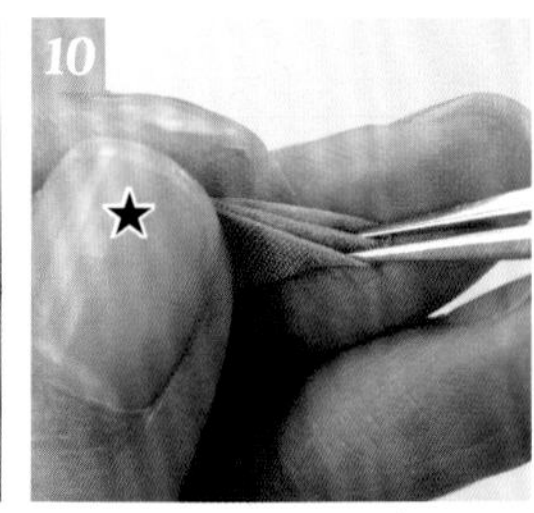

以食指&拇指壓住★處。

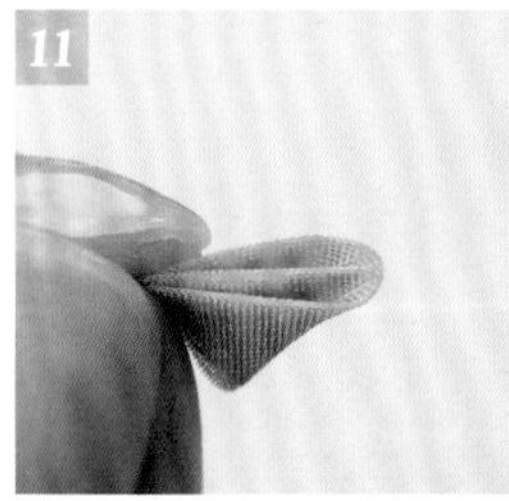

暫時移開鑷子。

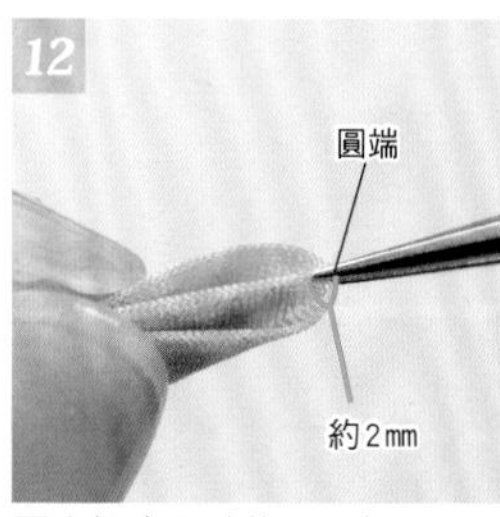

再次捏夾圓端約2mm處。

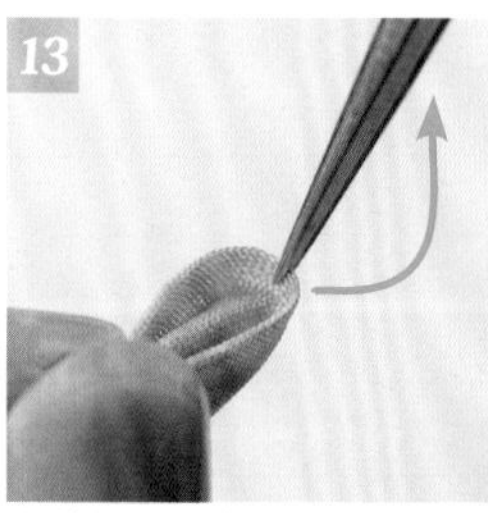

如將鑷子直立般，依箭頭的方向摺返。

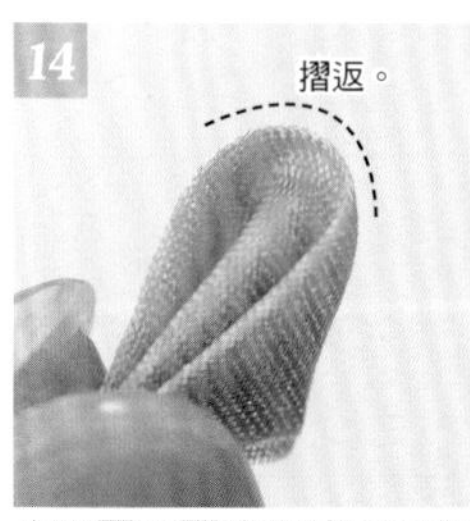

步驟12至13中完成的圓撮作法稱為「摺返」。

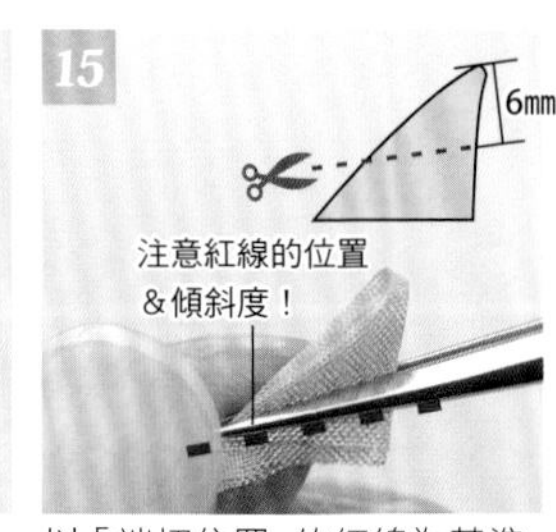

以「端切位置」的紅線為基準，以鑷子再次夾住。

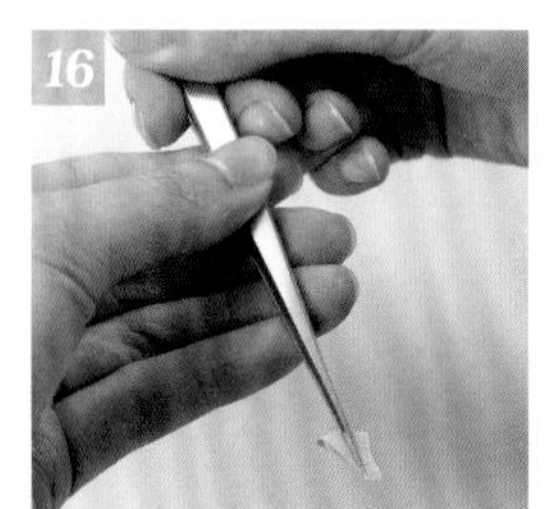

將鑷子的尖端轉至內側，改以左手拿持。

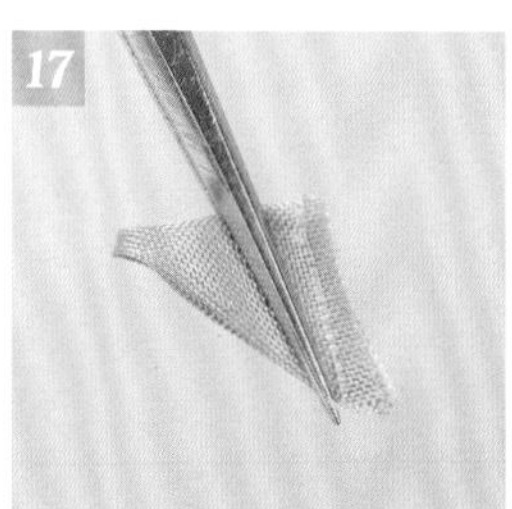

以剪刀剪下布片的下端。

裁剪的分量或角度，會因作品的不同而有所差異。

步驟15至18的作法稱為「端切」。

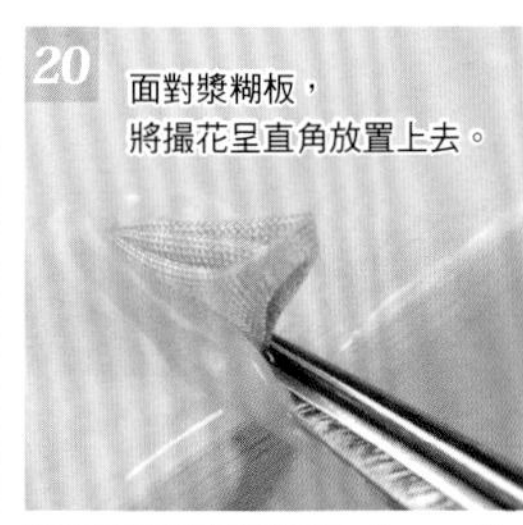

將撮花置於漿糊板（▶ p. 7）上。

p.10 No.1

圓花戒指

1A・1B・1C 材料（1個）

〈布材〉羽二重8文目
（花朵）2cm正方形×12片
〈底座〉圓形底墊（直徑1.5cm的厚紙）1片、和紙（3cm正方形）1片
〈花心〉1A：天然石串珠（直徑6mm）1顆
1B：珍珠（直徑2mm）6顆+（直徑3mm）1顆
＋藝術銅線32號→小珍珠飾品▶p.15
1C：珍珠（直徑6mm）1顆
〈飾品・五金配件類〉圓形底托戒指（直徑16mm）
【完成尺寸】直徑約1.9cm（花朵）

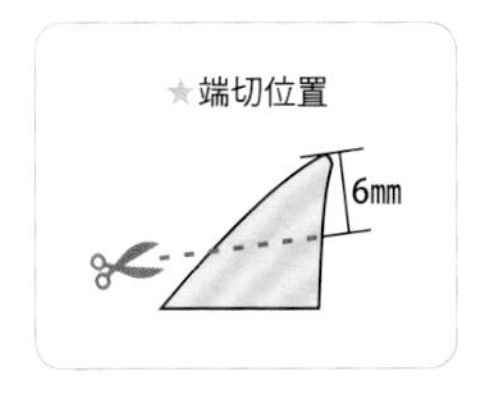

準備底座→葺置圓撮→黏接上飾品，完成！

1 以和紙包裹直徑1.5cm的圓形底墊，製作和紙圓形底墊（▶p.8）。

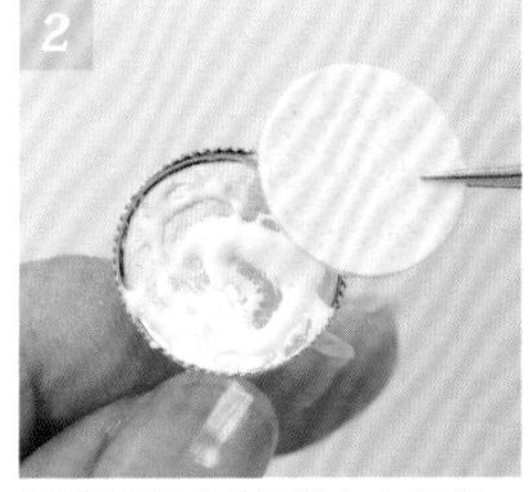
2 將圓形底托戒指塗上白膠後，黏接上和紙圓形底墊。

3 完成底座的準備。

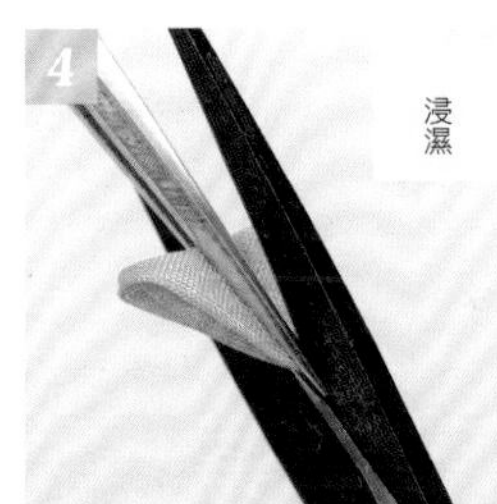

4 完成圓撮之後，以「端切位置」的圖示為基準，進行端切（▶p.12）。

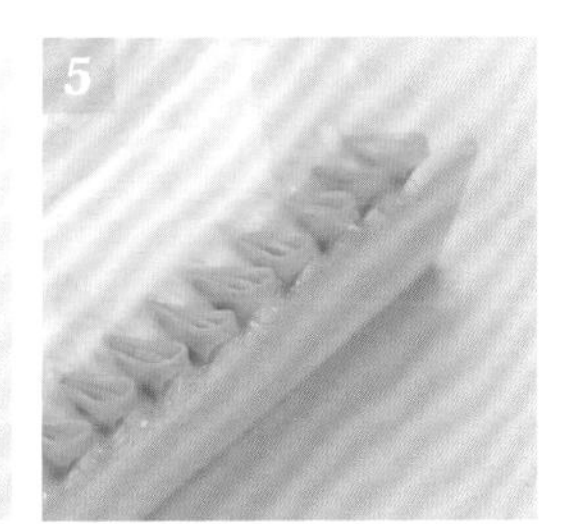
5 以圓撮技法共捏製12片花瓣，放置於漿糊板上，靜置約10分鐘左右。

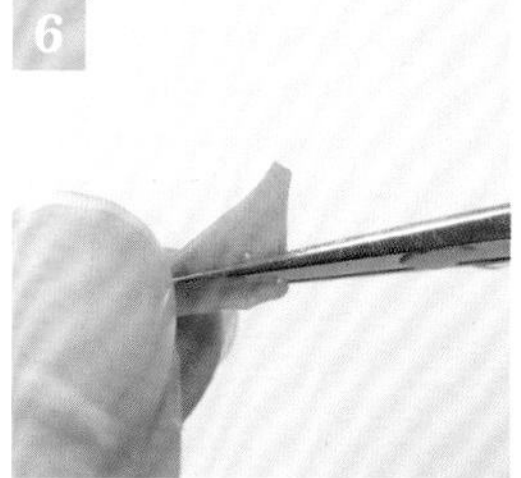
6 以左手去除附著於下邊的多餘漿糊，並整理尖端。

7 如圖所示將花瓣葺置於底座的邊緣。

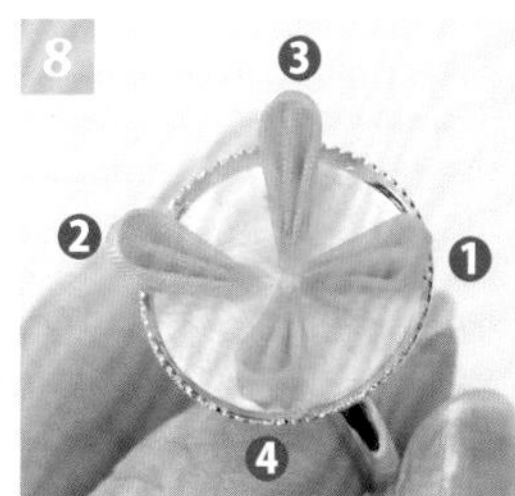
8 首先，以十字（對角）的配置葺上4片花瓣。

9 再將剩餘的花瓣各取2片逐一葺置於各花瓣之間。

10 將撮花的布足捏緊，均等地整理形狀。

11 葺置上剩餘的花瓣。

12 整理花瓣的形狀＆位置。

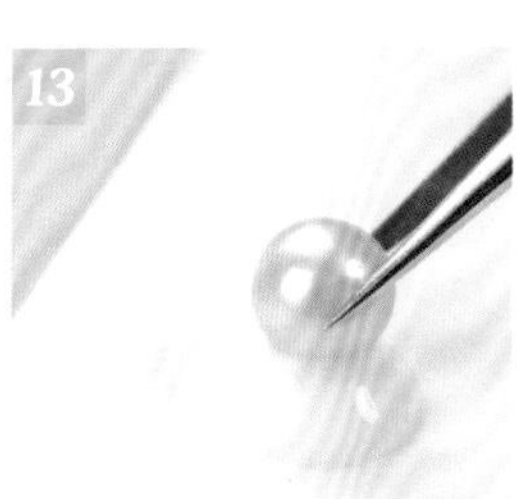
13 於珍珠的前端塗抹白膠。

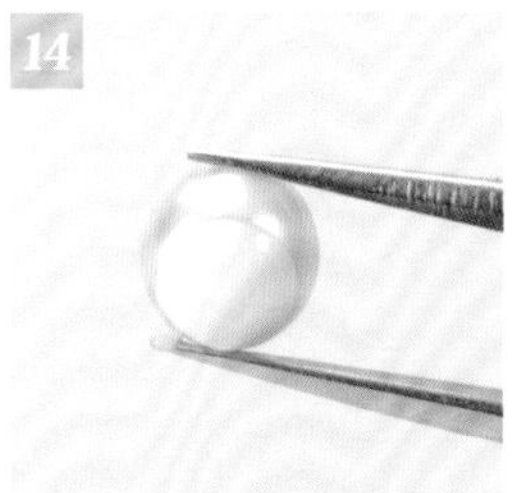
14 為了避免露出多餘白膠，請適量塗抹。

15 於花朵中心黏接上珍珠，完成！

◆p.10 No. 2

二重圓花項鍊

2A

2A・2B・2C 材料（1個）

〈布材〉羽二重4文目・5文目
外側：（5文目） 2cm正方形×12片
內側：（4文目） 2cm正方形×12片
〈底座〉圓形底墊（直徑1.9cm）1片、和紙（3.8cm正方形）1片
〈花心〉2A：珍珠（直徑2mm）6顆、（直徑3mm）1顆
2B・2C 通用：珍珠（直徑3mm）6顆、（直徑4mm）1顆
2A・2B・2C 通用：藝術銅線32號
〈飾品・五金配件類〉2A・2B・2C 通用：圓形底托（直徑20mm）1個、吊飾環1個、項鍊鍊條（45cm）1條
【完成尺寸】直徑約2.3cm（花朵）

・二重圓撮

正面

側面
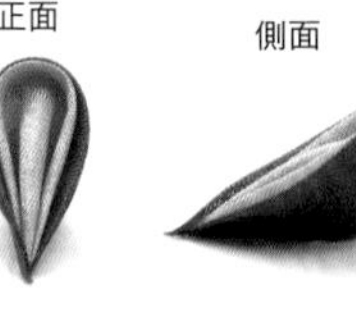
後側

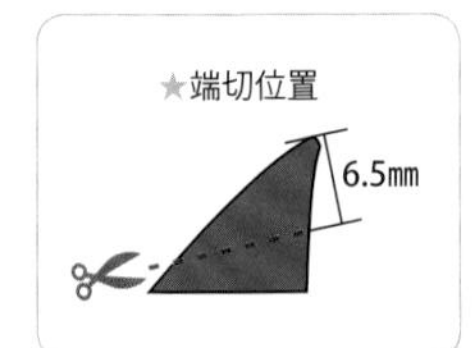

❖捏製二重圓撮

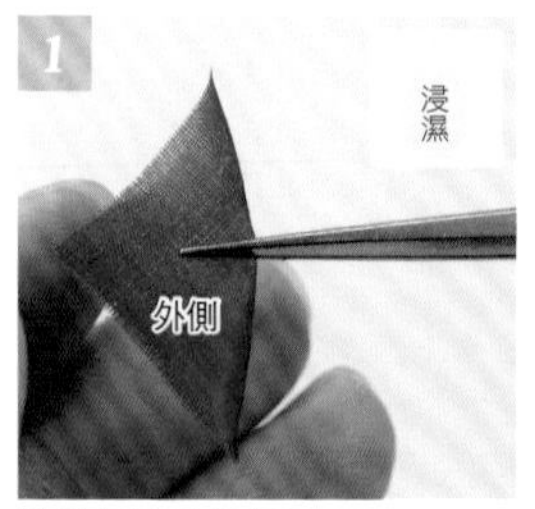

將外側布片對摺。

以食指&中指夾住。

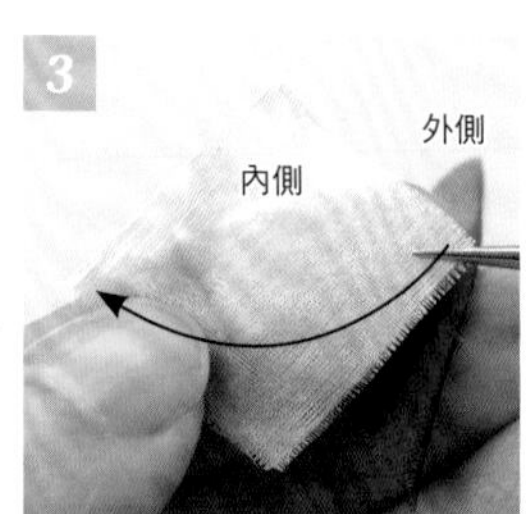

維持原狀，直接將內側布片貼放在食指上＆進行對摺。

以食指＆拇指夾住內側布片。

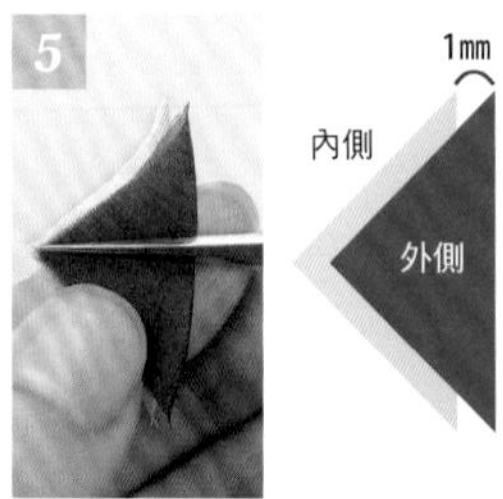

使外側布片較內側布片往外多露出1mm疊放上去。

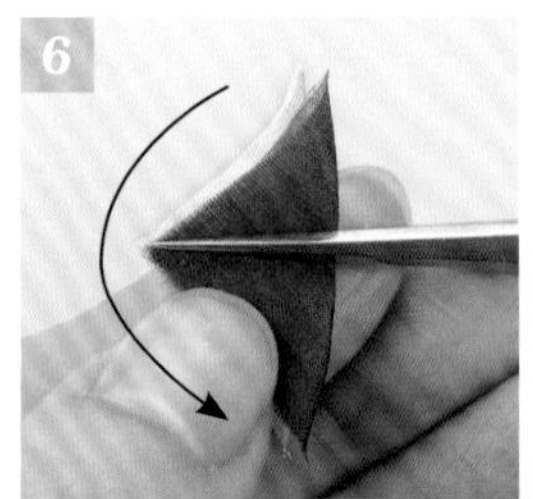

將外側＆內側的布片兩片一起夾住＆對摺。

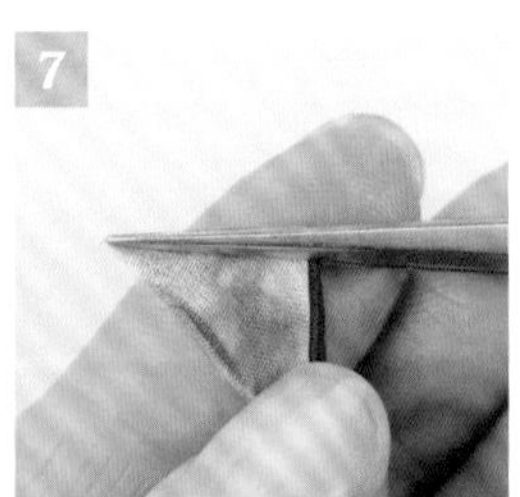

以拇指壓住布片。

由內側布片的頂角往斜邊，呈直角地以鑷子夾住。

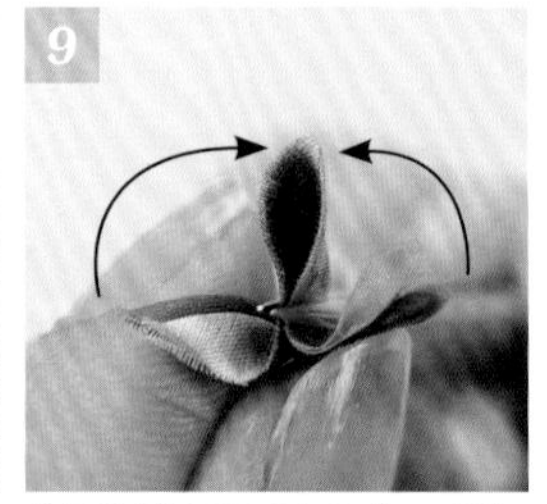

依圓撮作法7至13（▶p.12）的要領摺疊。

捏製摺返。

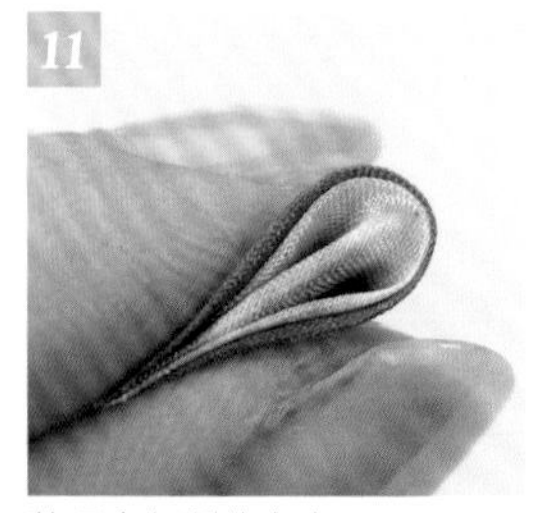

整理出勻稱的布寬。

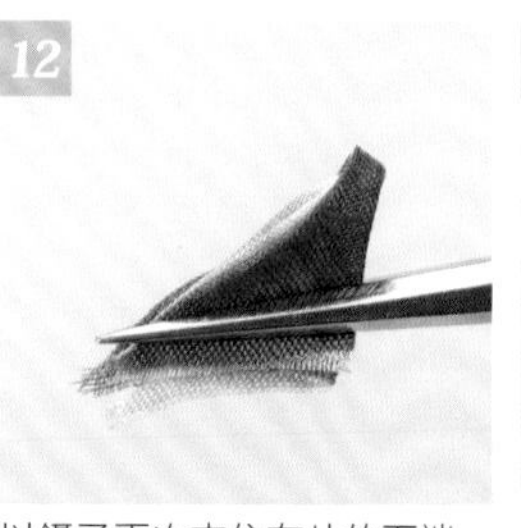

以鑷子再次夾住布片的下端。

參照「端切位置」的圖示，進行端切。

放置於漿糊板上。

共捏製12片花瓣。

✣ 準備底座➡葺置➡組裝上飾品（珠飾）&五金配件，完成！

製作直徑1.9㎝的打洞圓形底墊（▶p.8）。※使用和紙圓形底墊亦可（▶p.8）。

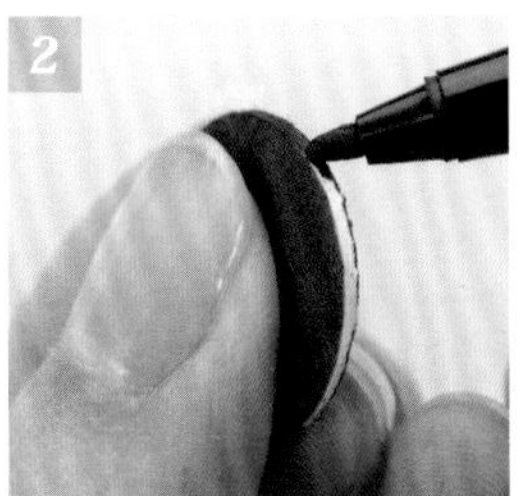

黑色打洞底墊的白色框邊過於醒目，因此請以油性筆將框邊塗黑。

將圓形底托塗上白膠後，黏接上打洞圓形底墊。

底座完成。

不要蓋住圓形底托的單圈，取1片花瓣葺於上方位置。

於對角處葺置上另一片花瓣。

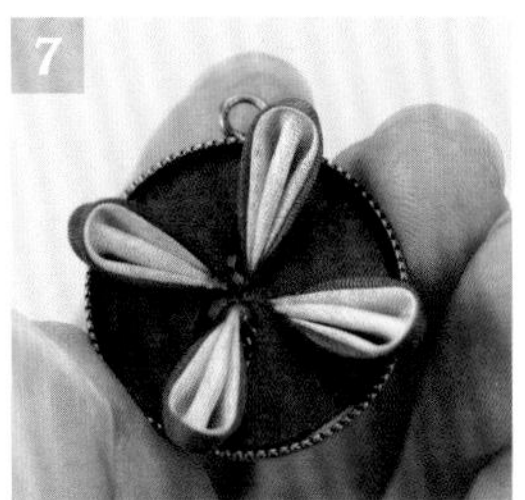

以十字配置葺上4片。

再將剩餘的花瓣各取2片逐一葺置於各花瓣之間。

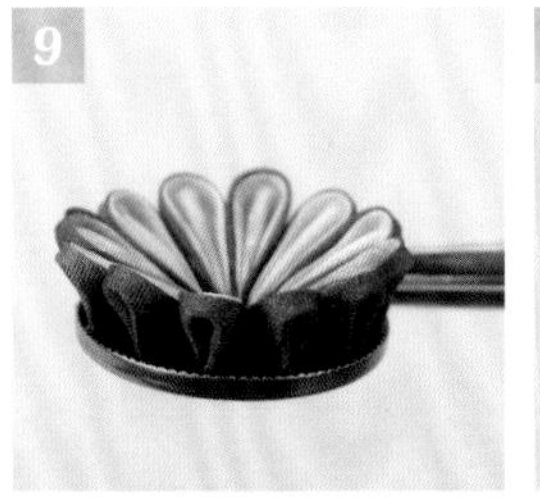

側視的模樣。將撮花的布足捏緊&均等地整理形狀。

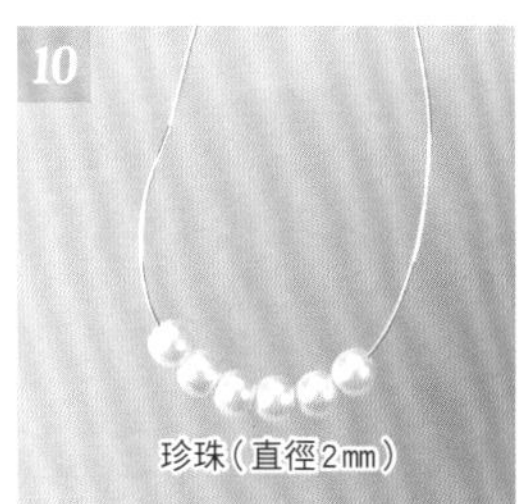

6顆珍珠（直徑2㎜）串入銅線。

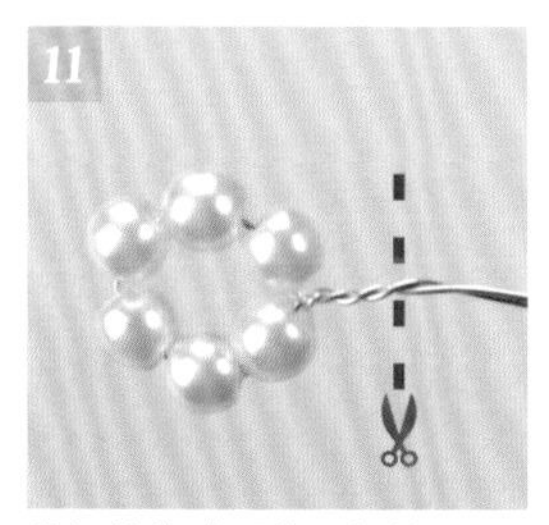

將銅線接成環狀，扭轉3至4次，再剪斷剩餘的鐵絲。

將剪斷的止綻處塗抹白膠後，摺入珠環內側。

珍珠（直徑3㎜）前端塗抹白膠，與步驟12黏在一起。

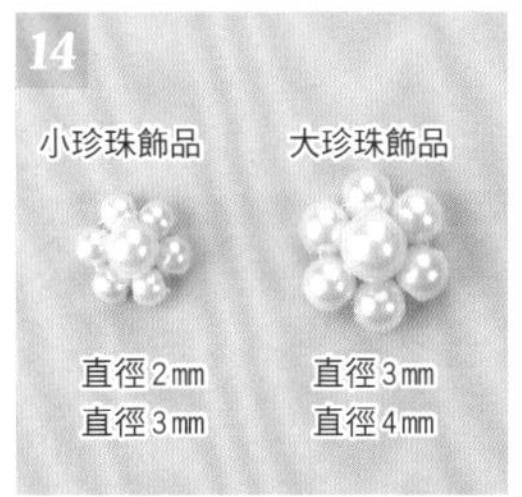

珍珠的大小可依個人喜好進行製作。

步驟14塗上白膠，黏貼於花朵的中心，並準備吊飾環。

將鍊條穿於吊飾環中，再與圓形底托的單圈接連在一起。

完成！

添加市售的珠飾，作出特色點綴。

◆p.10 No. 3

八重圓花帽針

▸3A・3B 材料（1個）

〈布材〉3A羽二重8文目、3B綾織布Bemiria。
第1段：2cm正方形×12片
第2段：2cm正方形×8片

〈底座〉圓形底墊（直徑2cm的厚紙）1片
布片（4cm正方形）1片

〈花心〉3A：花座1個、天然石串珠（直徑4mm）1顆
3B：珍珠（直徑6mm）1顆

〈飾品・五金配件類〉帽針（直徑15mm）1個

【完成尺寸】直徑約2.4cm（花朵）

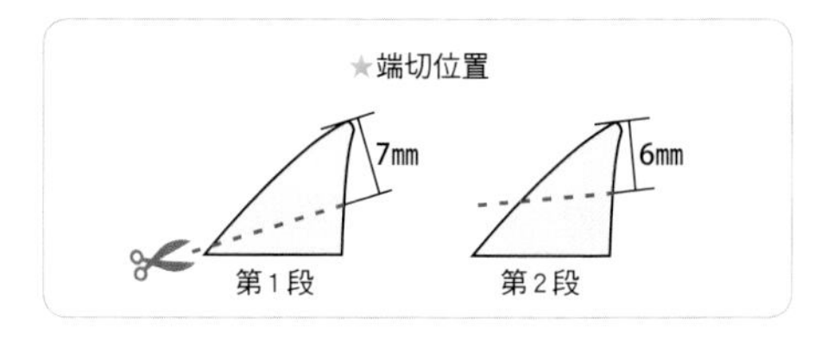

❖ 準備底座➡葺置圓撮➡組裝上飾品，完成！

以布片包裹直徑2cm的圓形底墊，製作布片圓形底墊（▸p.9）。

將帽針塗上白膠。

將布片圓形底墊（扁平面）黏接於帽針上。

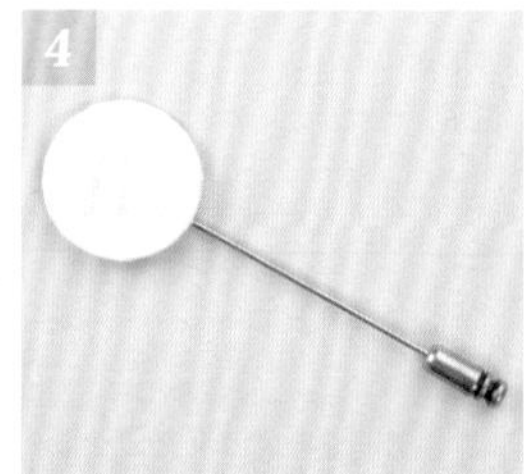

底座完成。

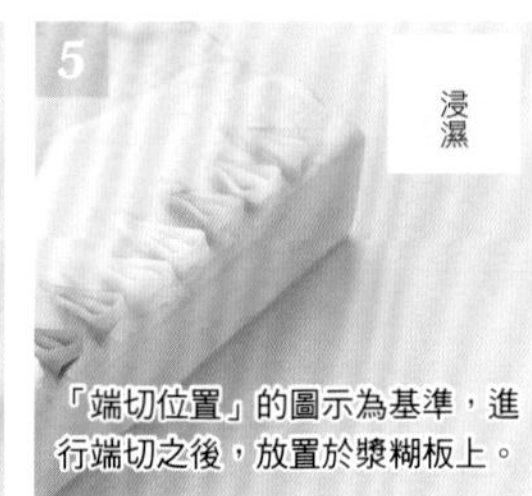

以圓撮技法捏製12片第1段的花瓣，放置於漿糊板上（▸p.12）。

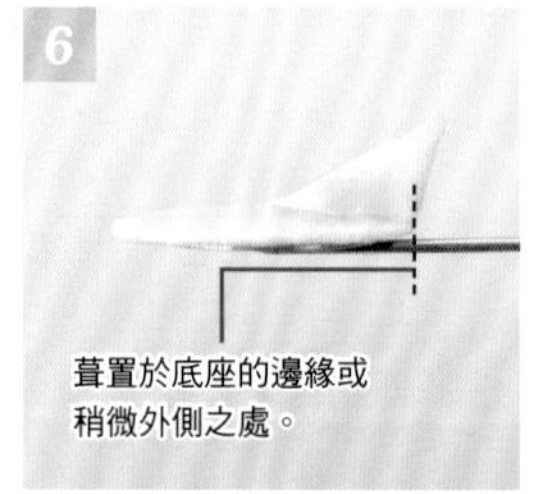

於底座塗上一層厚1mm的漿糊，如圖所示將花瓣葺置於底座的邊緣。

依圓花戒指步驟6至12（▸p.13）的相同方式，葺上12片花瓣。

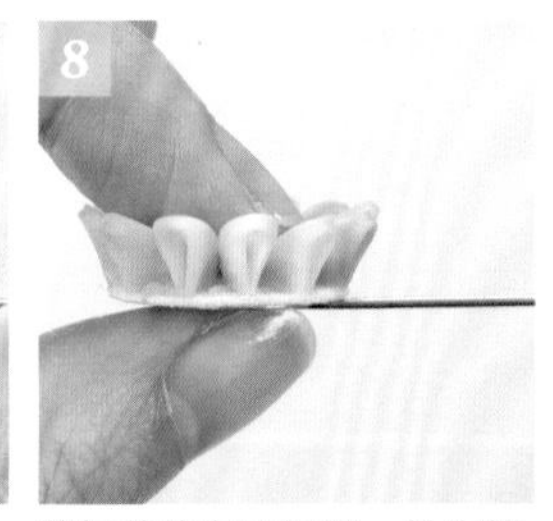

將撮花的布足捏緊，並均等地整理形狀。

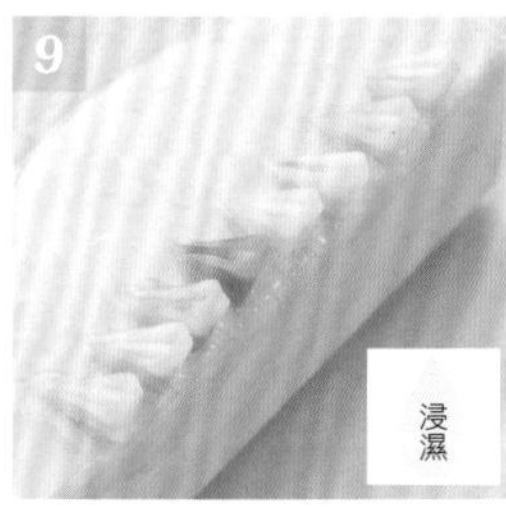

以圓撮技法捏製8片第2段的花瓣，進行端切之後，放置於漿糊板上。

待第1段乾燥後，再在花瓣&花瓣之間，以對角的置配葺上4片花瓣。

葺置上剩餘的4片花瓣。

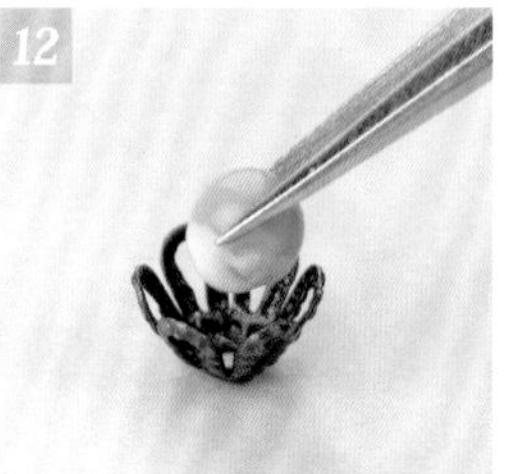

串珠塗上白膠後，黏接於花座上。

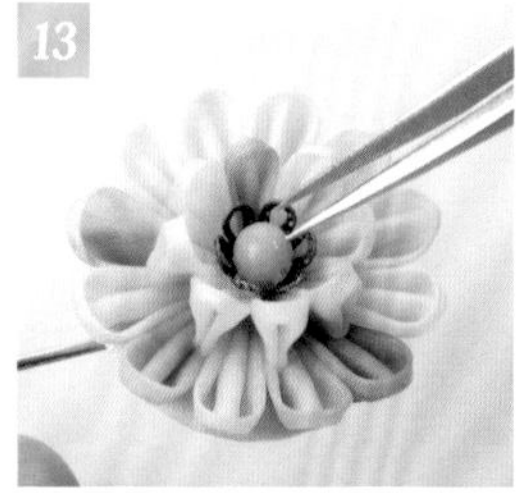

於花座的下方塗抹白膠，黏貼於花朵的中心處。

完成！

p.11 No.4

2way香梅髮夾

4A・4B 材料（1個）

〈布材〉綾織布Bemiria、100緞面布、細棉布
第1段：外側（花紋・100緞面布）3cm正方形×5片
內側（細棉布）3cm正方形×5片
第2段：（花紋・100緞面布）2.5cm正方形×5片
第3段：（綾織布Bemiria）2cm正方形×5片
〈底座〉和紙（5.3cm正方形）1片、布片（4.8cm正方形）1片
〈花心〉小素玉花蕊12支、藝術銅線32號
〈飾品・五金配件類〉蜂巢式胸針網片（直徑25mm）1個
【完成尺寸】直徑約3.7cm（花朵）

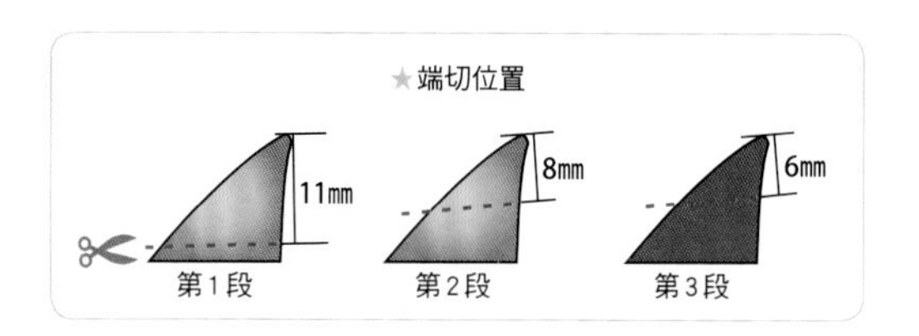

準備底座 ➡ 葺置上二重圓撮&圓撮

於和紙上方放置上蜂巢網片後，將和紙剪成圓形。

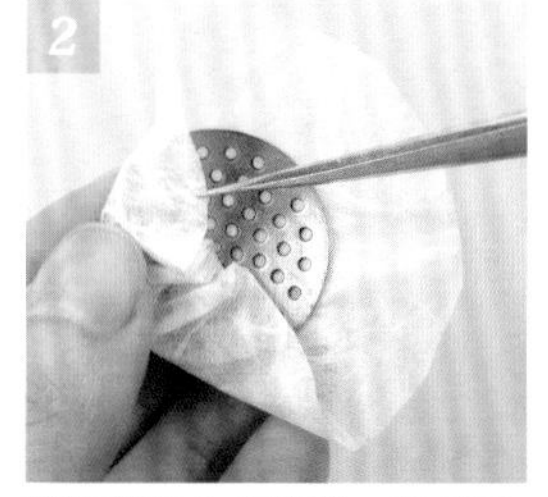

將和紙塗上白膠後，將蜂巢網片（凹側朝上）包裹起來。

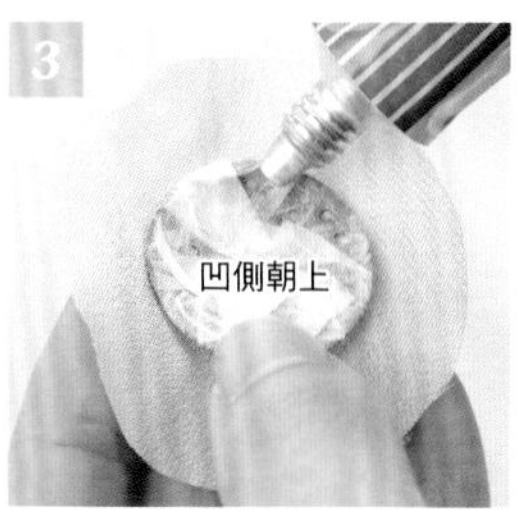

蜂巢網片的表面塗上金屬用膠水，以剪成圓形的布片包裹起來。

包覆完成。

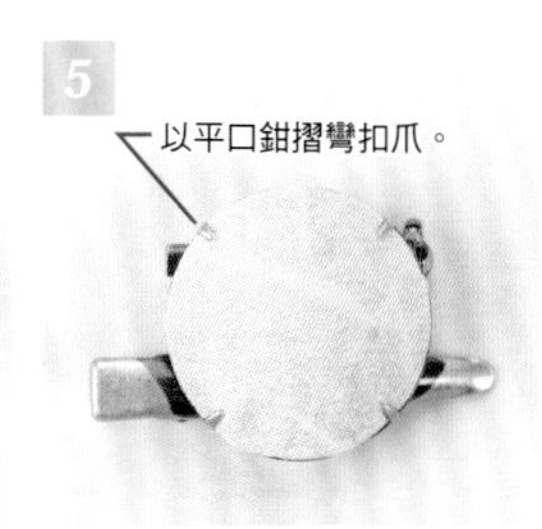

將胸針五金的扣爪摺彎，與步驟4接合在一起。

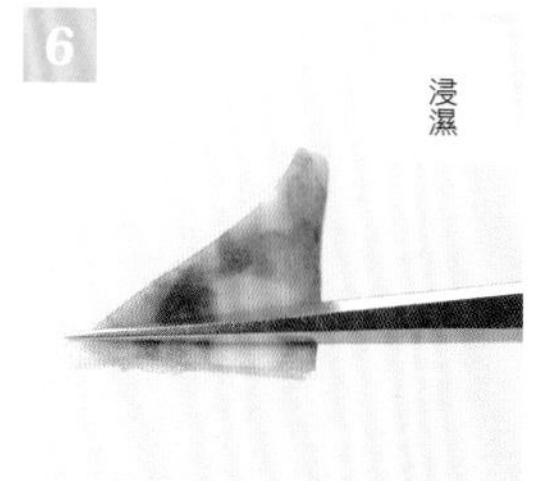

第1段的布片進行二重圓撮之後，以「端切位置」的圖示為基準，進行端切（▶p.14）。

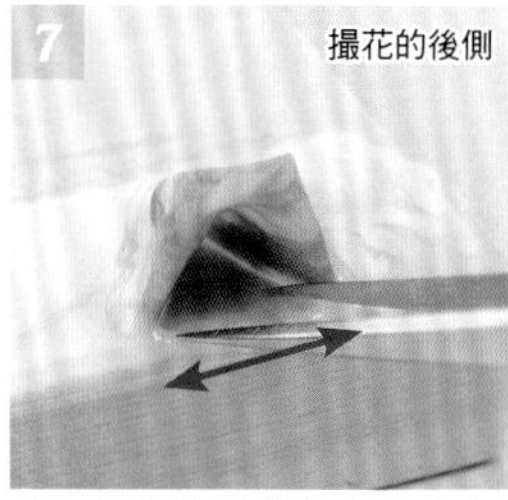

儘可能地將撮花的布足往左右兩側打開至極限為止。

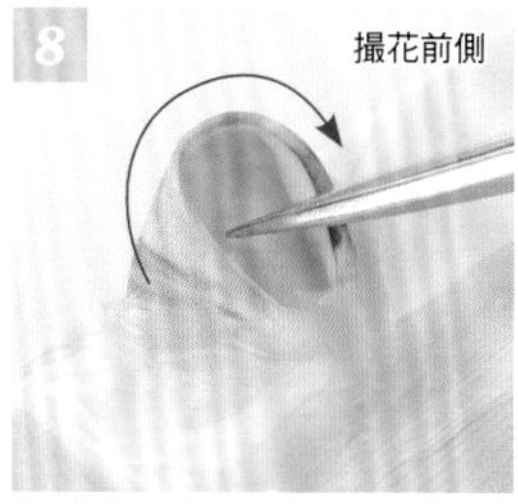

如畫曲線般，以鑷子沿著花瓣的邊緣整理輪廓。

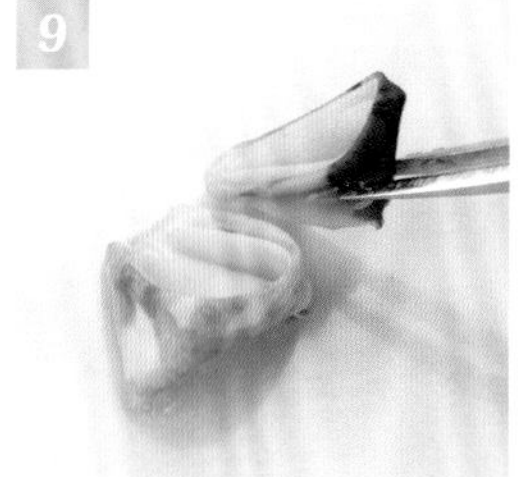

在透明文件夾的上方，葺上5片花瓣。

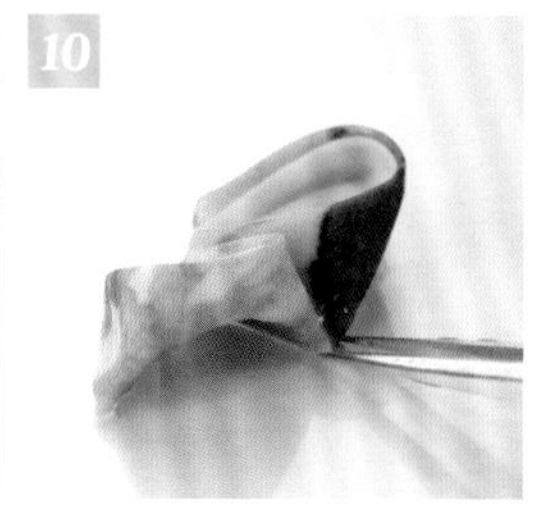

緊靠著相鄰撮花的布足，葺置上去。

葺上5片花瓣。

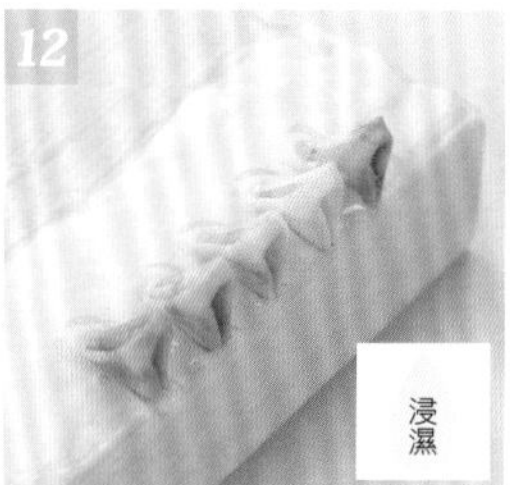

第2段布片進行圓撮之後，再進行端切&置於漿糊板上。

在第1段的花瓣之中，葺置上第2段的花瓣。

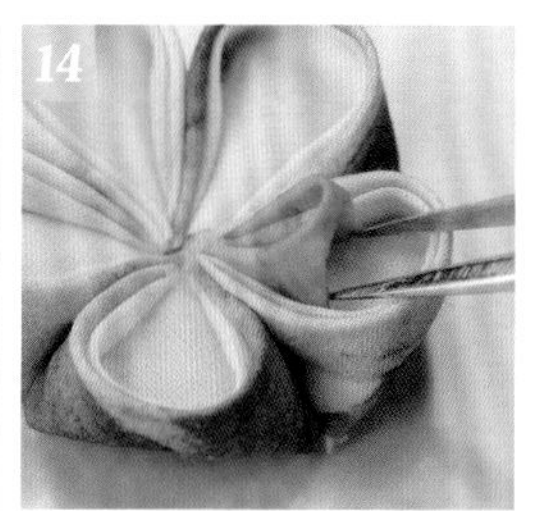

將撮花的布足往左右兩側打開。

葺上第2段之後，靜置乾燥至可以取下來的程度時（稍微乾燥），再從透明文件夾上方取下來。

❖葺置（接續）➡組裝上飾品＆五金配件，完成！

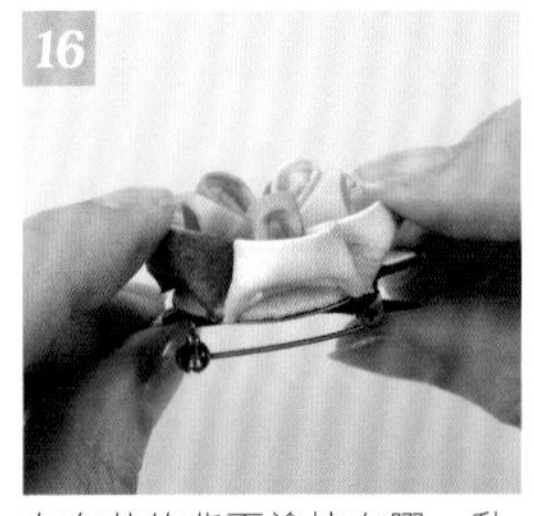

16 在布花的背面塗抹白膠，黏接於蜂巢網片座台上。

17 第3段布片進行圓撮之後，進行端切＆置於漿糊板上。再除去多餘的漿糊，移至鮮奶盒紙片上方，靜置乾燥。

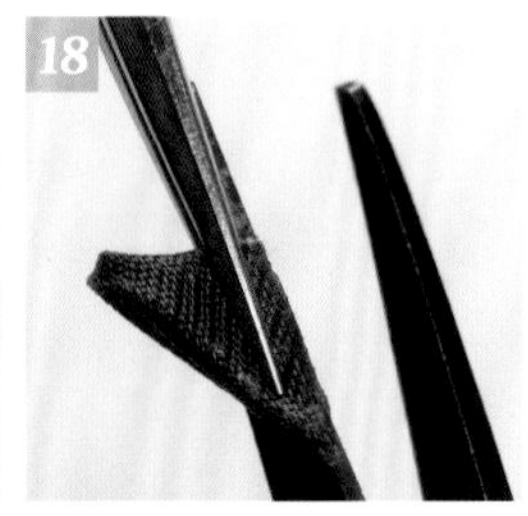

18 靜置乾燥至撮花裁切邊上的漿糊凝固變硬時，以剪刀剪下＆修剪整齊。

19 尖端沾附漿糊，以撮花的側面為正面側放上去，葺置於第2段的花瓣＆花瓣之間。

20 葺置上第3段。

21 手持整束花蕊，在花蕊的圓頭下方塗抹白膠。

22 以鐵絲纏繞花蕊＆扭轉固定，再剪去多餘的鐵絲。

23 將剪斷的止綻處塗抹白膠後摺彎，再剪短花蕊。

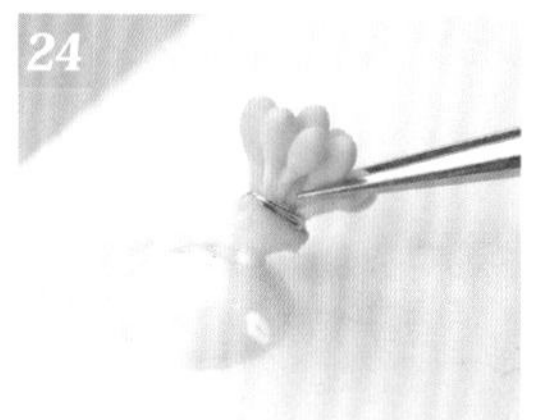

24 將鐵絲處塗上白膠。

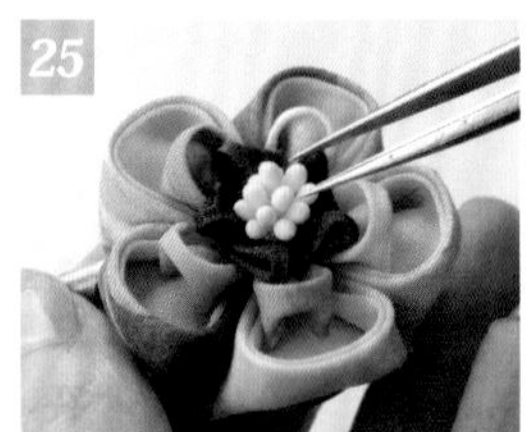

25 於花朵的中心黏上花蕊，完成！

◆p.11 *No.* 5

山茶花胸針

▸5A・5B・5C 材料（1個）

〈布材〉真絲雪紡薄紗6文目
第1段：4.5cm正方形×6片
第2段：4cm正方形×6片、第3段：3.5cm正方形×3片
〈底座〉圓形底墊（直徑3cm的厚紙）1片、布片（6cm正方形）1片
〈花心〉素玉花蕊30支、藝術銅線32號
〈飾品・五金配件類〉別針（25mm）1個、
斜紋絲質緞帶（寬16mm）11cm×1條・6cm×2條
【完成尺寸】直徑約5.2cm（花朵）

・黏合布足の圓撮

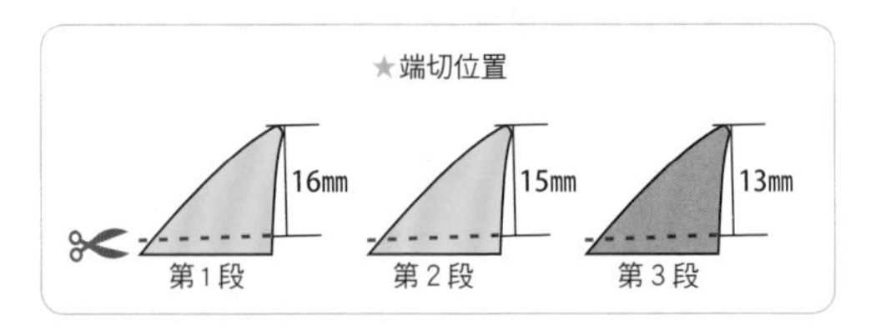

❖捏製黏合布足の圓撮➡葺置

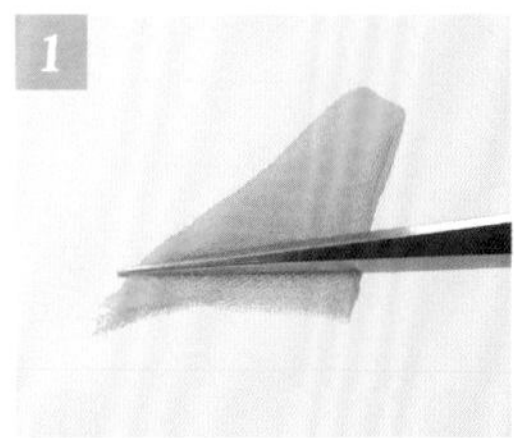

1 不必浸濕布片，直接進行圓撮。

2 以「端切位置」的圖示為基準，進行端切（▸p.12）。

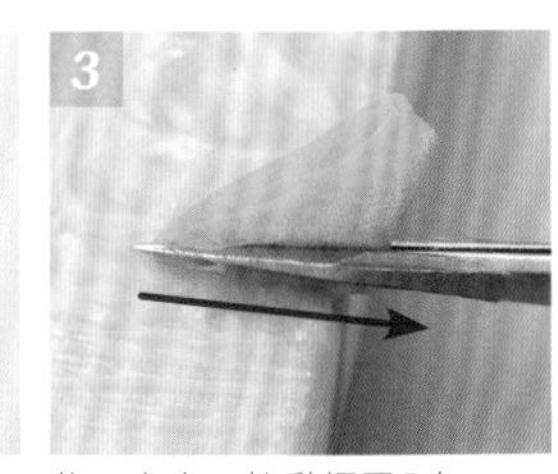

3 依→方向，拉動鑷子5次。

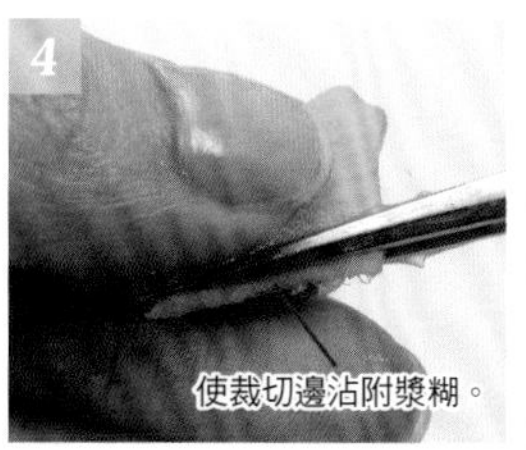

將鑷子往上移位1mm，以左手食指將裁切邊沾附上漿糊。

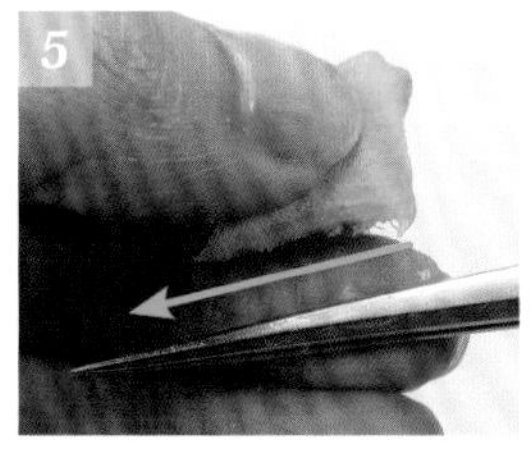

滑動似地將鑷子往←方向抽出。

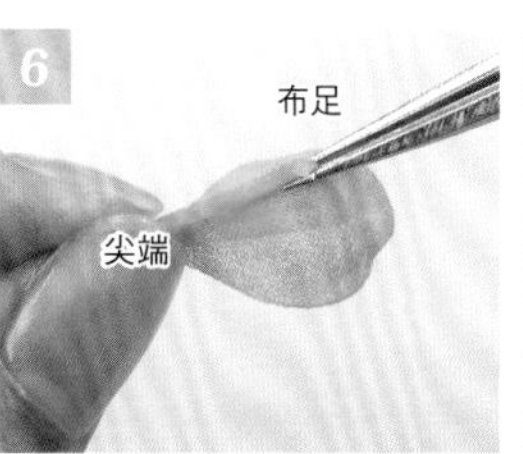

裁切邊朝上，壓住撮花的尖端＆布足。

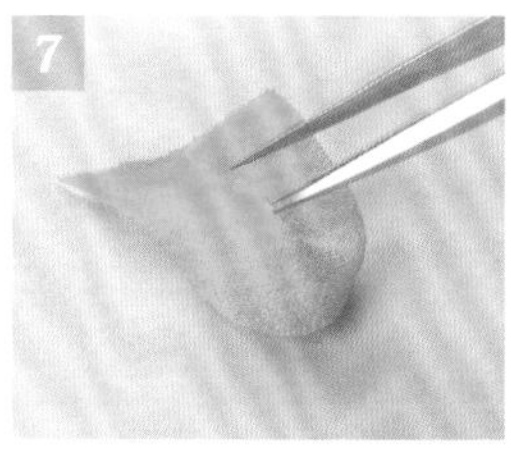

將兩布足慢慢打開，使其乾燥。

將邊端（★）往內側摺入，另一側的（☆）亦以相同方式摺入。

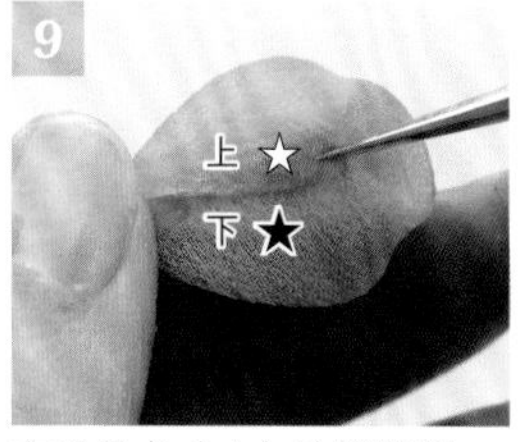

在重疊處（★）沾附漿糊，將★與☆黏在一起。

改以鑷子再次夾住。

確實黏接，靜置乾燥。

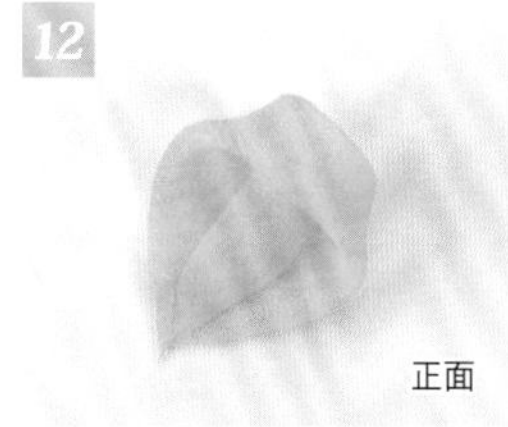

正面的模樣。

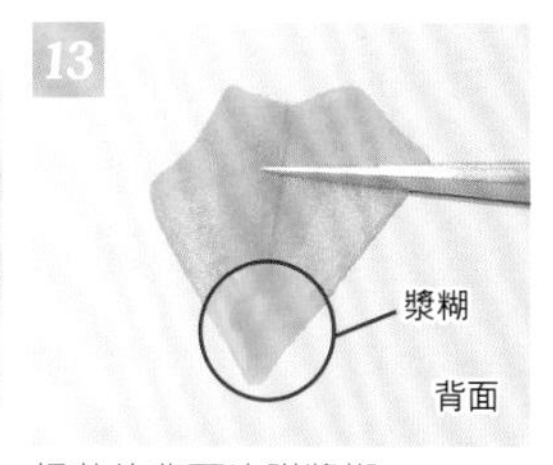

撮花的背面沾附漿糊。

在透明文件夾上方，葺置上6片花瓣。

第2段則葺置於花瓣＆花瓣之間。

使※標示面朝上，疊放上第2片的花瓣。

依相同作法，共葺置上6片。

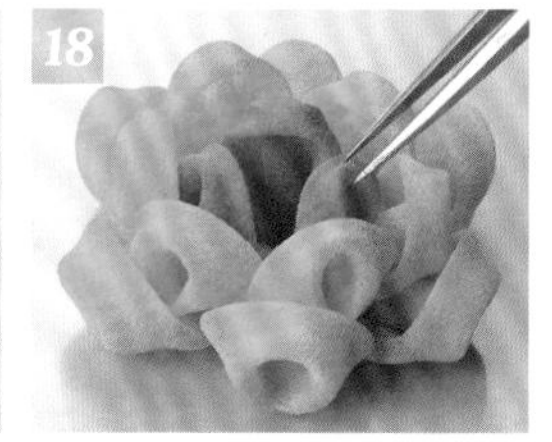

再儘可能靠向花瓣＆花瓣之間，均勻地葺置上3片花瓣。

取30支花蕊，製作花心（▶p.18「2way香梅髮夾」步驟21至24）。

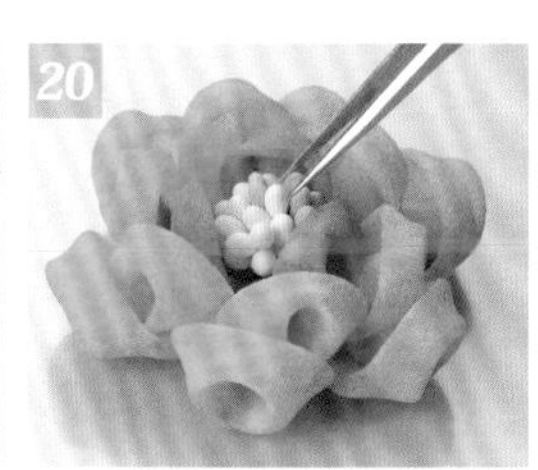

於花朵的中心黏上花心。

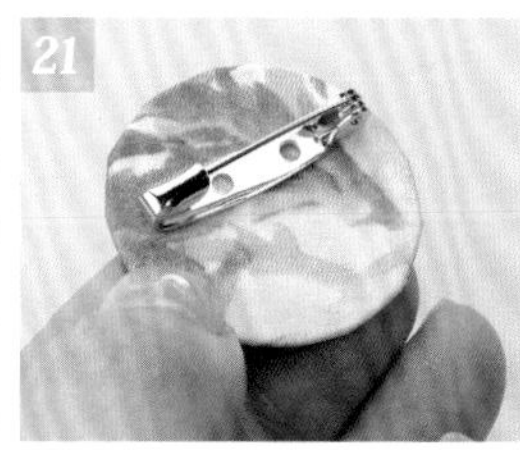

將別針塗上五金用白膠，再黏貼於布片圓形底墊（▶p.9）的扁平面上。

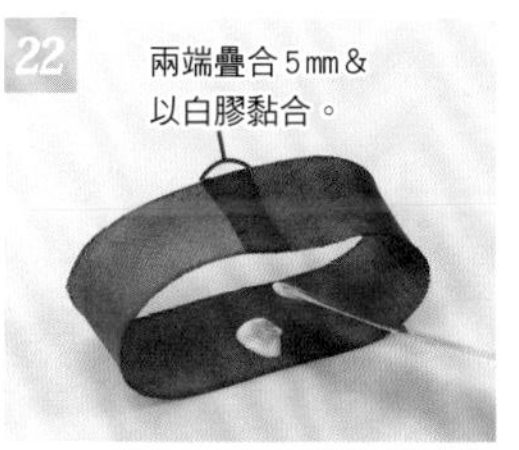

11cm的緞帶接成環狀，以白膠固定，再將環圈的內側塗上白膠。

以逆V字疊放＆黏合2條6cm的緞帶，再放置於環圈內側，塗抹白膠與環圈黏在一起。

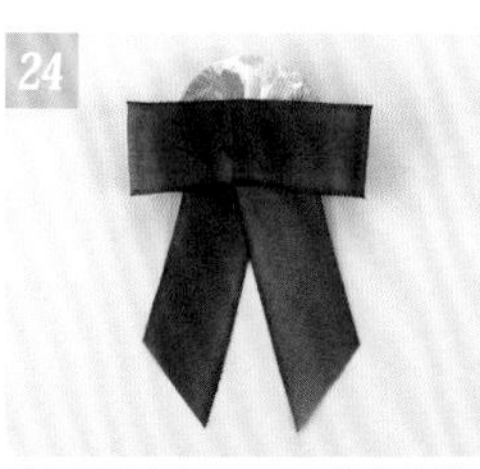

步驟21塗上白膠＆黏貼緞帶，並斜剪緞帶的下端。

將緞帶中心處塗上白膠，與花朵黏合。完成！

5A

請試著變換花瓣或花心的顏色，創造出你個人專屬的原創作品！

5B

有型可愛の
劍花配飾

No.6 劍花項鍊

▶p.23

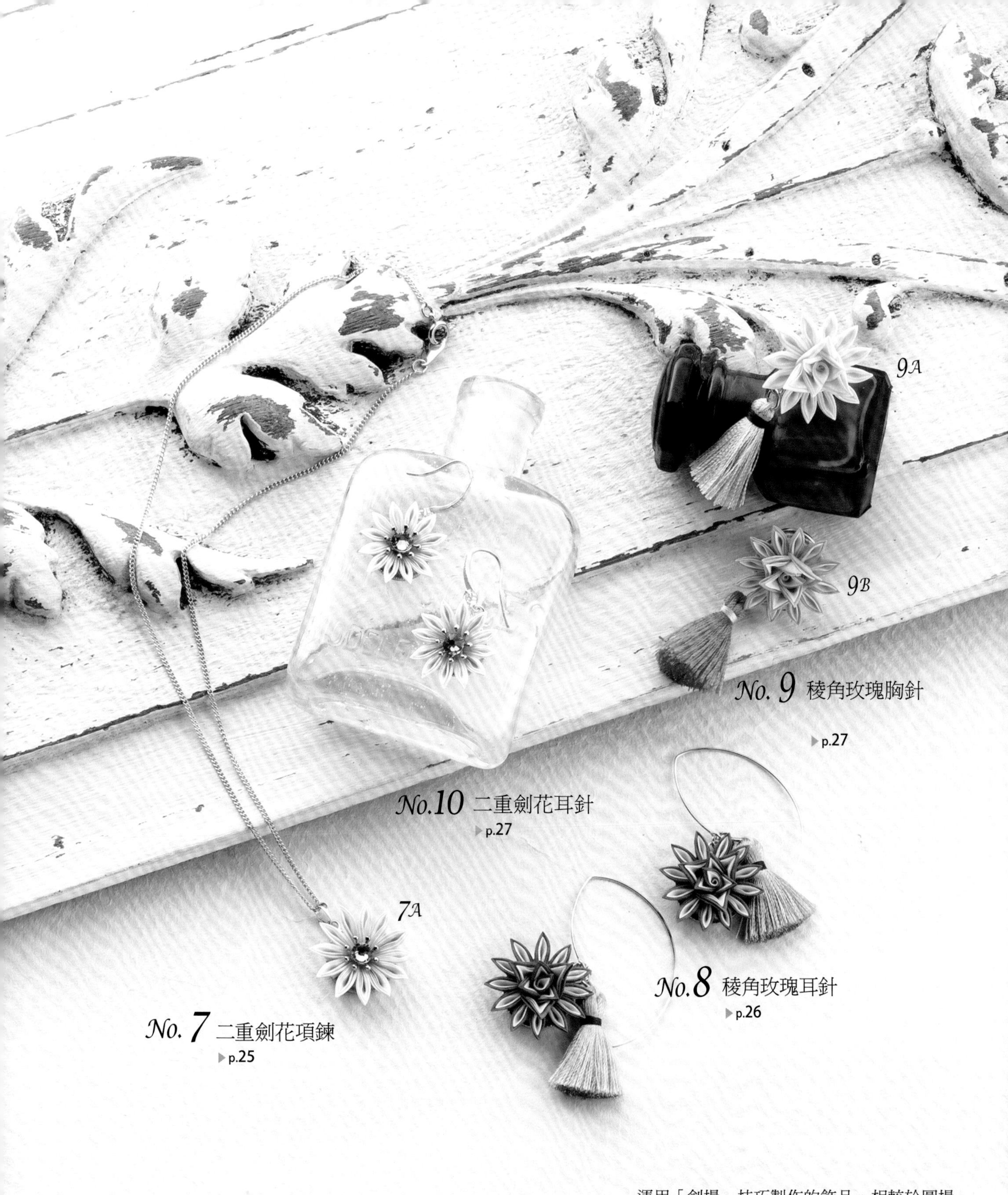

運用「劍撮」技巧製作的飾品，相較於圓撮更能營造出俐落分明的印象。在花心的裝飾上，若使用珍珠或人造寶石，最適合成熟的女性了！

捏製「劍撮」

熟練「圓撮」後，接著來練習「劍撮」吧！劍撮需將布片仔細地捏摺成三角形，祕訣在於使勁抽出鑷子之後，再以鑷子撮尖劍尖處。

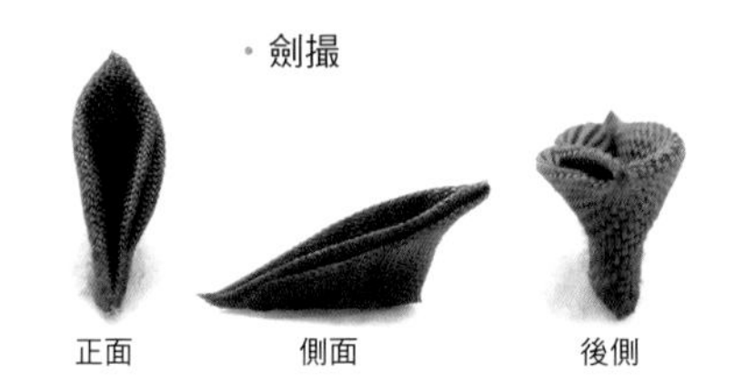

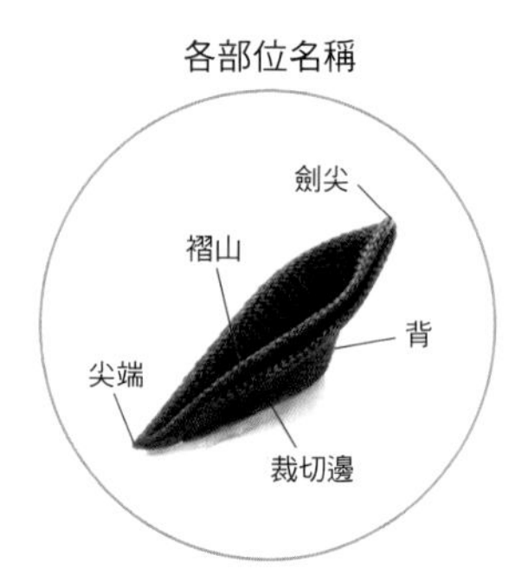

✣ 劍撮の撮花技法

準備已裁成正方形並浸濕的布片（▶p.7）。

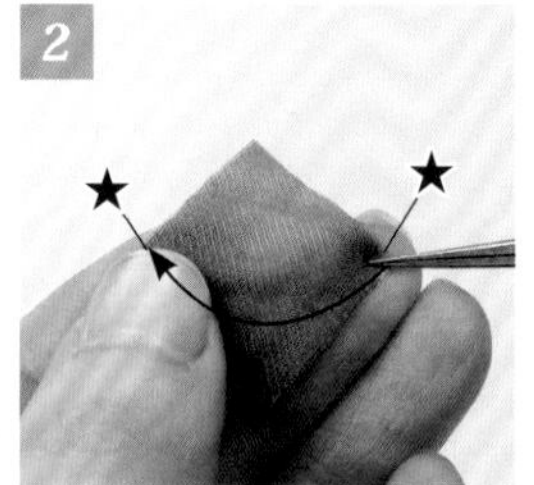

以鑷子將★與★對齊疊合。

以拇指壓住對齊的布端。

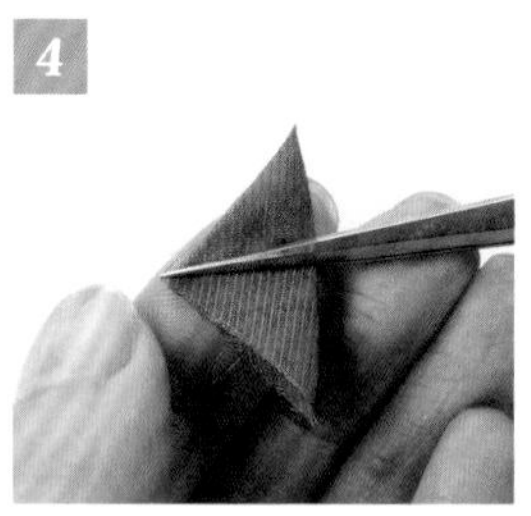

以鑷子夾住布片的正中央。

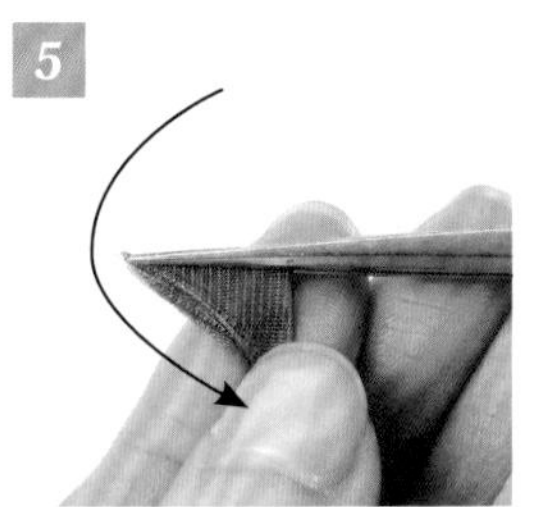

在維持夾住的狀態下對摺，並以拇指壓住布片。

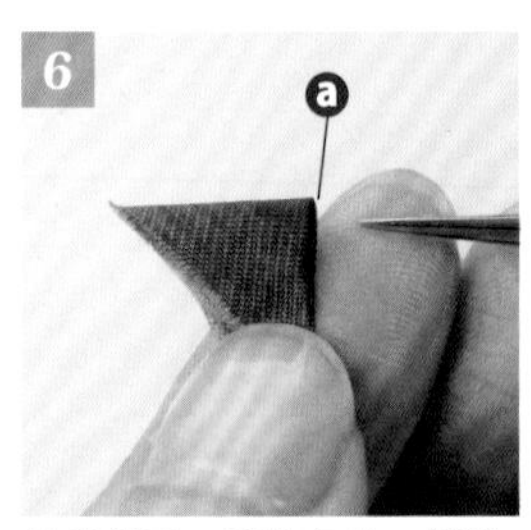

抽出鑷子，手持布片。請注意頂角（ⓐ）的位置。

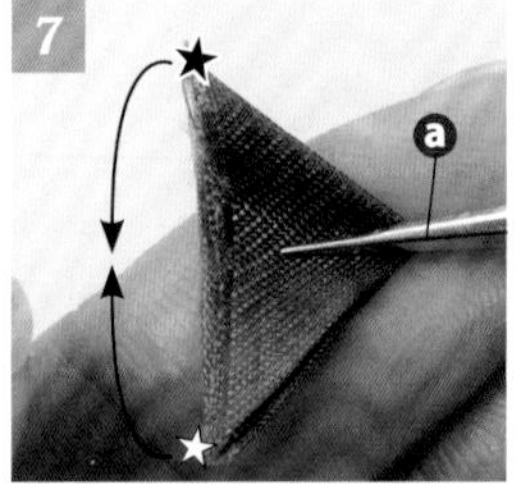

夾住布片的正中央，以便使★與☆對齊，再次對摺。

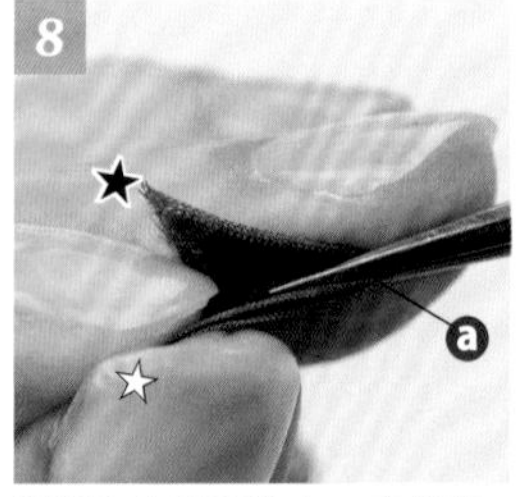

拇指＆食指夾住☆，中指夾住★，以三根手指夾住固定。

直接以此狀態進行摺疊。

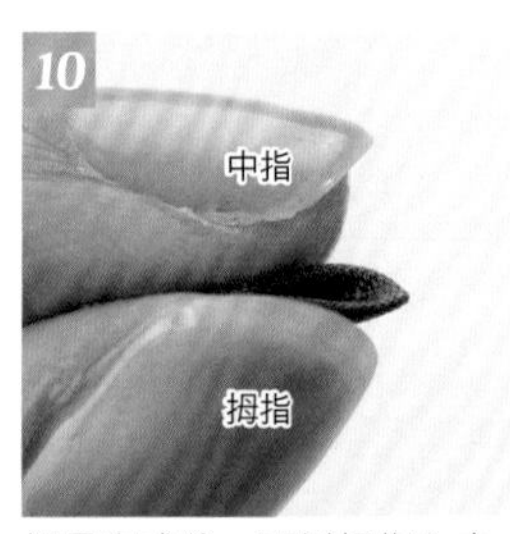

摺疊完成後，再以拇指＆中指捏住布片，取下鑷子。

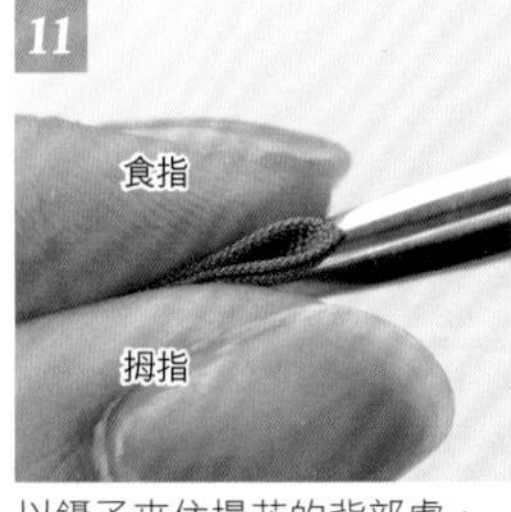

以鑷子夾住撮花的背部處，再改以拇指＆食指捏合。

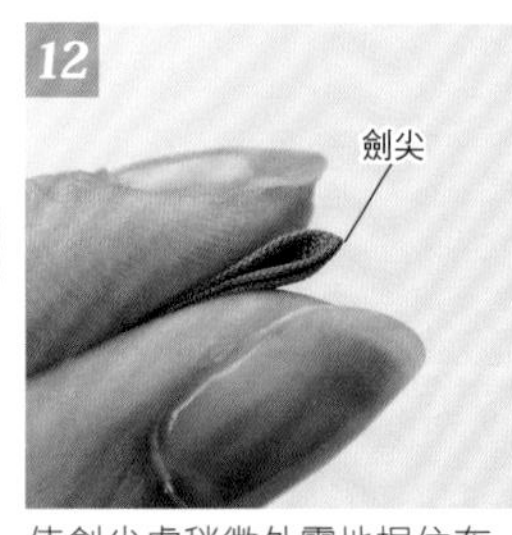

使劍尖處稍微外露地捏住布片。

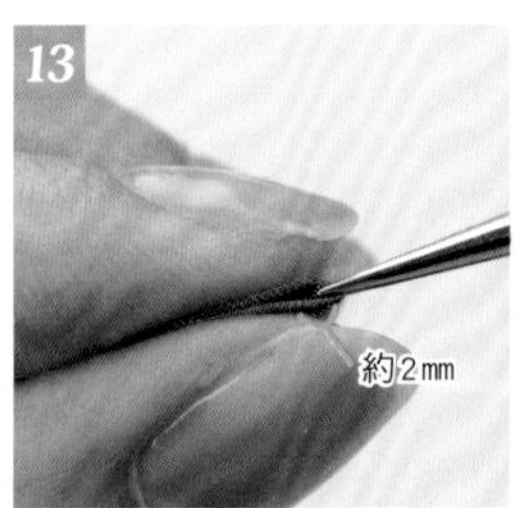

以鑷子捏夾劍尖約2㎜處。

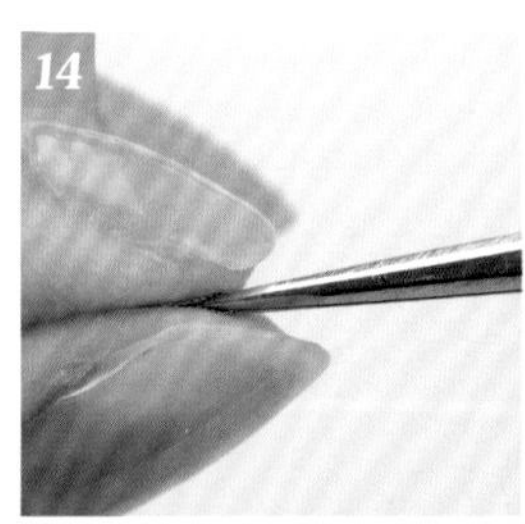

於指尖處施力，夾住鑷子。此時布片隱沒於手指之間。

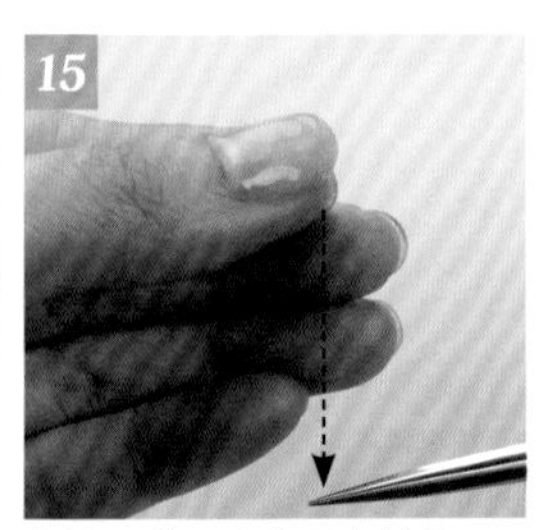

維持原狀，直接用力地往下抽出鑷子。

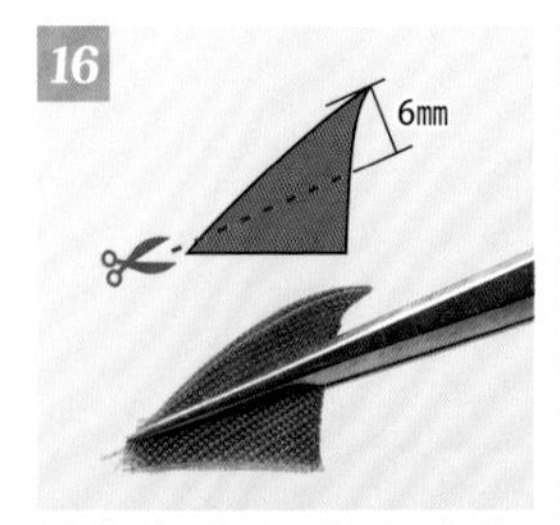

以「端切位置」的圖示為基準，以鑷子再次夾住。

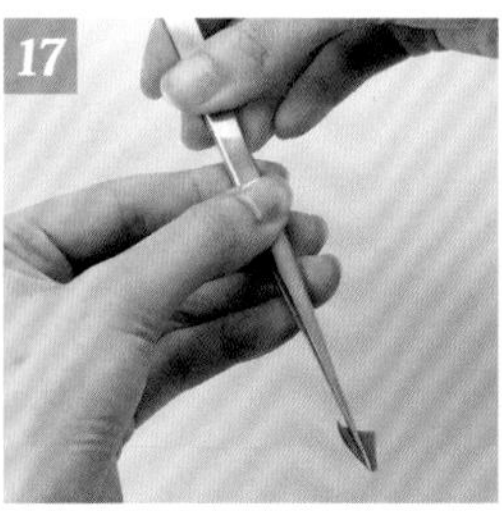

將鑷子的尖端轉至內側，改以左手拿持。

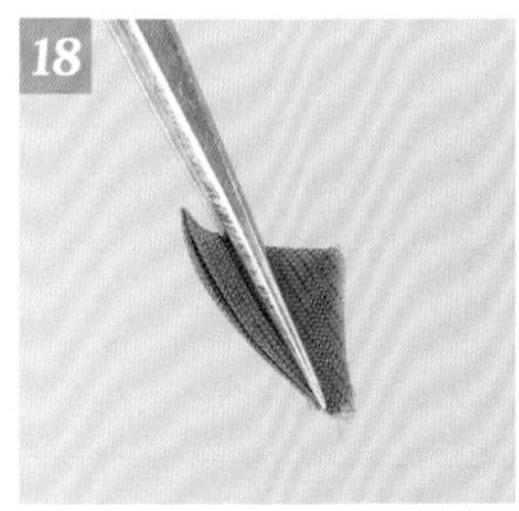

以剪刀剪下布片的下端。

裁剪的分量會因作品的不同而有所差異。步驟16至19的程序稱為「端切」。

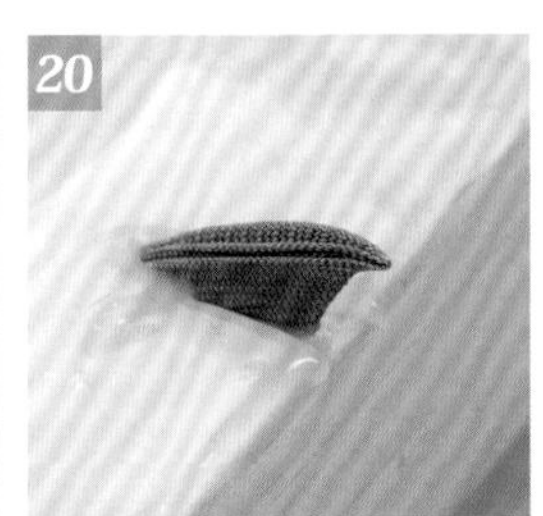

將撮花置於漿糊板（▶p.7）上。

◆p.20 No.6

劍花項鍊

▸6A・6B 材料（1個）

〈布材〉綾織布Bemiria
（大花）2.5cm正方形×20片
（小花）2cm正方形×16片×2朵＝共32片

〈底座〉（大花）包釦（直徑24mm）1顆、和紙（5.3cm正方形）1片
（小花）包釦（直徑20mm）2顆、和紙（4.3cm正方形）2片
厚紙（2.5cm×7.5cm正方形）2片、紙型、指甲油（黑色）

〈花心〉6A：珍珠（直徑4mm）1顆、（直徑3mm）3顆
壓克力飾品配件2個
6B：珍珠（直徑3mm）13顆＋（直徑4mm）2顆
＋藝術銅線32號→大珍珠飾品▸p.15

〈飾品・五金配件類〉圓形底托（直徑25mm）1個
圓形底托（直徑20mm）2個、鍊條（25cm）2條
C圈4個、圓形彈簧扣頭1個、水滴片連結頭1個

【完成尺寸】大花：直徑約3.7cm、小花：直徑約3cm

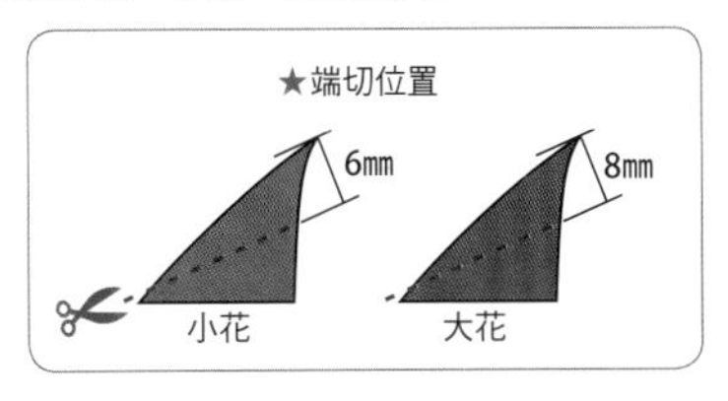

✣準備葺花底座（和紙包釦）

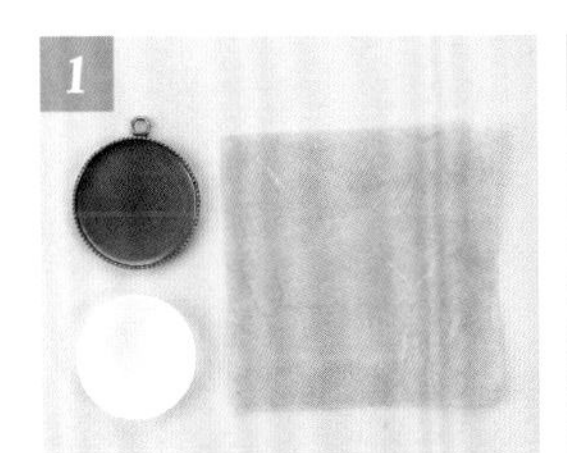
1 準備圓形底托、包釦、和紙。

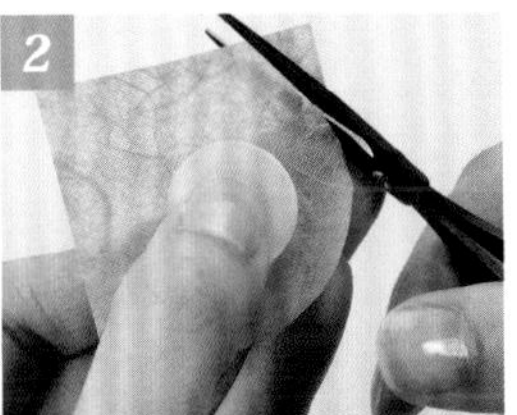
2 為了方便包覆包釦，將和紙剪成圓形。

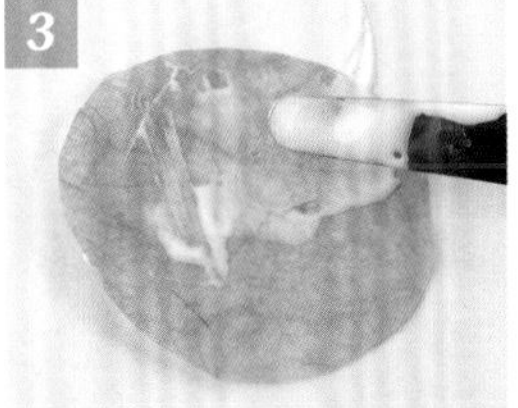
3 將整張和紙塗上白膠。

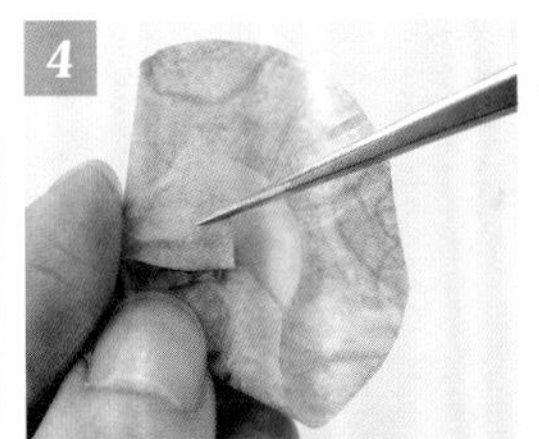
4 以和紙包裹包釦（凹側朝上）。

5 包覆完成。

6 和紙包釦完成。

7 於圓形底托上塗抹白膠，黏接和紙包釦。

8 底座完成！

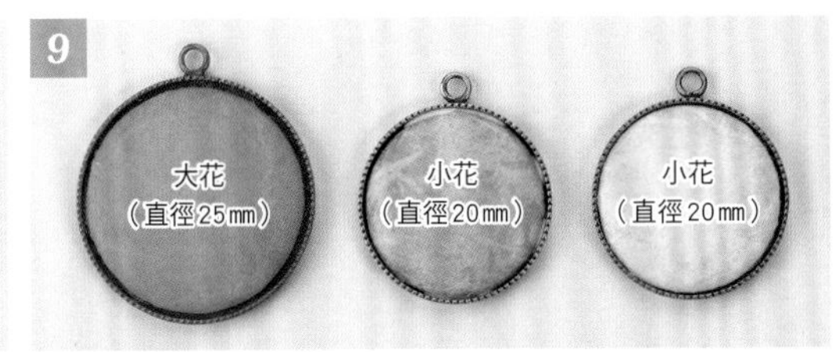

9 大花底座作法亦同。共準備3個底座，和紙顏色則搭配葺置撮花的顏色。

✣準備項鍊底座

1 準備2片厚紙＆複寫下的紙型、指甲油、洗衣夾。

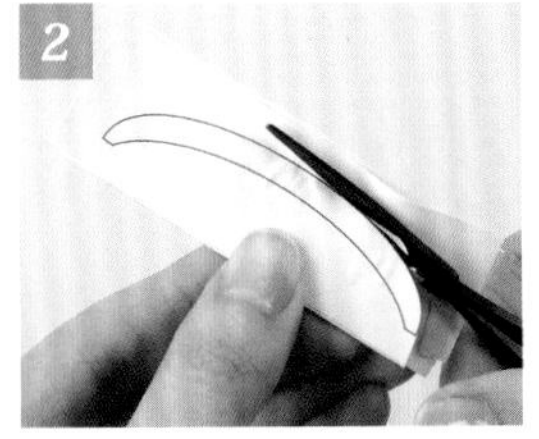
2 2片厚紙塗以白膠黏貼合後，貼放上紙型（以漿糊暫時固定），以剪刀剪下。

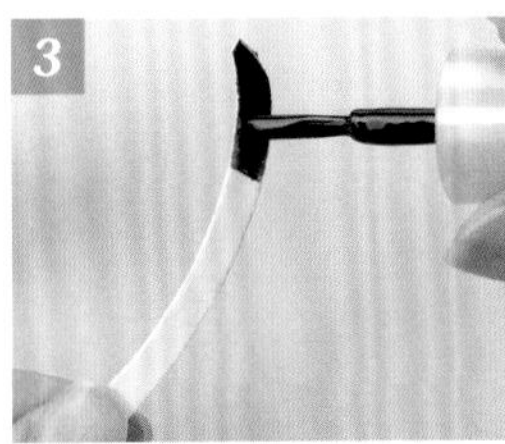
3 以指甲油將兩面塗黑。

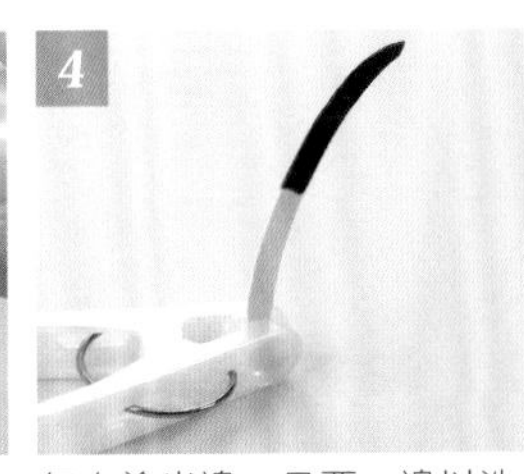
4 每次塗半邊。只要一邊以洗衣夾等物固定晾乾，一邊進行作業，就不會弄髒手囉！

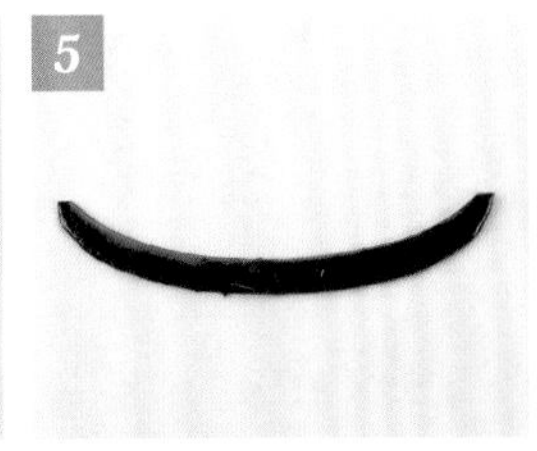
5 項鍊底座完成！

✣葺置劍撮➡組裝上飾品＆五金配件，完成！

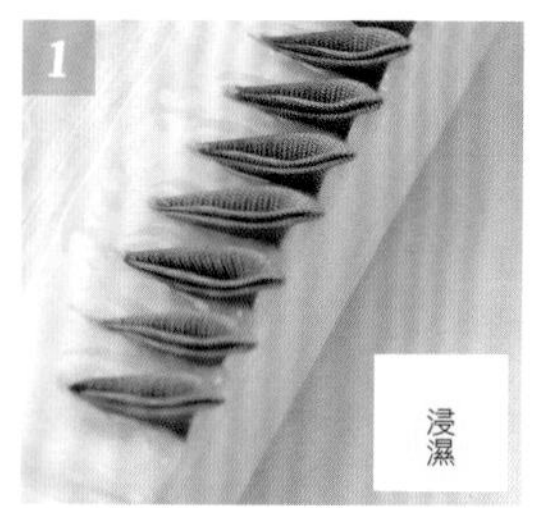

以劍撮捏製小花，並以「端切位置」的圖示為基準，進行端切之後，放置於漿糊板上(▶p.22)。

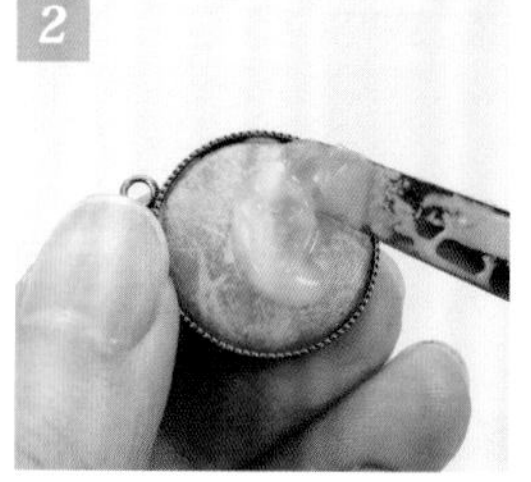

小花的底座塗上一層厚1mm的漿糊。

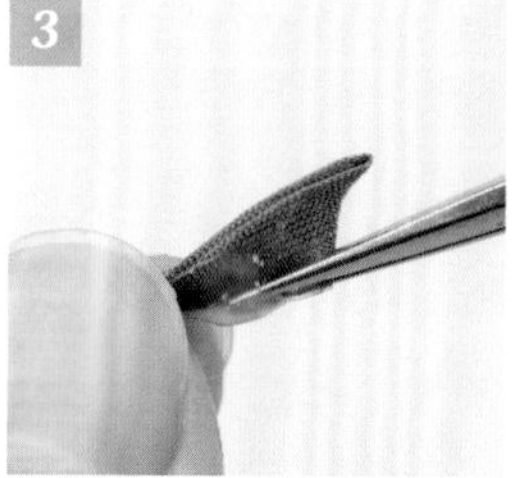

以左手抹除附著於下邊的多餘漿糊，並整理尖端。

花瓣不要蓋住圓形底托上方的單圈，以對角的配置葺置上2片。

建議沿著圓形底托的邊緣葺置上花瓣。

以十字配置葺上4片花瓣。

將剩餘的花瓣各取3片，逐一葺置於各花瓣之間。

小花共葺置上16片花瓣。

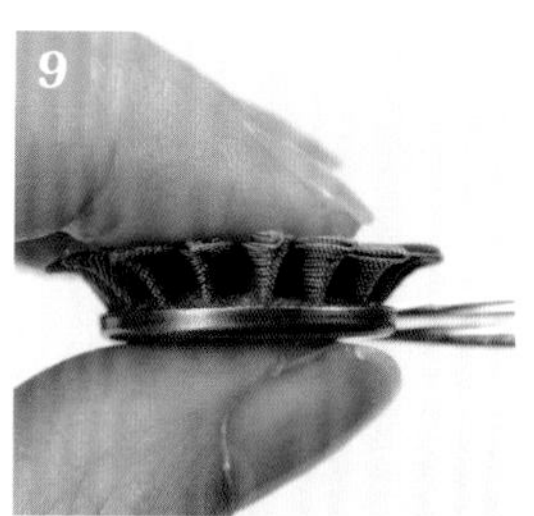

手指稍微施力，將花瓣整平。

背面的模樣。

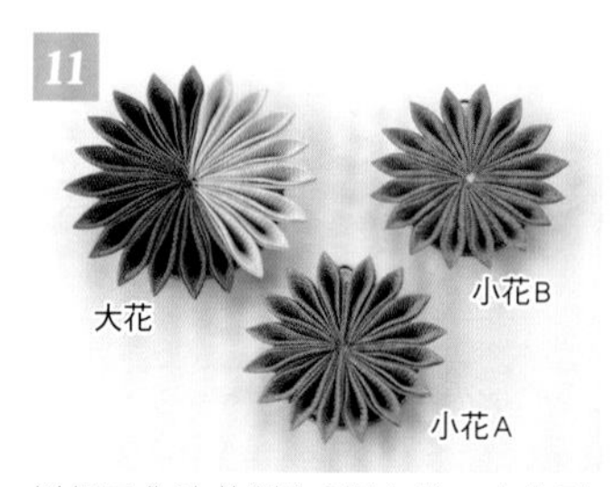

以相同作法共製作2個小花。大花則葺置上20片花瓣。

小花B的單圈朝上，小花A的單圈則隱沒於小花B的下方，各自黏貼於項鍊底座上。

大花單圈朝上，黏貼於底座上。

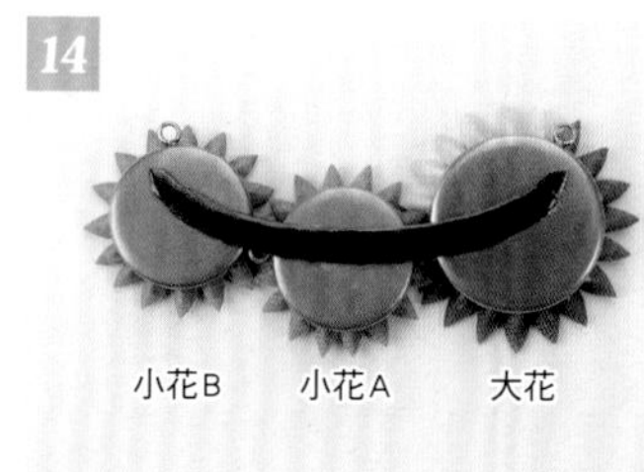

步驟13的背面。

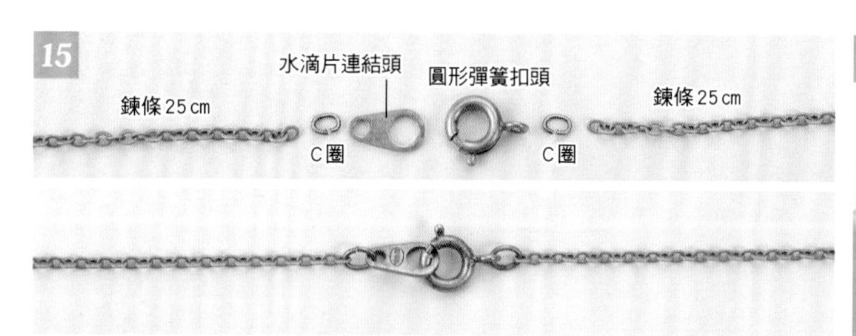

以鉗子連接鍊條、C圈、水滴片連結頭。
再將圓形彈簧扣頭、C圈、鍊條連接起來。

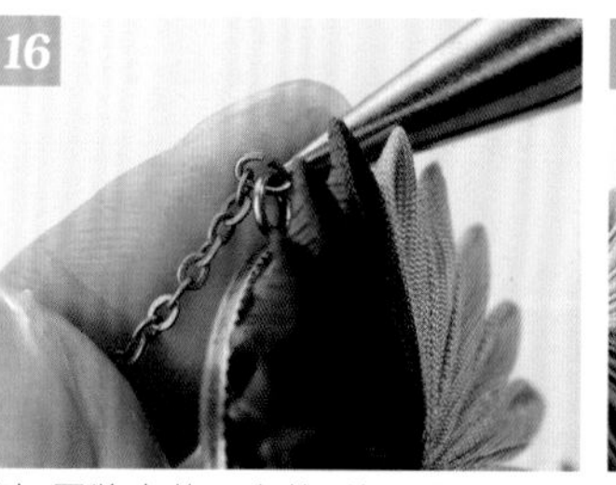

以C圈將大花＆小花B的單圈分別連接上鍊條。

將各花朵黏貼上珍珠或壓克力飾品配件。

完成！

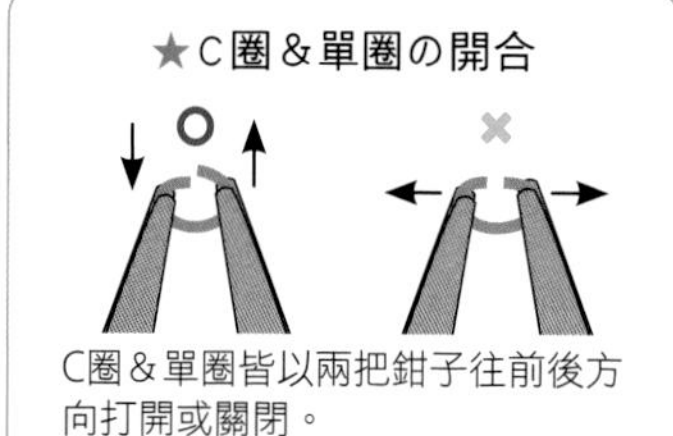

C圈＆單圈皆以兩把鉗子往前後方向打開或關閉。

◆p.21 No.7

二重劍花項鍊

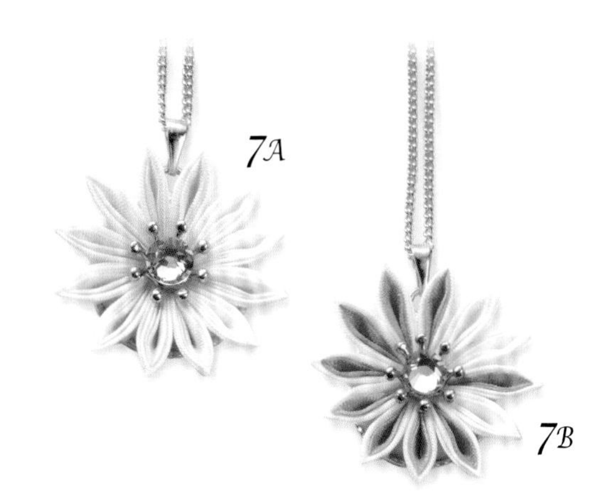

▸7A・7B 材料（1個）

〈布材〉羽二重5文目・8文目

外側：（8文目） 2cm正方形×12片

內側：（5文目） 2cm正方形×12片

〈底座〉包釦（直徑15mm）1顆、和紙（3.2cm正方形）1片

〈花心〉花座1個、水晶貼鑽（直徑4.7mm）1顆

〈飾品・五金配件類〉圓形底托（直徑15mm）1個、吊飾環1個

項鍊鍊條（40cm）1條

【完成尺寸】直徑約2.4cm（花朵）

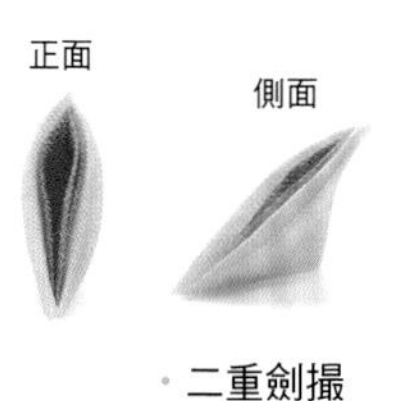

・二重劍撮

✣捏製二重劍撮

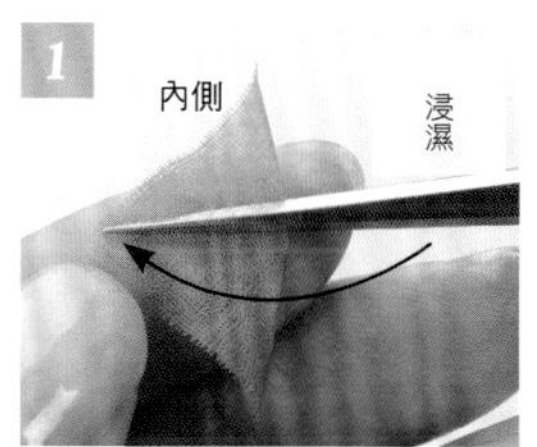

將內側的布片對摺。

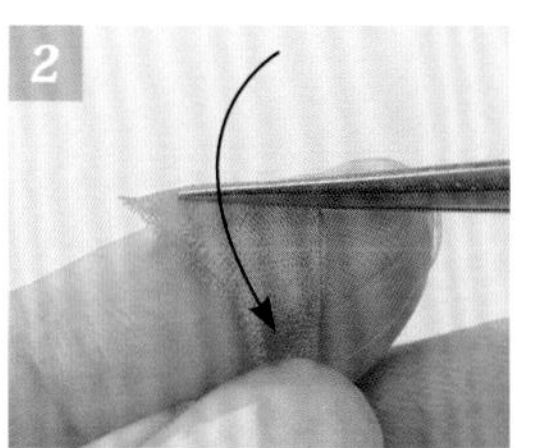

再次對摺。

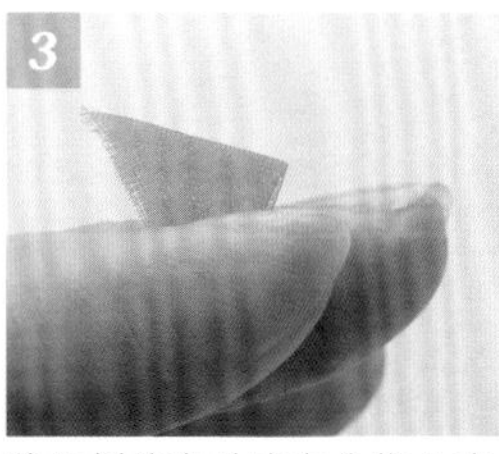

將內側的布片夾在食指＆中指之間。

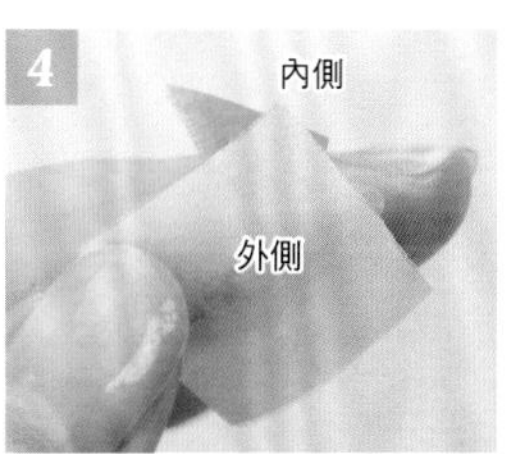

維持原狀，直接將外側的布片貼放在食指上，依步驟1至2的相同方式摺疊。

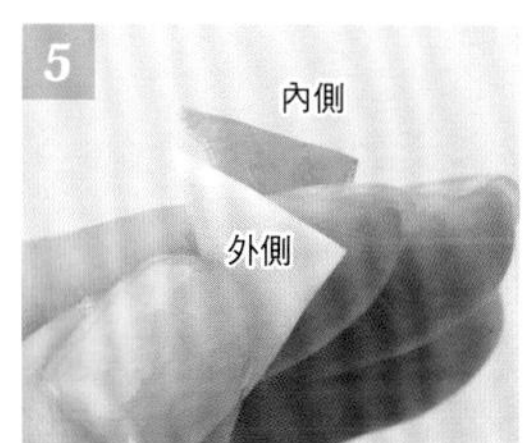

以食指＆拇指夾住外側布片。

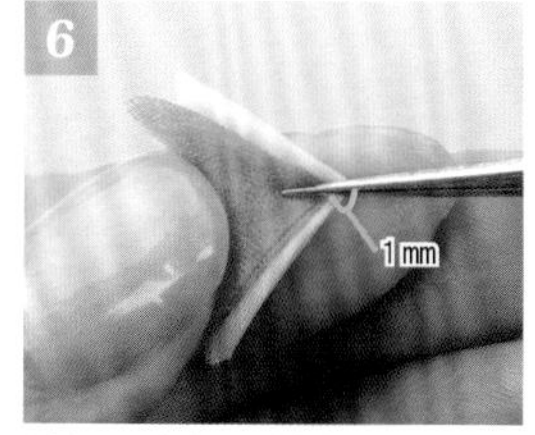

以鑷子夾住內側布片，疊放在較外側布片內縮1mm處。

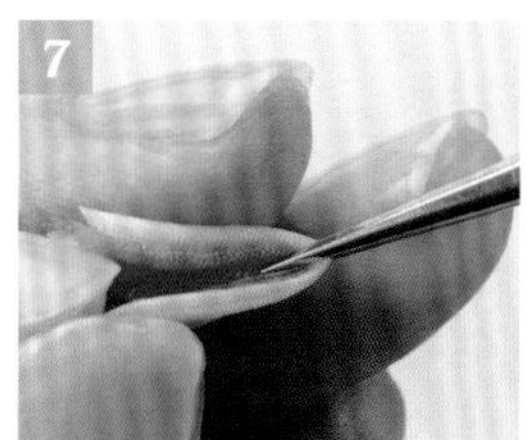

再次將2片一起對摺。

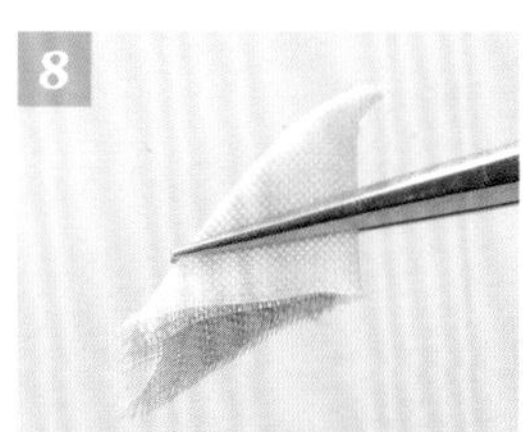

依劍撮作法9至15（▸p.22）的要領，進行捏製。

參照「端切位置」圖示，進行端切（▸p.22步驟16至19）。

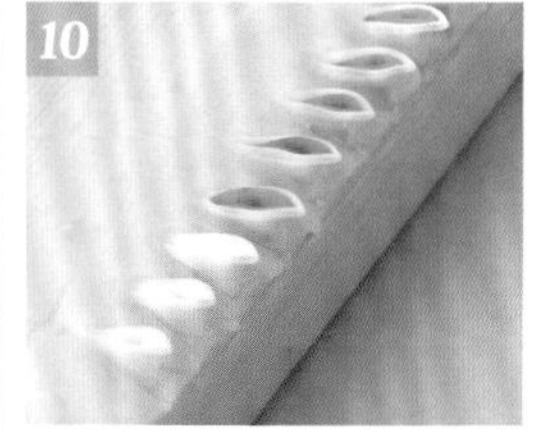

共捏製12片花瓣，放置於漿糊板上。

✣葺置➡組裝上飾品＆五金配件，完成！

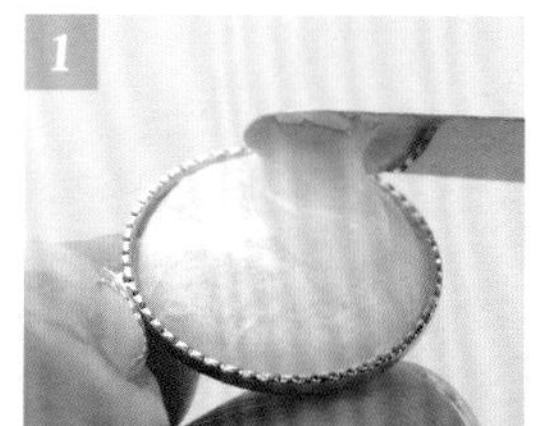

將和紙包釦的底座（「劍花項鍊」步驟2至8▸p.23）沾附上漿糊。

依順時針方向，葺置上12片花瓣。

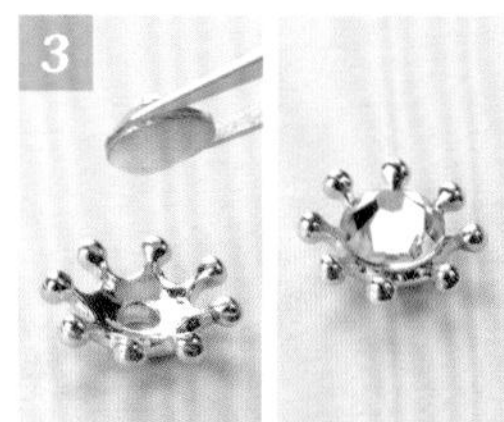

水晶貼鑽塗上白膠，黏貼於花座上。

於花心處塗抹白膠，固定於花朵的中心處。

連接上鍊條＆吊飾環，完成（▸p.15）！

◆p.21 No.8

稜角玫瑰耳針

▸8 材料（1組）

〈布材〉羽二重4文目・8文目

第1段：外側（8文目）2cm正方形×24片、內側（4文目）2cm正方形×24片

第2段：外側（8文目）2cm正方形×6片、內側（4文目）2cm正方形×6片

第3段：外側（8文目）2cm正方形×6片、內側（4文目）2cm正方形×6片

第4段：外側（8文目）2cm正方形×2片、內側（4文目）2cm正方形×2片

〈底座〉包釦（直徑15mm）2顆、和紙（3.2cm正方形）2片

〈飾品・五金配件類〉圓形底托（直徑15mm）2個

耳鉤五金（約45mm×25mm）2個

造型單圈（5mm）2個、迷你流蘇（20mm）2個

【完成尺寸】直徑約2.5cm（花朵）

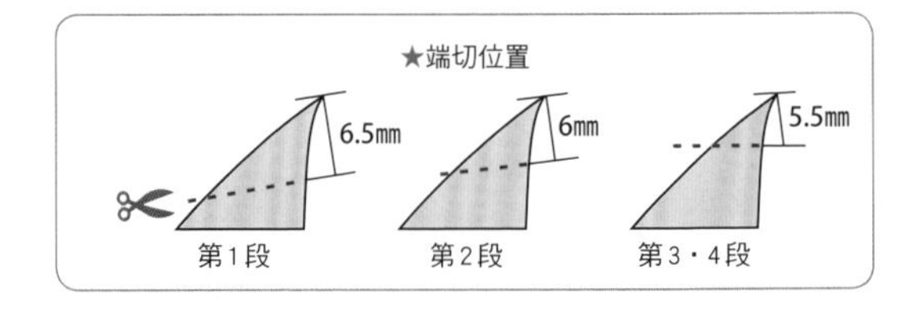

❖葺置二重劍撮

依「二重劍花項鍊」（▸p.25）的相同方式製作，第1段葺置上12片，並靜置待其乾燥。

第2段捏撮3片，放置於第1段的上方。

將撮花的布足打開。

使★處靠向外側葺置上去，並使整體成為三角形，整理形狀。

第3段亦以相同方式製作，儘可能地在花瓣&花瓣之間進行葺置。

❖捏製袋撮➡組裝上飾品&五金配件，完成！

第4段，首先捏製二重劍撮&放置於漿糊板上。

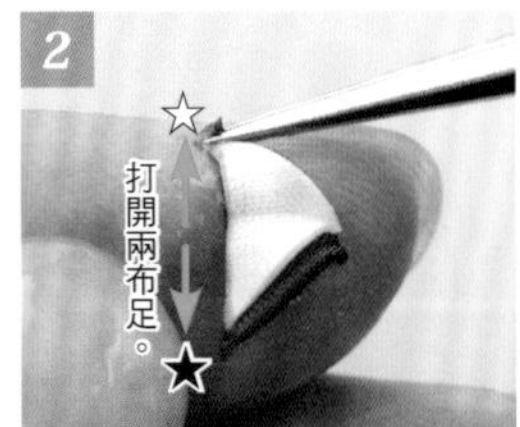

去除多餘的漿糊&打開兩布足，以鑷子夾住☆處。

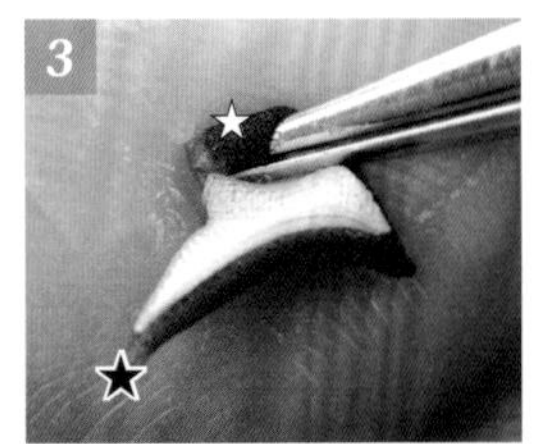

將☆處往內側摺入，一層層地捲繞。

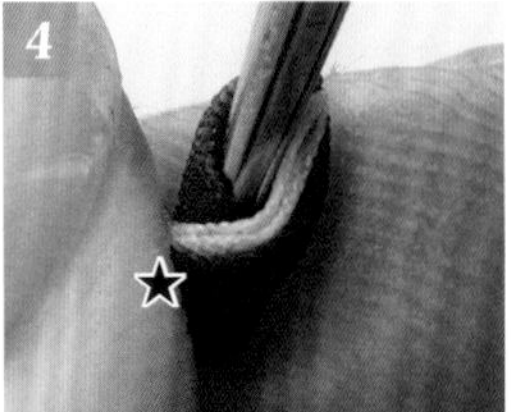

使★處的內側前端沾附漿糊，疊放於☆上，確實地壓牢。

抽出鑷子，再夾住。

步驟5沾附漿糊，插進花朵的中心。共製作2朵花。

以單圈將耳針五金、玫瑰、市售的流蘇連接在一起。

完成！

◆p.21 No.9

稜角玫瑰胸針

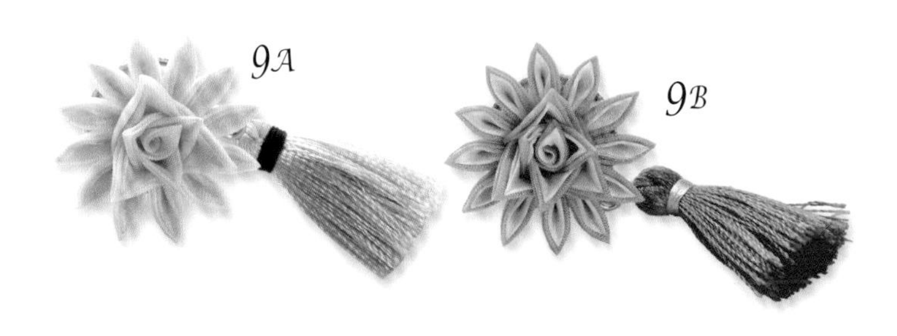

▸9A・9B 材料（1個）
〈布材〉同No.8
〈底座〉包釦（直徑15mm）1顆
　　和紙（3.2cm正方形）1片
〈飾品・五金配件類〉圓形底托（直徑15mm）1個
　　蝴蝶帽＋圓形底座刺馬針（8mm）1個
　　迷你流蘇（20mm）1個
【完成尺寸】直徑約2.5cm（花朵）

❖葺置稜角玫瑰➡組裝上五金配件，完成！

1 準備已葺上「稜角玫瑰」（▸p.26）的飾物、流蘇、蝴蝶帽＋圓形底座刺馬針。

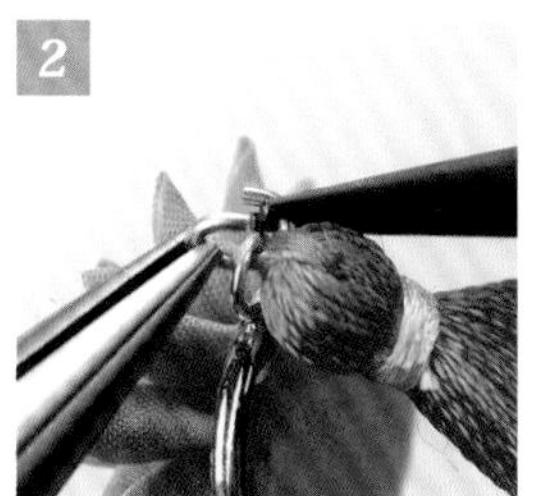
2 將流蘇接連於玫瑰下方。

3 刺馬針的圓形底座塗上金屬用膠水。

4 黏接於玫瑰底座背面。

5 完成！

◆p.21 No.10

二重劍花耳針

▸10 材料（1組）
〈布材〉羽二重5文目・8文目
　　（花朵）外側：（8文目）2cm正方形×24片
　　　　內側：（5文目）2cm正方形×24片
〈底座〉包釦（直徑12mm）2顆、和紙（2.5cm正方形）2片
〈花心〉花座2個、水晶貼鑽（直徑4.7mm）2顆
〈飾品・五金配件類〉圓形底托（直徑12mm）2個、耳針五金2個
【完成尺寸】直徑約1.7cm（花朵）

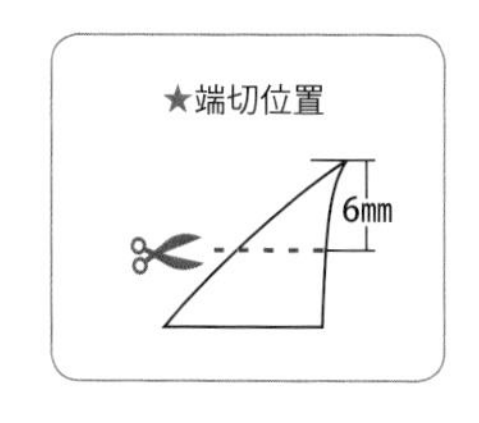

❖葺置二重劍花➡組裝上飾品&五金配件，完成！

1 依「二重劍花項鍊」（▸p.25）的相同方式製作，葺置上12片花瓣。

2 以白膠固定上花心的裝飾（▸p.25）。

3 打開耳針上的環圈，與圓形底托接連。

4 完成！

半球之華

No.11 八重菊包鍊吊飾

▶p.29

在捏撮和風布花的作法中，將藥玉（彩球）作成一半的形狀稱之為「半球」。在此將運用劍撮＆二重劍撮的技法，製作八重菊包鍊吊飾。

◆p.28 *No.* **11**

八重菊包鍊吊飾

▸**11A**材料（1個）

〈布材〉八掛布（▸p.43）、真絲雪紡薄紗 6文目

第1段：（八掛布）2.5cm正方形×12片

第2段：外側（八掛布）3cm正方形×12片

內側（真絲雪紡6文目）3cm正方形×12片

第3段：外側（八掛布）3.5cm正方形×12片

內側（真絲雪紡6文目）3.5cm正方形×12片

〈底座〉半球台座E（直徑30cm）1支→作法▸p.36至p.37

布片（7cm正方形）1片

白色不織布（直徑30cm・厚約1.5mm）2片

花藝鐵絲（#22）12cm×1支

〈花心〉珍珠（直徑3mm）6顆＋（直徑4mm）1顆

＋藝術銅線32號→大珍珠飾品▸p.15

〈飾品・五金配件類〉包鍊五金（12.5cm）1個

鏤空圓花片（35mm）1個、單圈（0.8・5mm）2個

9針（0.6・20mm）1個

馬賽克貝殼珠（直徑10mm）1個

流蘇（65mm）1個

【完成尺寸】直徑約5.5cm（花朵）

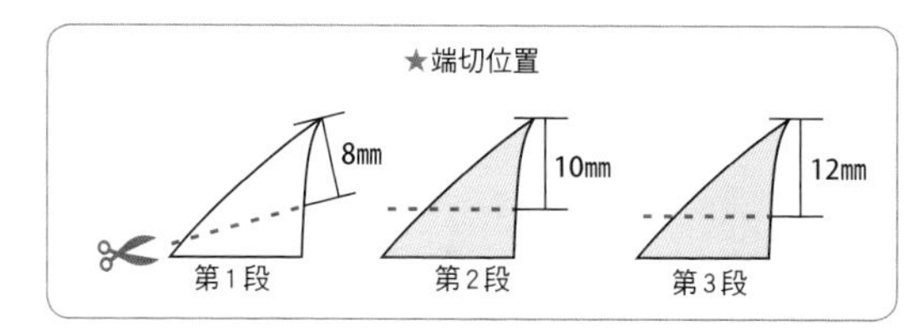

✣準備底座（布片半球台座）

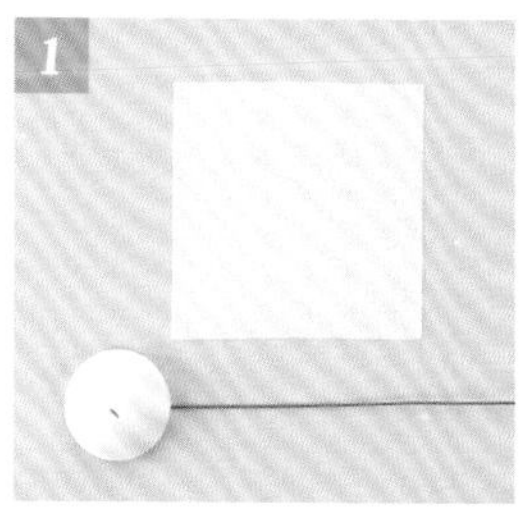

準備半球台座E（▸p.36）&布片。

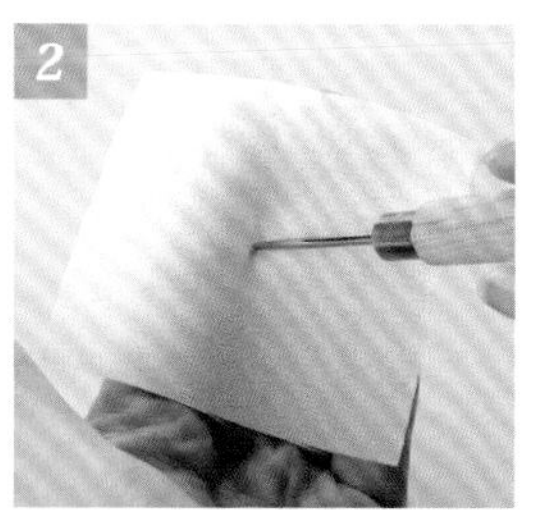

在布片的中心鑿開一個穿通鐵絲的洞口。

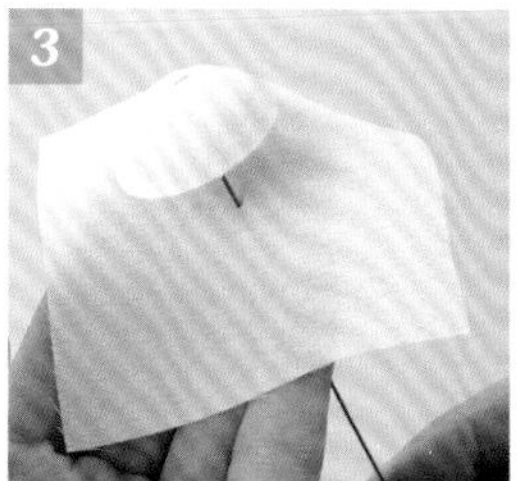

將半球台座穿入洞中。

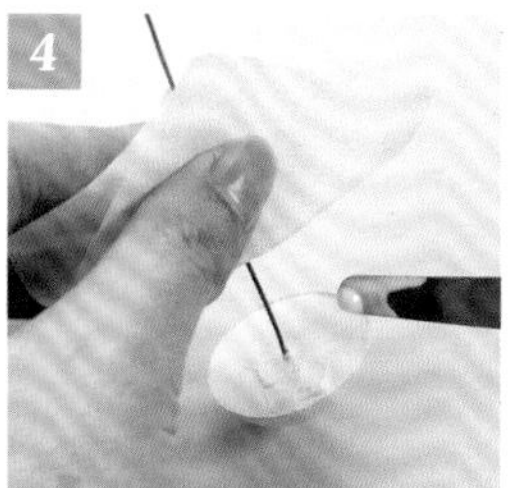

將半球台座的背面塗滿白膠。

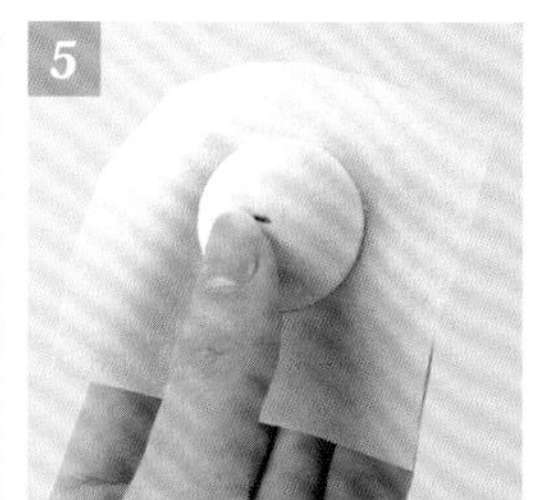

與布片黏貼在一起。若擔心白膠影響布片的平整美觀，使用噴膠也OK。

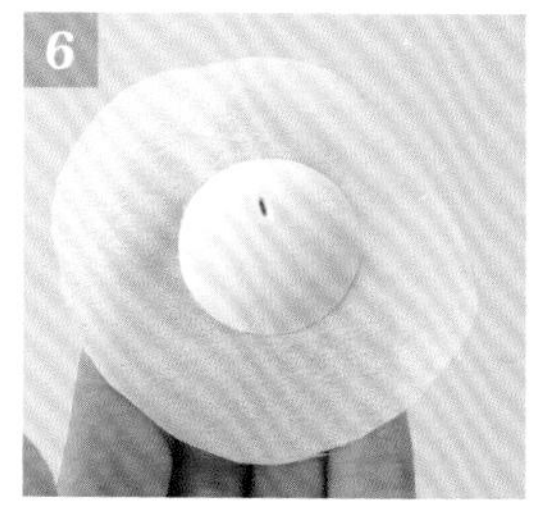

將布片的周圍修剪成圓形。

依和紙圓形底墊作法2至5（▸p.8）的相同方式製作，並在布片上剪牙口。

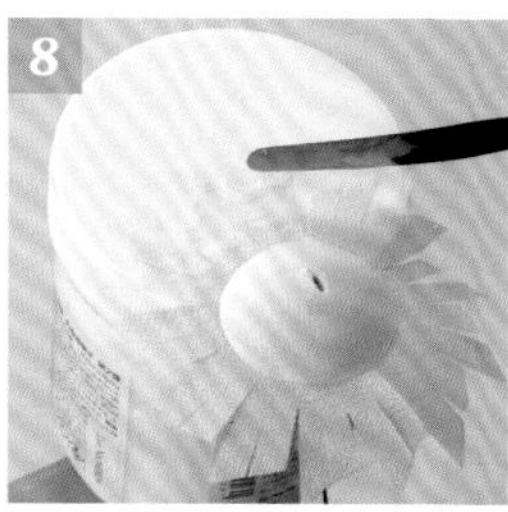

將布片剪牙口處沾附漿糊。放置於瓶蓋等物件的上方進行作業，就會比較容易操作喔！

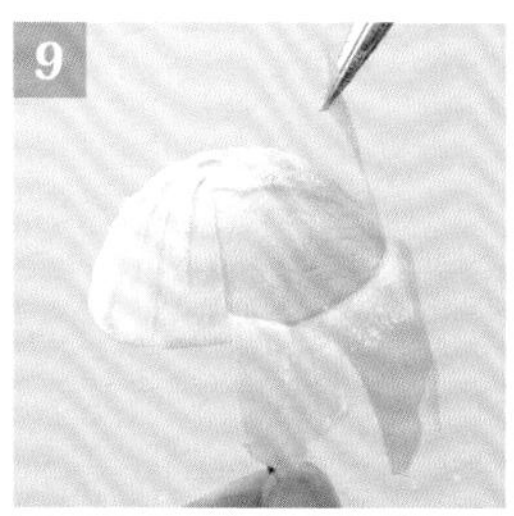

逐一將牙口處的布條黏貼固定。隨著布條的重疊，在凹凸明顯處以剪刀修剪布條長度再黏貼。

使底座與布片緊密黏貼，布片半球台座完成！

❖葺置

第1段進行劍撮，並以「端切位置」的圖示為基準，進行端切（▶p. 22）。

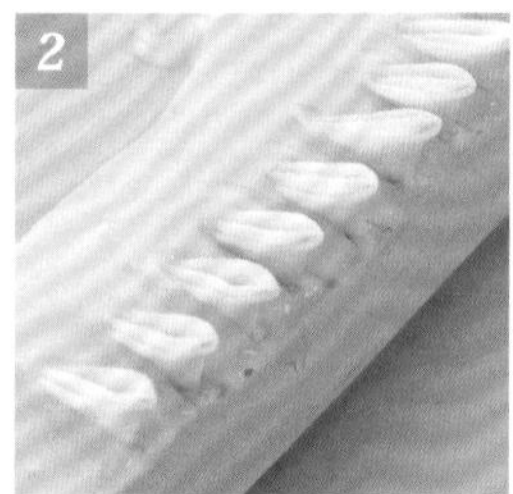

捏製12片，放置於漿糊板上。

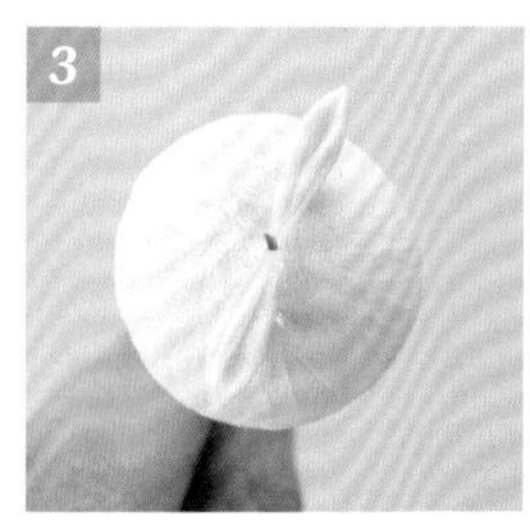

以對角的配置葺上2片。

使台座旋轉360°，葺置於左右均等的位置上。

再次以對角的配置葺上2片。

將剩餘的花瓣各取2片，逐一葺置於各花瓣之間。

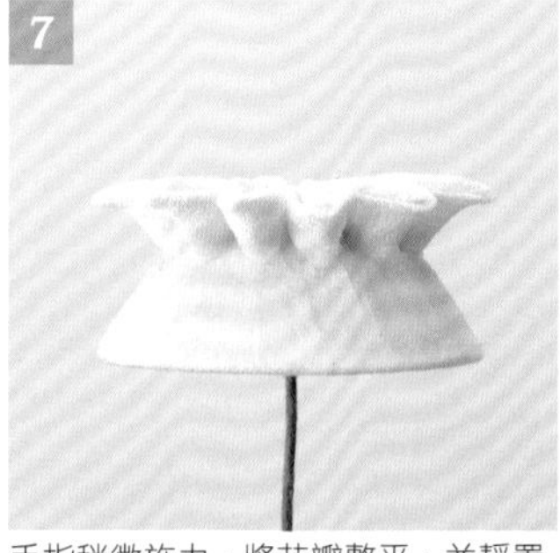

手指稍微施力，將花瓣整平，並靜置使其乾燥。

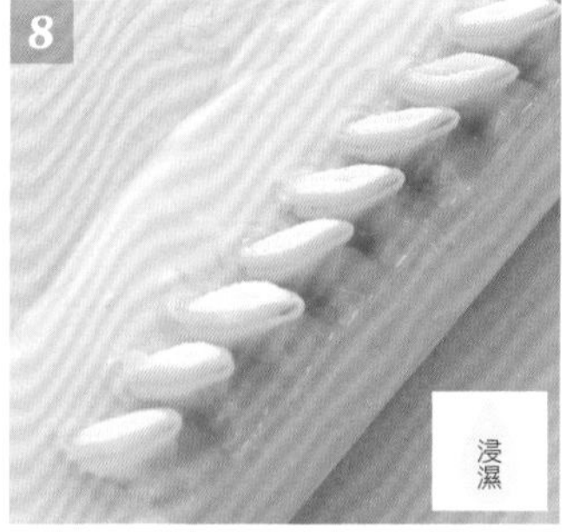

第2至3段進行二重劍撮，並以「端切位置」的圖示為基準，進行端切（▶p.25），再放置於漿糊板上。

第2段依順時針方向，在第1段的花瓣之間逐一葺置。

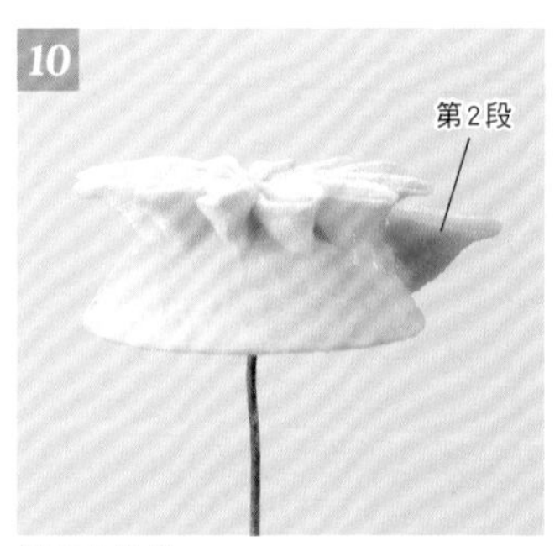

側視的模樣。

以鑷子打開花瓣，均等地逐一進行整理。

側視的模樣。均等地整理花瓣的位置。

第3段亦以相同方式，依順時針方向葺置上花瓣。

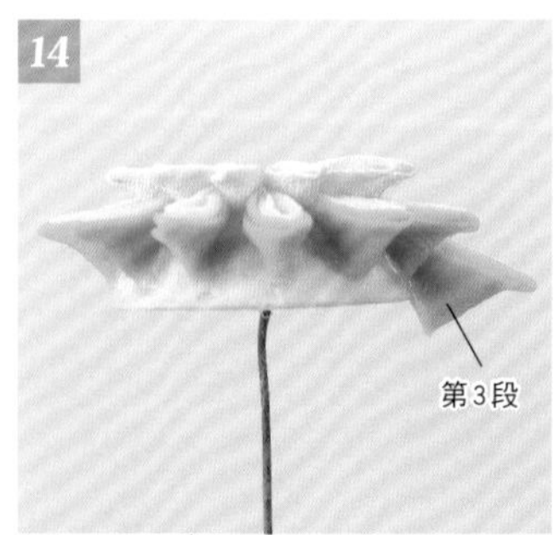

第3段則露出於台座外。

將第3段葺置完成。

將花瓣的位置均等地進行整理。

製作大珍珠裝飾（▶p.15），並以白膠黏貼固定。

❖組裝上五金配件，完成！

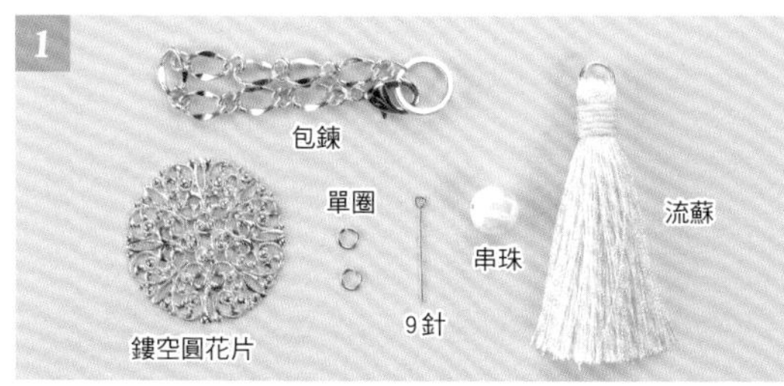

準備包鍊五金、鏤空圓花片、單圈2個、9針、串珠、流蘇。

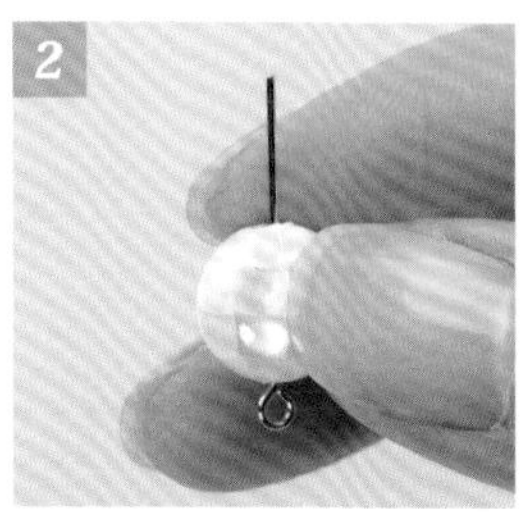

將串珠穿入9針。

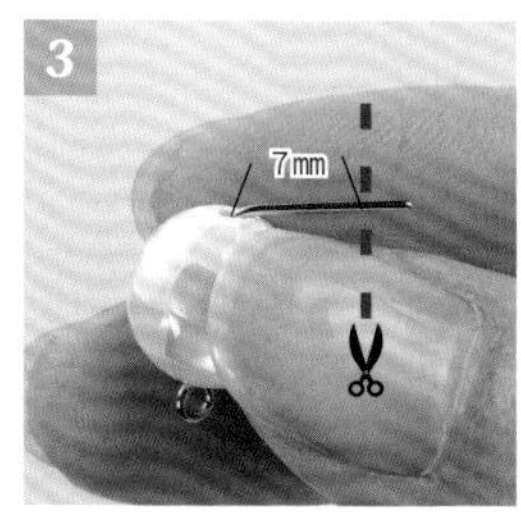

9針的根部摺彎成直角，根部預留7mm，剪斷。

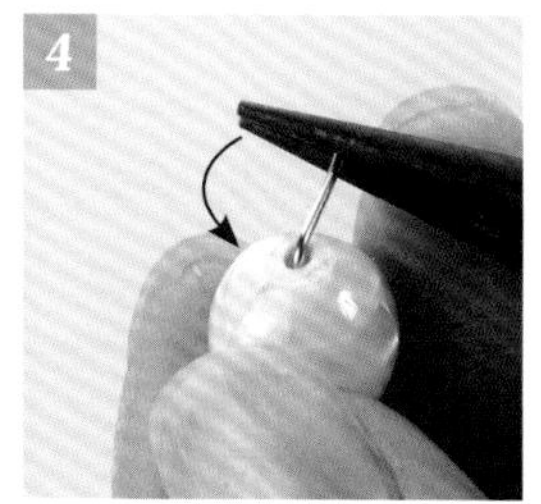

以圓嘴鉗夾住根部的尾端，如反轉手腕般，一口氣捲成圈狀。

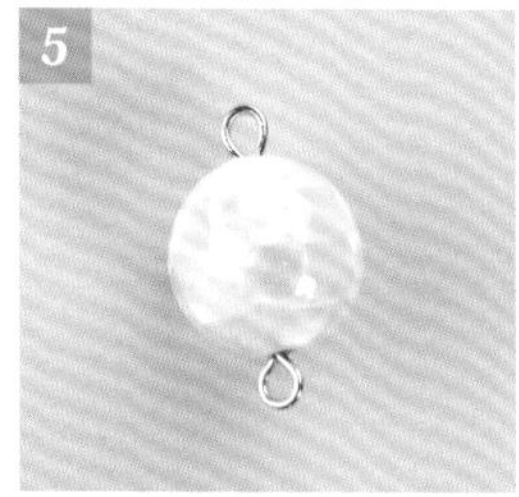

串珠裝飾完成。

以單圈將各配件串連在一起。

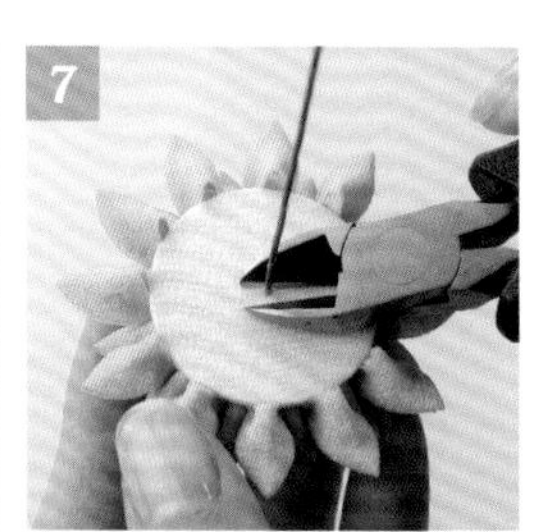

將底座的鐵絲剪至最極限。

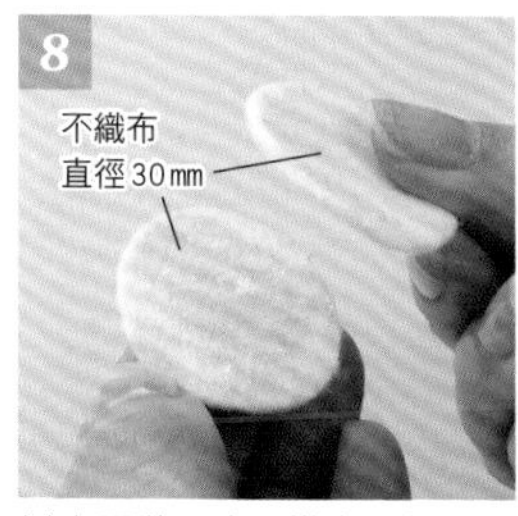

以白膠將2片不織布（以使用打洞器（▶p.8）或剪刀裁剪的不織布片）黏貼在一起。

將底座的背面塗上白膠，黏貼上不織布。

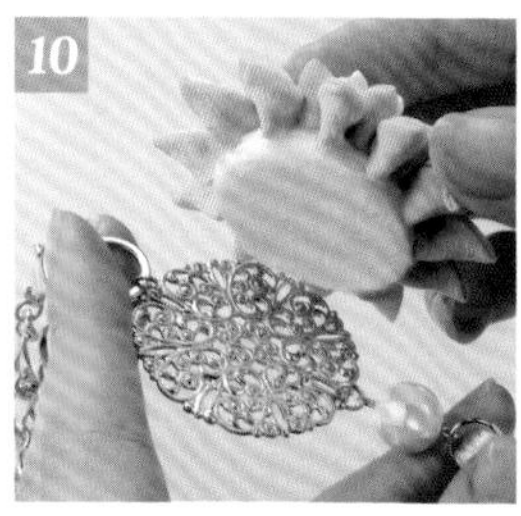

在鏤空圓花片上塗抹金屬用膠水，接黏上步驟9。

完成！

11B

▸ ***11B*材料**（1個）

〈布材〉八掛布（▶p.43）、真絲雪紡薄紗6文目
　　第1段：（八掛布）2.5cm正方形×12片
　　第2段：外側（八掛布）3cm正方形×12片
　　　　　內側（真絲雪紡6文目）3cm正方形×12片
　　第3段：外側（八掛布）3.5cm正方形×12片
　　　　　內側（真絲雪紡6文目）3.5cm正方形×12片

〈底座〉半球台座E（直徑30mm）1支→作法▶p. 36至p. 37
　　布片（7cm正方形）1片
　　白色不織布（直徑30mm・厚約1.5mm）2片
　　花藝鐵絲（＃22）12cm×1支

〈花心〉珍珠（直徑3mm）6顆＋（直徑4mm）1顆
　　＋藝術銅線32號→大珍珠飾品▶p.15

〈飾品・五金配件類〉包鍊五金（12.5cm）1個
　　鏤空圓花片（35mm）1個、單圈（0.8・5mm）2個
　　鍊條（4.8cm・6.5cm）各1條、小葉子吊飾3個
　　天然石串珠3顆、藝術銅線28號

【完成尺寸】直徑約5.5cm（花朵）

纖細之美

宛如上生菓子（練切り）般，模樣渾圓的半球胸針＆項鍊。請慢慢地仔細葺置，並調整形狀。

◆p.32 No.12

千菊胸針

12

▸12 材料(1個)

〈布材〉羽二重4文目・8文目

第1段：（8文目）2cm正方形×15片

第2段至第5段：

外側（8文目）2cm正方形×15片×4段＝共60片

內側（4文目）2cm正方形×15片×4段＝共60片

〈底座〉半球台座C（直徑25mm）1支→作法▸ p.36至p.37

和紙（6.2cm正方形）1片、花藝鐵絲（＃24）12cm×1支

〈花心〉珍珠（直徑3mm）3顆

〈飾品・五金配件類〉鏤空胸針底座（29mm）1個

【完成尺寸】直徑約3.9cm（花朵）

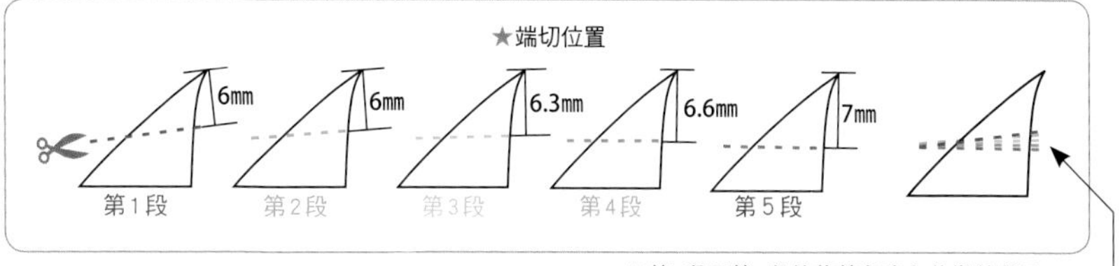

※第1段至第5段的裁剪角度有些微的差異。
不妨一點一點加大角度進行裁剪。

✣準備底座（和紙半球台座）➡葺置

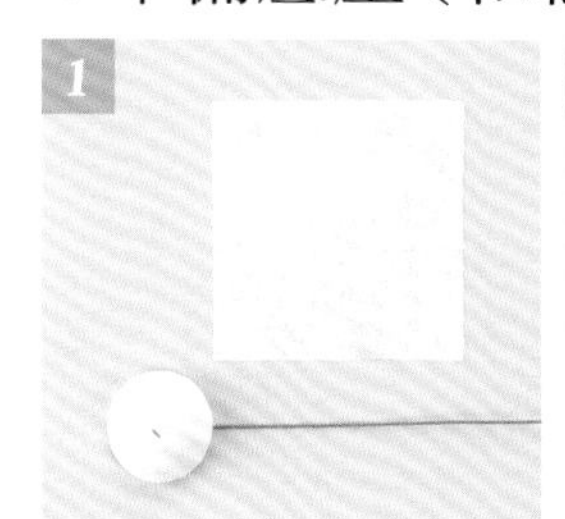
1 準備半球台座C（▸p.36）&和紙。

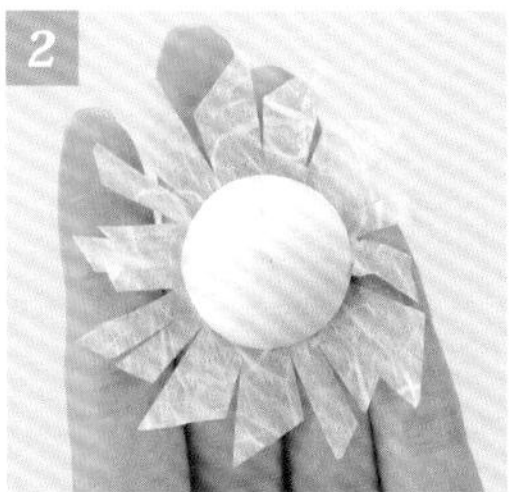
2 在和紙的中心鑿洞後，穿入半球台座，並剪出牙口（參照和紙圓形底墊步驟2至5 ▸p.8）。

3 將步驟2的和紙從半球台座上取下來之後，塗抹白膠。

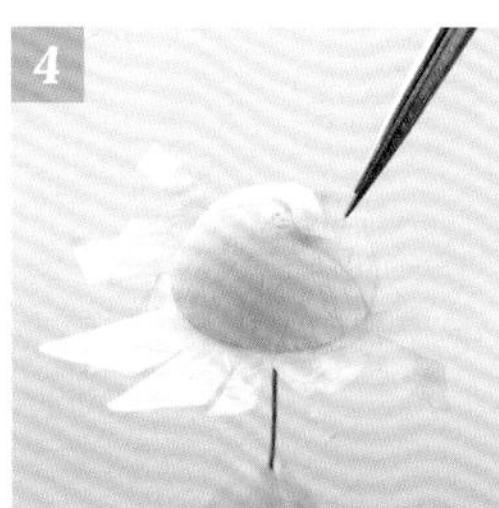
4 將和紙穿入半球台座，逐一貼合。

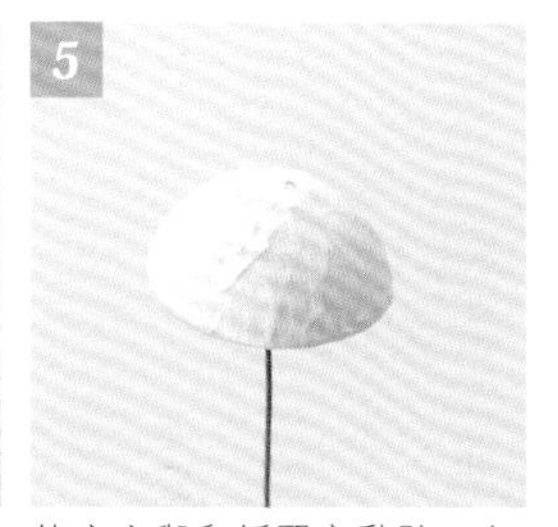
5 使底座與和紙緊密黏貼，完成和紙半球台座。

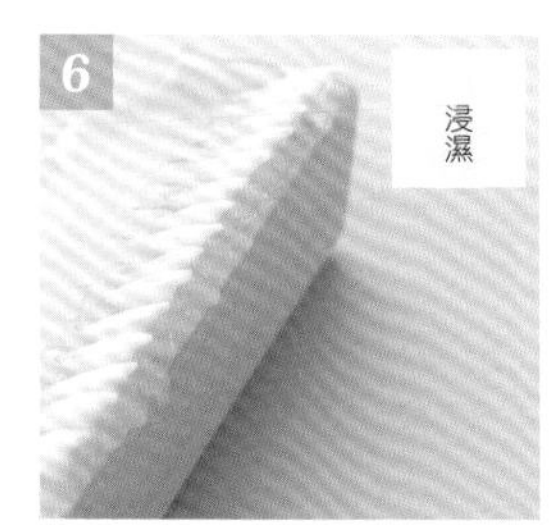

6 第1段進行劍撮，並以「端切位置」的圖示為基準，進行端切（▸p.22）。

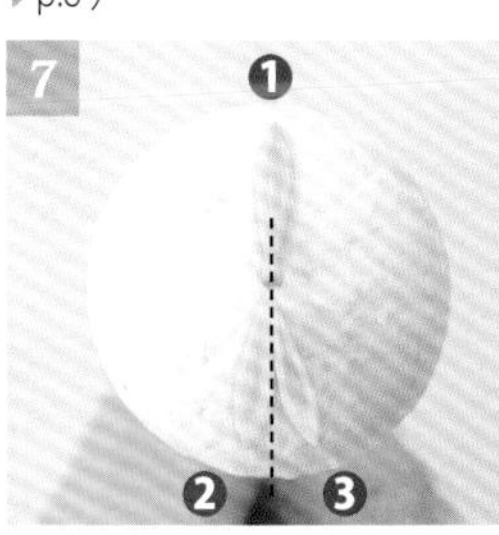

7 首先葺置上❶，再盡量在靠向其對角線上的兩側脇邊，葺置上❷❸。

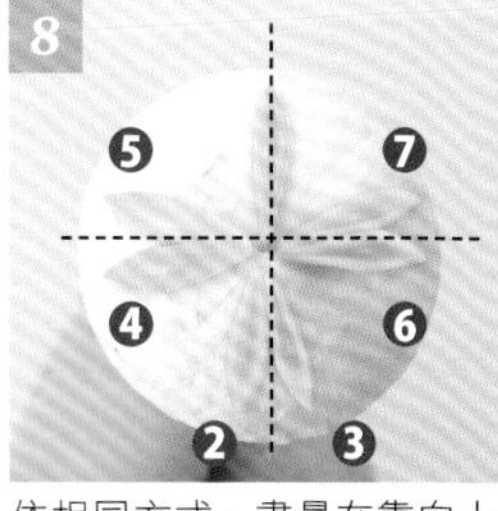

8 依相同方式，盡量在靠向十字對角線上的兩側脇邊，葺置上❹至❻。

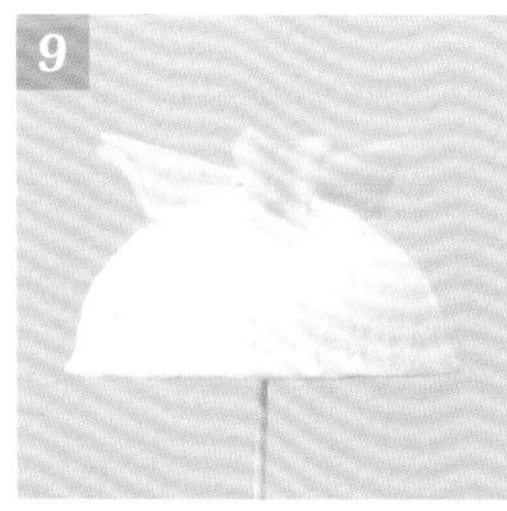
9 側視的模樣。

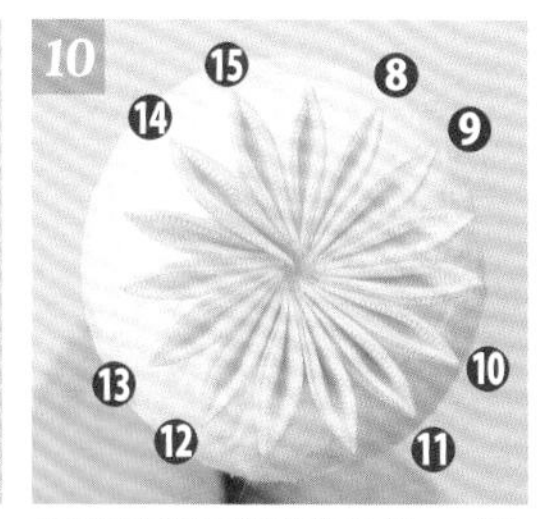

10 將剩餘的花瓣各取2片，逐一葺置於各花瓣之間。共葺置上15片花瓣。

11 以鑷子均等地打開花瓣並進行整理。

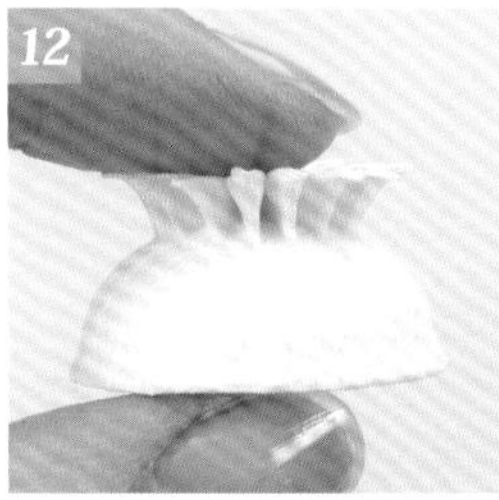
12 手指稍微施力，將花瓣整平，並靜置使其乾燥。

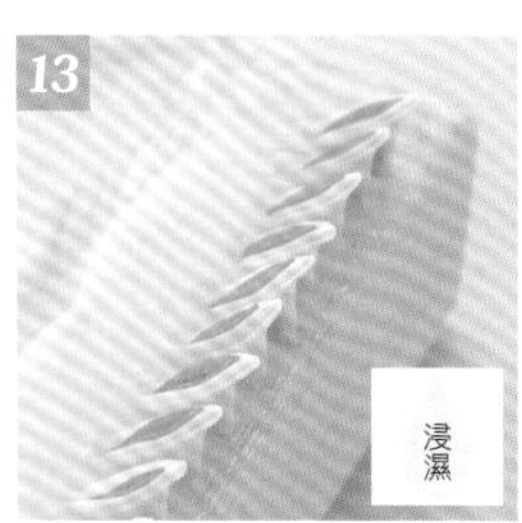

13 第2至5段進行二重劍撮，並以「端切位置」的圖示為基準，進行端切（▸p.25）。

14 第2段在第1段的花瓣之間，依順時針方向逐一葺置上花瓣。

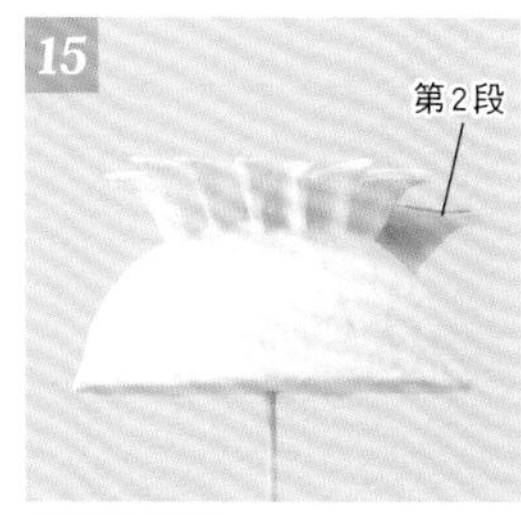

15 側視的模樣。

❖葺置➡組裝上飾品

均等地打開花瓣並進行整理。

葺置上第2段。

側視的模樣。

第3段在第2段的花瓣之間，依順時針方向逐一葺置上花瓣。

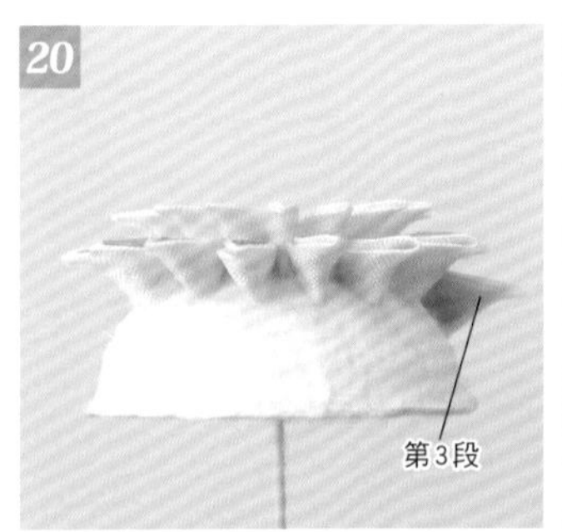

側視的模樣。

葺置上第3段。

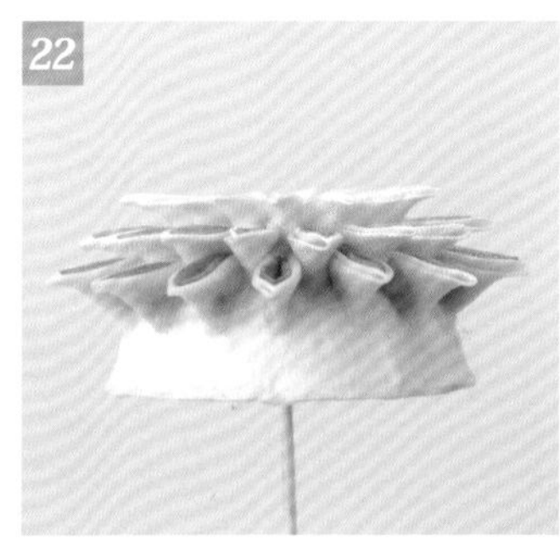

側視的模樣。

第4段在第3段的花瓣之間，依順時針方向逐一葺置上花瓣。

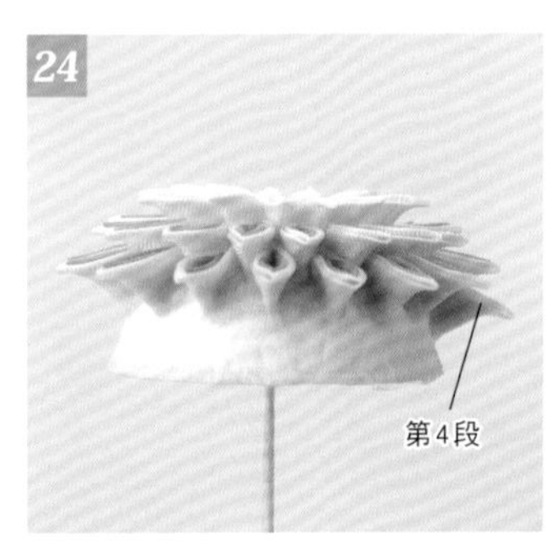

側視的模樣。

葺置上第4段。

側視的模樣。

第5段則儘量不要太超出底座邊緣地葺置上花瓣。

葺置上第5段。整理成美麗的形狀，完成！

均等地整理花瓣的位置。

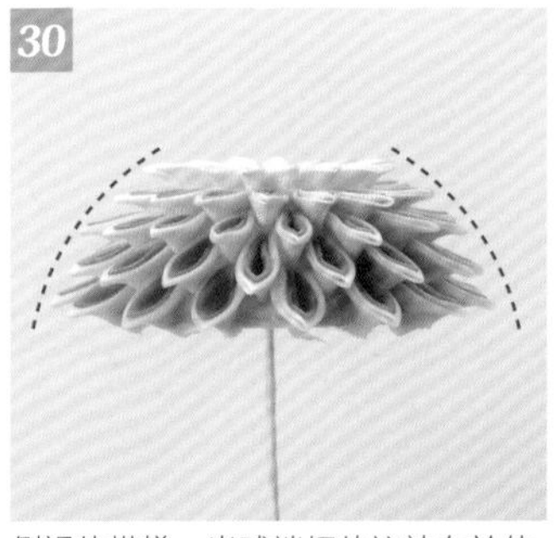

側視的模樣。半球端切的祕訣在於使花瓣如描繪曲線般地逐一進行調整。

將珍珠塗上白膠，黏貼於花朵中心。

❖組裝上五金配件，完成！

1 將底座的鐵絲剪至最極限。

2 在底座的背面塗抹金屬用膠水。

3 黏接上鏤空胸針底座。

4 完成！

◆p.32 *No.* 13

千菊項鍊

▸*13A*・*13B* 材料（1個）

〈布材〉同*No.12*

〈底座〉同*No.12*

〈花心〉花座1個、水晶貼鑽（直徑4.7mm）1顆

〈飾品・五金配件類〉圓形底托（直徑25mm）1個、吊飾環1個
項鍊鍊條（63cm）1條、白色不織布（直徑24mm・厚約1.5mm）1片

【完成尺寸】直徑約3.9cm（花朵）

❖準備底座➡葺置千菊➡組裝上五金配件，完成！

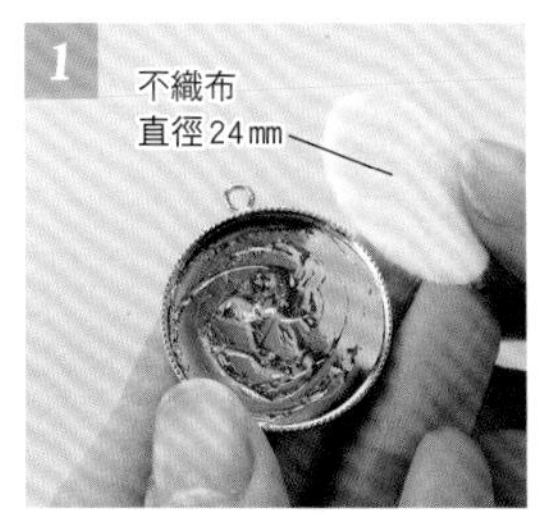

1 在圓形底托上塗抹金屬用膠水，黏接上不織布。

2 將不織布塗上白膠。

3 黏接千菊（▸p.33）。

4 確實壓牢固定後，靜置乾燥。

5 在吊飾環中穿入鍊條，與圓形底托的單圈接連在一起。

6 完成！

◆關於半球台座

以半球狀的底座製作而成的捏撮和風布花，稱為「半球」。本書以輕黏土來製作底座，但以一般較容易取得的保麗龍球以相同方式製作也OK。

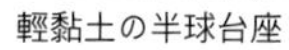
輕黏土の半球台座

保麗龍球の半球台座

❖以輕黏土製作半球台座

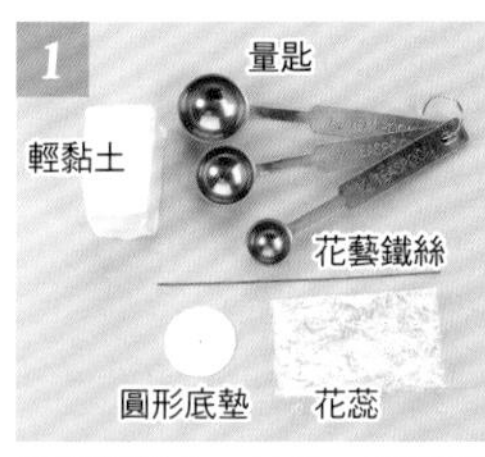

準備輕黏土、量匙、圓形底墊（直徑30㎜）、花蕊、花藝鐵絲。

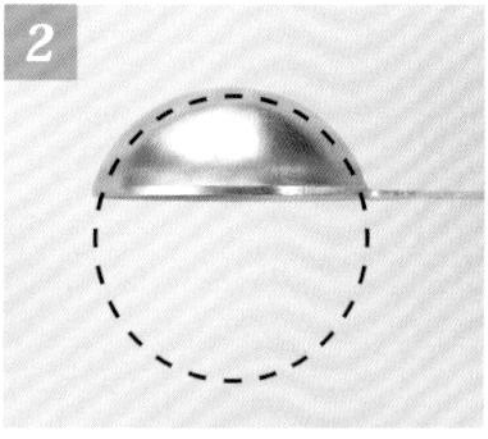

量匙請挑選符合球體曲線的單位尺寸。

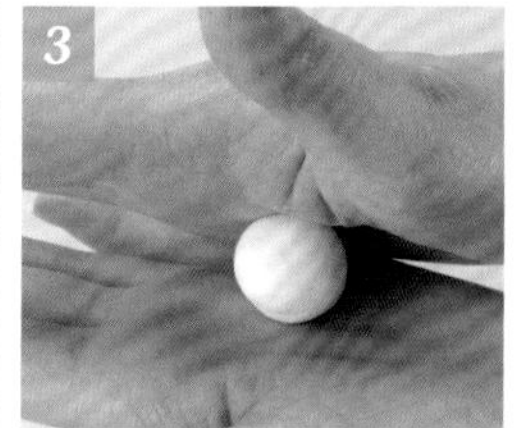

搓揉輕黏土，揉成圓球狀。

將保鮮膜覆蓋在量匙上，並於其上方填滿輕黏土。

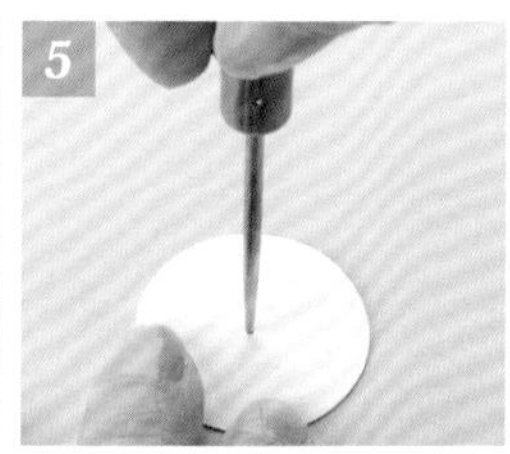

以錐子在圓形底墊的中心處穿洞。

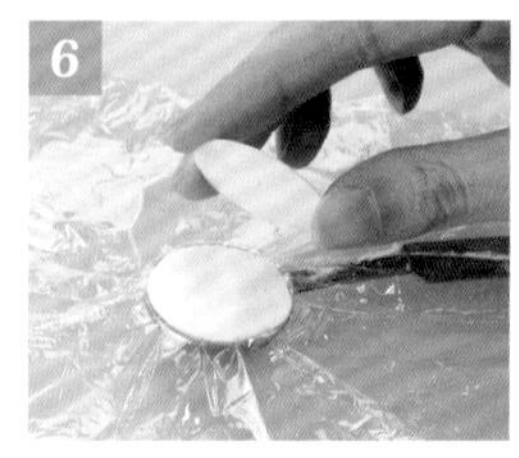

將圓形底墊緊密地覆蓋於黏土上方。

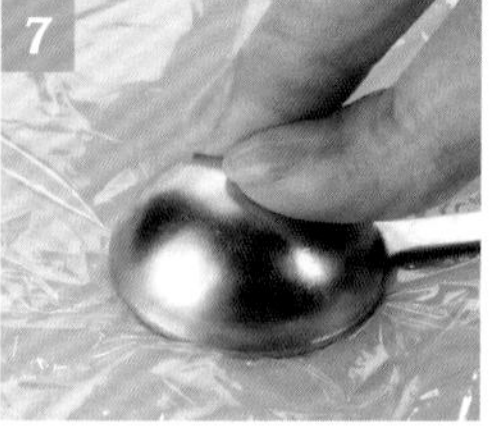

將量匙翻至背面之後，用力壓緊，使黏土＆底墊緊密接合。

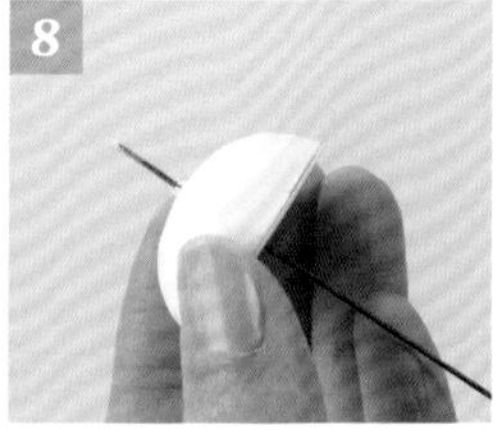

取出黏土。從圓形底墊下方（步驟5）插入鐵絲，使鐵絲突出於黏土外。

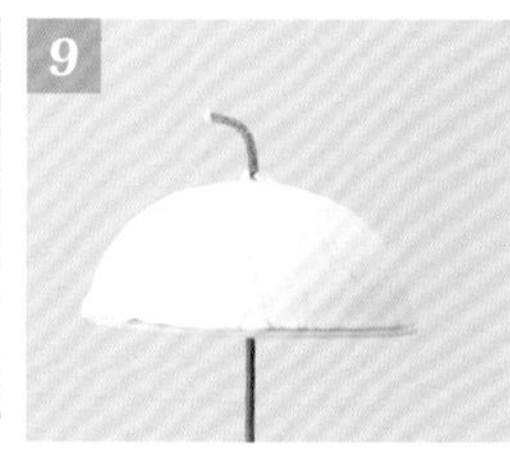

突出的部分摺彎成鎖狀。

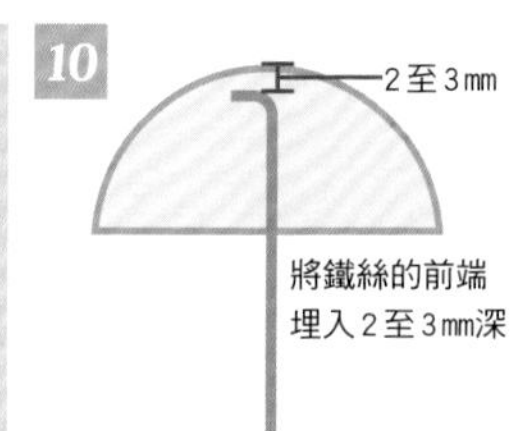

將鐵絲用力往下拉，以便固定於黏土中。

以白膠填補凹入處，並靜置乾燥。

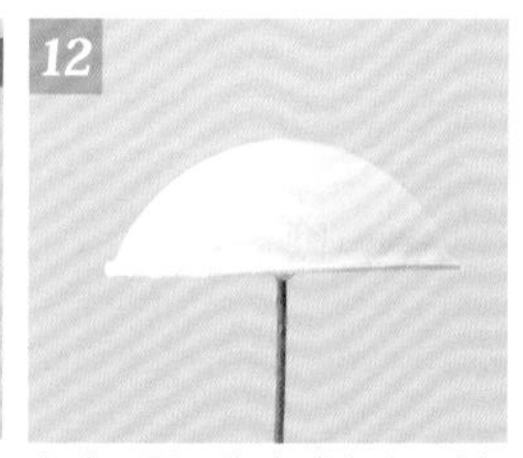

完成！圖示為半球台座E（參照P.37一覽表）。

◆製作半球台座B・D（參照P.37一覽表）時……

作法雖然相同，但若步驟6中的圓形底墊無法附著於黏土上時，請依右側作法製作。

圓形底墊塗上白膠＆黏合。

完成！圖示為半球台座D。

❖以保麗龍球製作半球台座

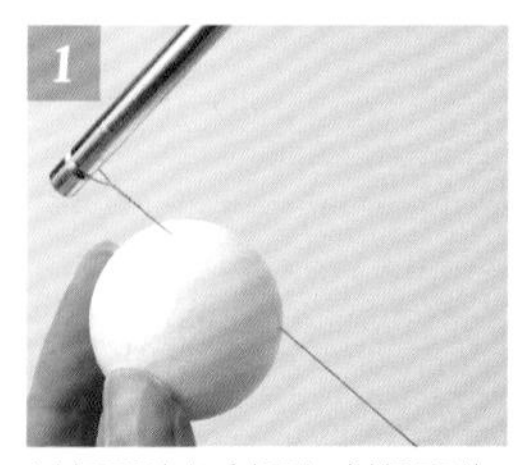

以保麗龍切割器切割保麗龍球（切割位置參照P.37一覽表）。

以砂紙削除1至2㎜，進行磨平。

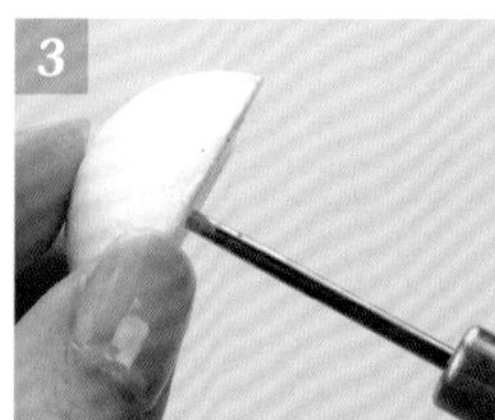

以錐子在中心處鑿開一個穿通鐵絲的洞口。

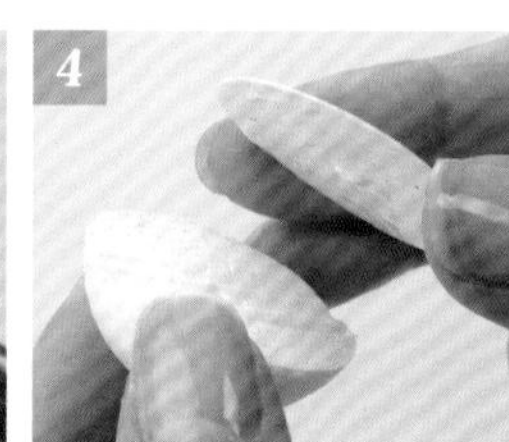

圓形底墊塗上白膠，與保麗龍球黏接在一起。

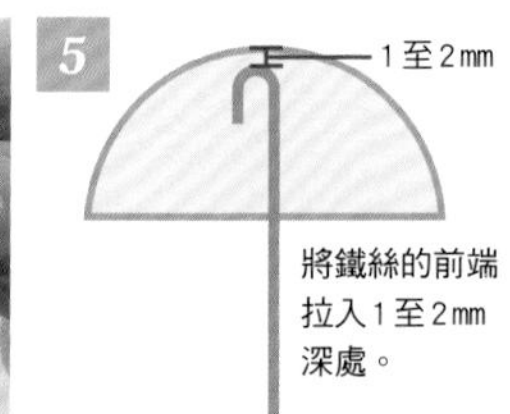

將鐵絲摺彎成倒U字形後下拉固定，並以白膠填補凹入處，靜置乾燥。

✣半球台座〈輕黏土・保麗龍球〉一覽表

	圓形底墊尺寸	輕黏土の形狀	量匙の基準	裁切保麗龍球の位置	花藝鐵絲の號數	和紙&布片の尺寸
A	15mm	6mm	1/4 小量匙（1.25ml）	約球體 1/2　15mm	24號	37mm × 37mm
B	22mm	6mm	1/2 小量匙（2.5ml）	約球體 1/3　25mm	24號	50mm × 50mm
C	25mm	11mm	1/2 小量匙（2.5ml）	約球體 1/2　25mm	24號	62mm × 62mm
D	27mm	8mm	1 小量匙（5ml）	約球體 1/3　30mm	22號	65mm × 65mm
E	30mm	12mm	1 小量匙（5ml）	將近球體 1/2　30mm	22號	70mm × 70mm

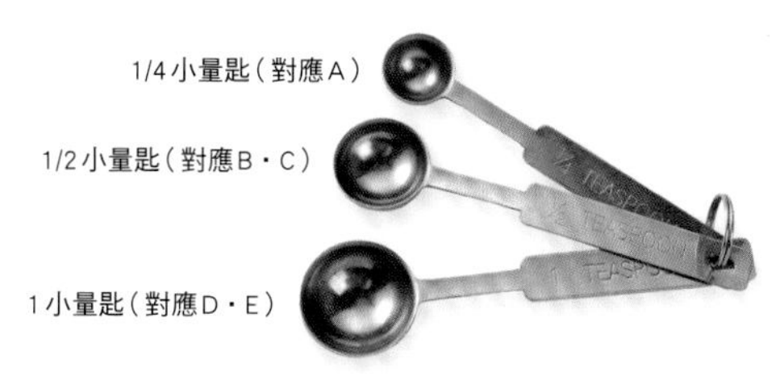

量匙有各種不同類型，因此不免會有些許誤差，
請以一覽表作為參考標準，適當地進行調整。

復古摩登の紅&藍

運用菱形撮技法，製作高挺&線條俐落的花朵耳鉤&髮夾&耳環。
紅色系髮夾（15A）使用復古的和服布料；藍色系髮夾（15B・15C）&耳環（No.16），則是使用藍染的羽二重。

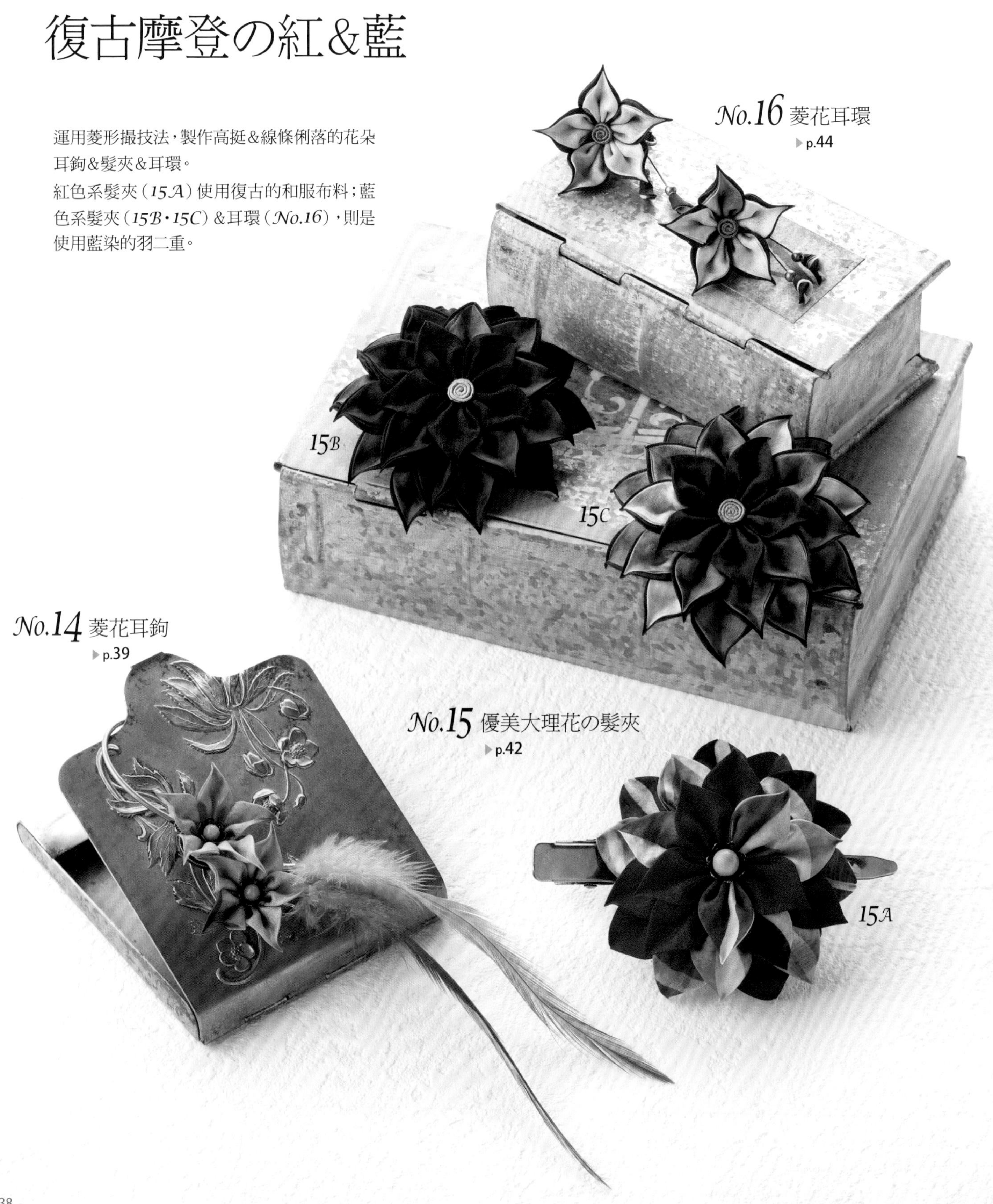

◆p.38 *No.* 14

菱花耳鉤

▸14 材料（1個）

〈布材〉羽二重4文目、花樣羽二重（羽裡▸p.43）
（花朵）4cm正方形×5片×2個＝共10片
〈底座〉不織布（書法專用墊布 黑色・直徑12mm・厚約2mm）2片
〈花心〉花座2個、天然石串珠（直徑4mm）2顆
〈飾品・五金配件類〉圓形底托（直徑12mm）2個
耳鉤（約60×20至30mm）1個
單圈（0.6・3mm）3個、附環圈的羽毛配飾2支
【完成尺寸】直徑約3.2cm（花朵）

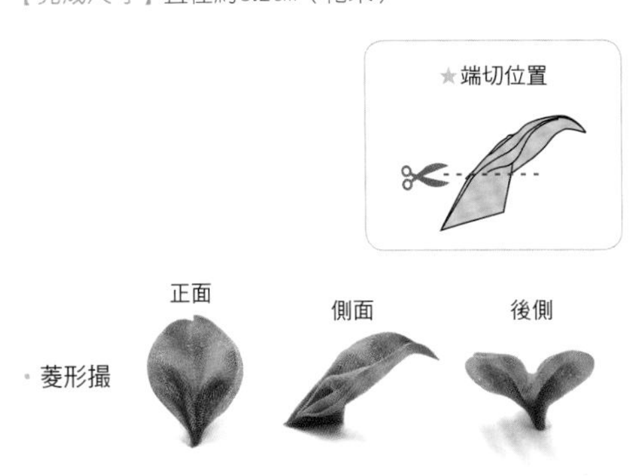

❖捏製菱形撮

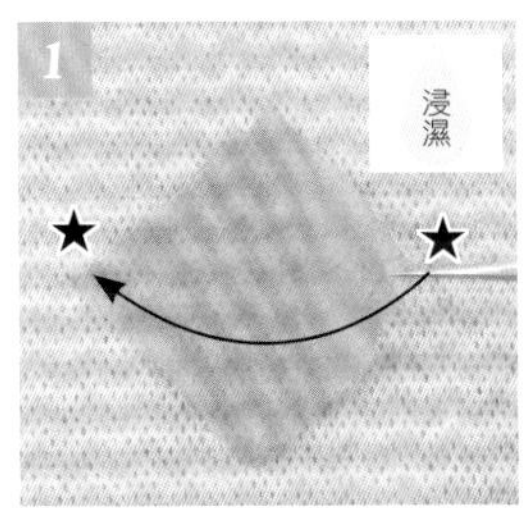

1 以鑷子捏夾布端，將★與★對齊疊合。

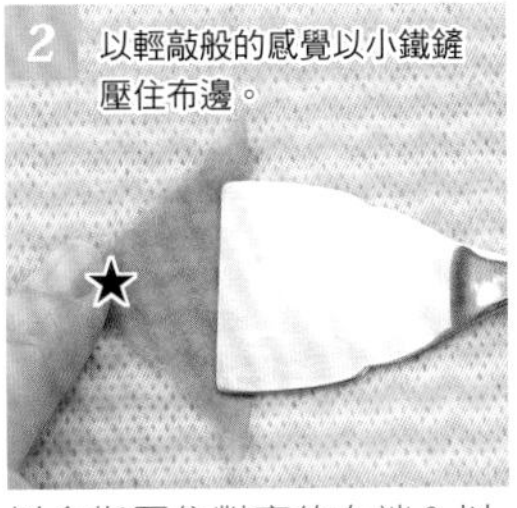

2 以食指壓住對齊的布端＆以小鐵鏟壓住摺疊處。

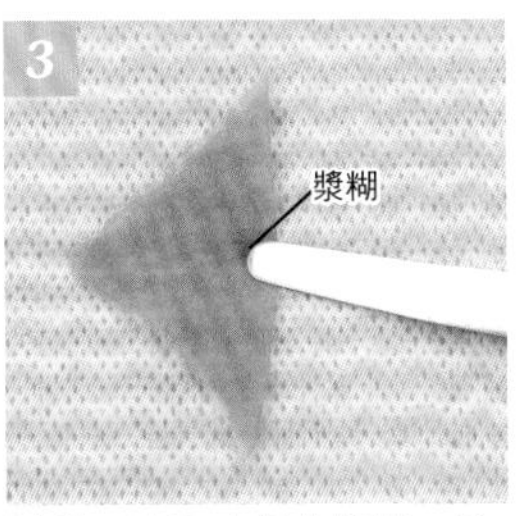

3 以刮刀沾取少量的漿糊，塗抹於中心處。

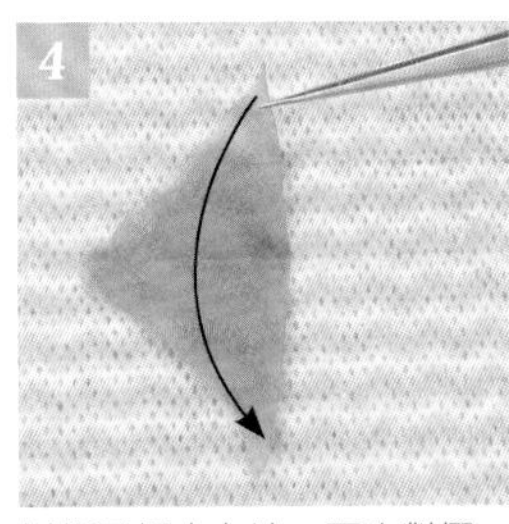

4 以鑷子捏夾布端，再次對摺。

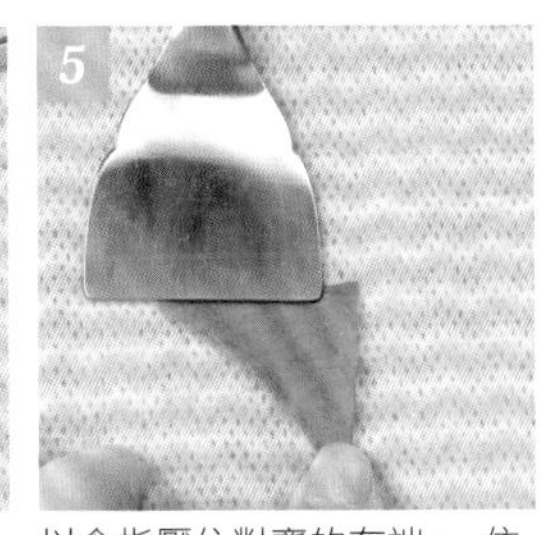

5 以食指壓住對齊的布端，依步驟2的相同方式，以小鐵鏟壓住。

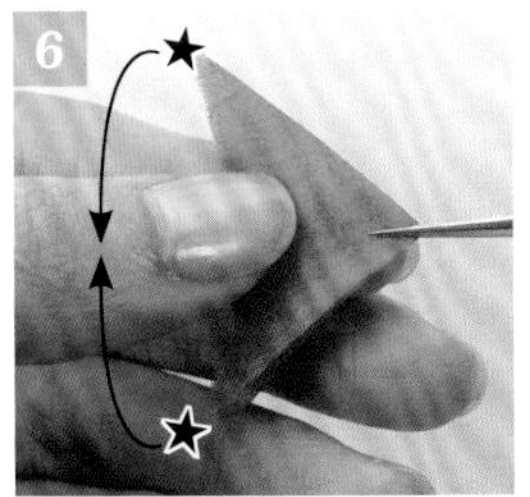

6 手持撮花，使★與★對齊，再次對半摺疊。

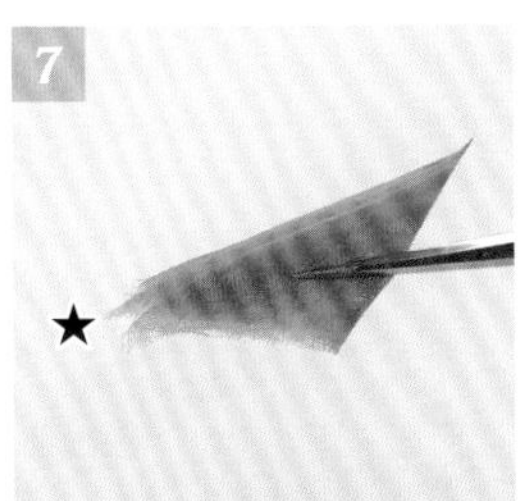

7 依劍撮作法10至15（▸p.22）的要領，進行捏製。

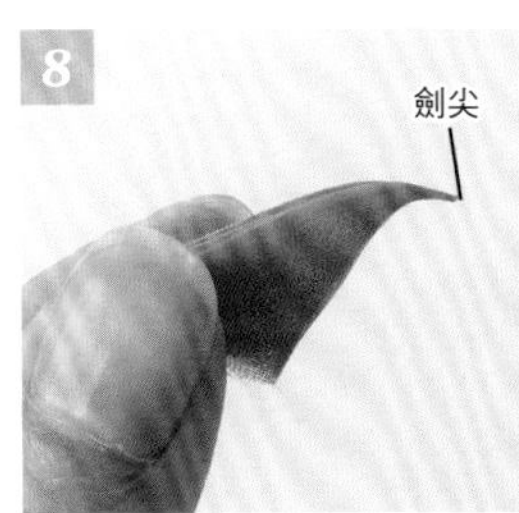

8 使劍尖處變尖。

9 在圖示位置處，以鑷子呈傾斜狀再次夾住。

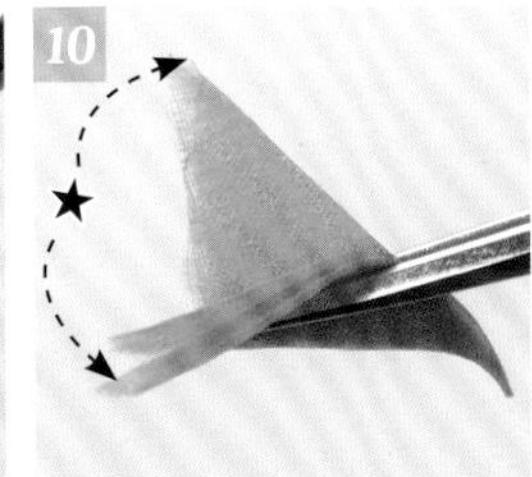

10 將步驟7的★處打開。

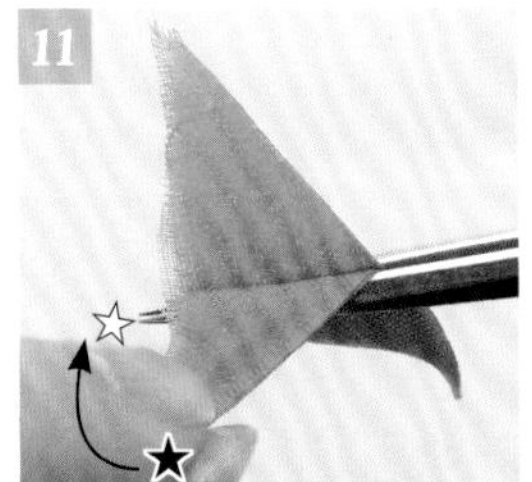

11 以拇指＆食指捏著布端，將★對齊☆處。

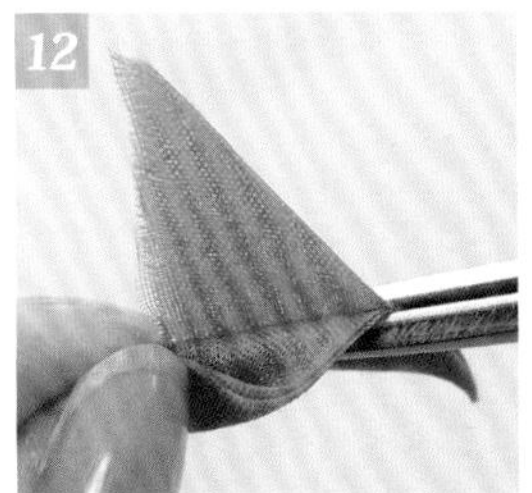

12 對齊疊合。

13 抽出鑷子，再次夾住★以外的布片。

14 另一側也以步驟11至12的相同方式，將步驟13的★與☆處對齊。

15 左右對稱地進行整理。

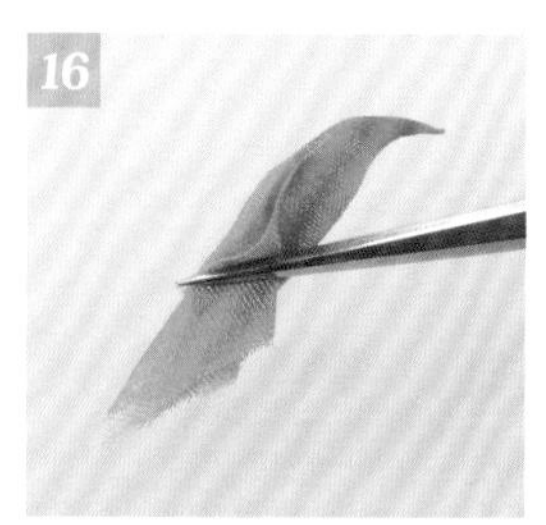

參照「端切位置」的圖示，再次夾住。

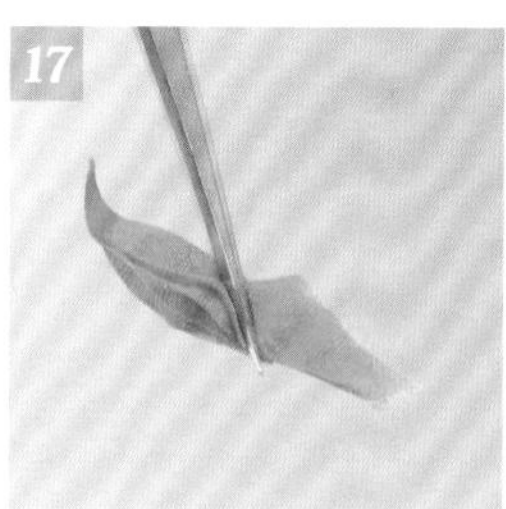

改以左手拿持，將鑷子的尖端轉至內側。

進行端切。

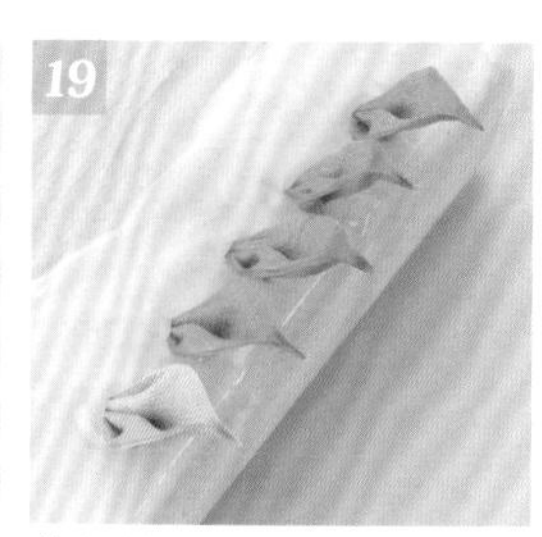

共捏製5片，放置於漿糊板上。

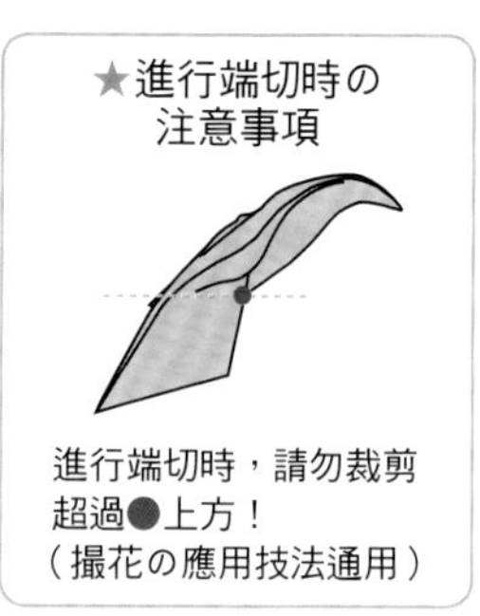

❖準備底座➡葺置花朵➡組裝上飾品＆五金配件，完成！

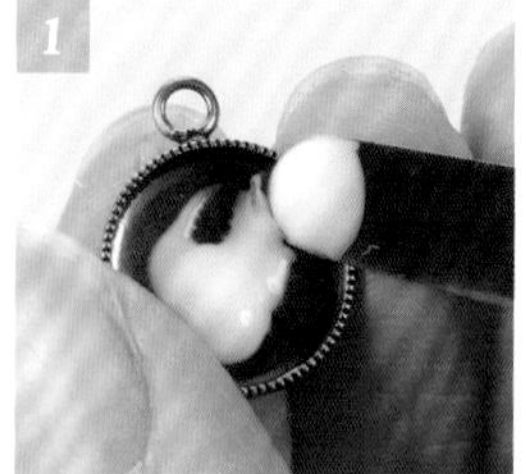

將圓形底托塗上白膠。

黏貼上不織布（以使用打洞器（▶p.8）或剪刀裁剪的不織布片）。

沿著底座的邊緣，葺置上花瓣。

依順時針方向共葺置上5片花瓣。

側視的模樣。

將以串珠＆花座黏接而成的花心（▶p.16）黏在花朵中心處。

準備耳鉤＆2個單圈＆2朵花。

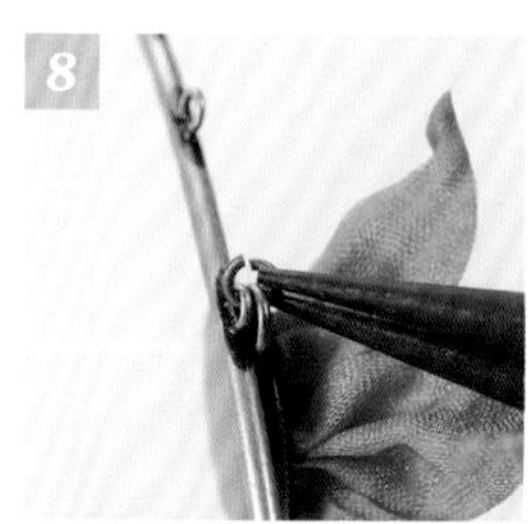

以單圈連接花朵配件。

將2根羽毛配飾穿入單圈。

在花朵下方連接上羽毛配飾，完成！

◆關於羽二重の染色方法

在此將介紹以酸性染料將羽二重（絲綢100%）進行染色的方法。只要自行將羽二重染色，作品將會更加多元化喔！

酸性染料

● 材料

①調理盆（直徑22cm）3個 ②酸性染料（Roapas A COLOR）
③羽二重5文目…將寬110cm×長1m（約21g）剪成一半的布片
④長筷子 ⑤溫度計 ⑥染色用量匙0.5ml ⑦鍋子（不鏽鋼製或琺瑯製）
⑧洗衣漿 ⑨定色劑（酸性染料固色劑） ⑩60%醋酸 ⑪量杯
⑫毛巾 ⑬琺瑯碗（直徑10cm）1個

❖染色方法

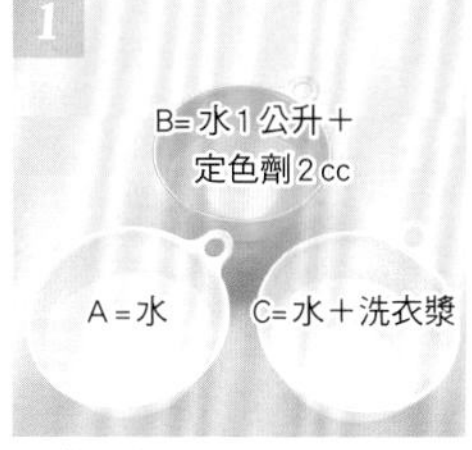

準備3個調理盆，A裝入水、B裝入水＋定色劑、C裝入水＋洗衣漿。

清除布料上的漿或髒污，並浸泡於A的水中。

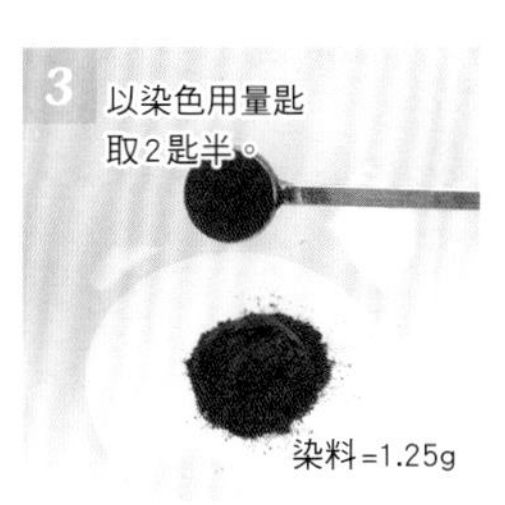

將染料放入琺瑯碗中。

加入75cc的熱水，仔細攪拌使其溶解。

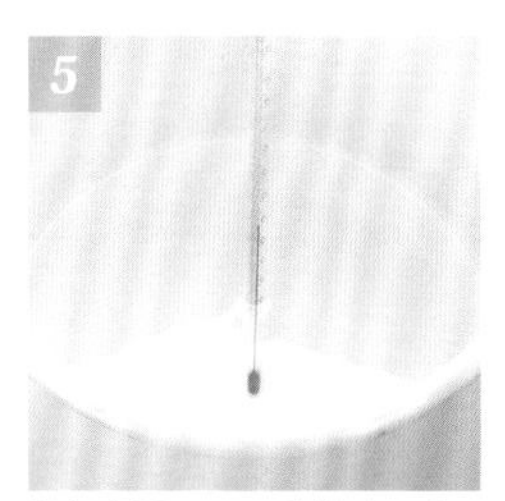

鍋裡倒入1.5公升的水，加熱至30至40℃。

將步驟4的染料加入溫水中。

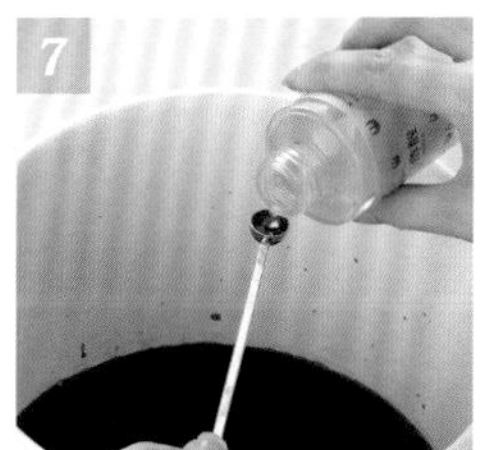

加入醋酸（染色用量匙：1匙）後，攪拌均勻。

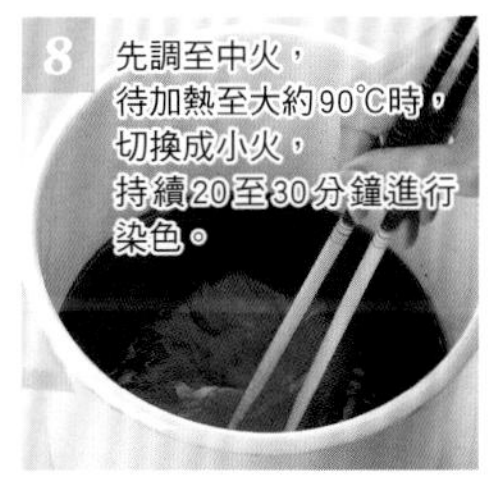

放入布料。為避免染色不均，一邊以長筷子攪拌，一邊進行染色。

從鍋中取出布料，以流動的水清洗，直至不再溶解出顏色為止。

輕微地擰乾。

放入B調理盆中，進行定色。以流動的水清洗布料後，輕微地擰乾。

將布料浸泡在C調理盆中，進行脫糊處理。輕微地擰乾，並以毛巾吸取水氣，再進行陰乾。

在微濕的狀態下，以熨斗進行整燙。

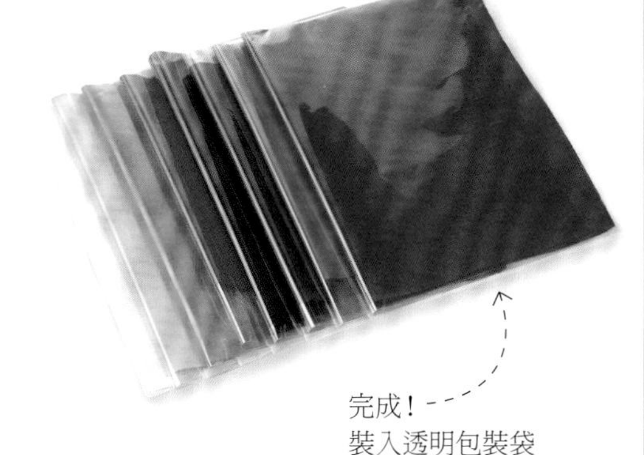
完成！
裝入透明包裝袋裡保存吧！

※酸性染料可從大型手工藝店或專門店購得。
※依布材重量不同，染料&藥劑的使用量也會有所改變。請依使用說明來加以計算。
※洗衣漿的硬度，請依作品進行調整。
※裁剪布料後，噴灑襯衫專用噴膠，再以熨斗進行整燙，會使漿過的布料更加筆挺有型。

◆p.38 No.15

優美大理花の髮夾

▸15A材料（1個）

〈布材〉古布（胴裡：紅色羽二重、羽裡：花様羽二重▸p.43）
第1段：4.5cm正方形×5片
第2至3段：5cm正方形×10片
第4段：5cm正方形×10片

〈底座〉半球台座D（直徑27cm）1支→作法▸ p.36至p.37
布片（6.5cm正方形）1片、花藝鐵絲（＃22）12cm×1支

〈花心〉花座1個、天然石串珠（直徑6mm）1顆

〈飾品・五金配件類〉鞋花夾扣（直徑20mm）1個
髮夾（85mm）1個

【完成尺寸】直徑約6.8cm（花朵）

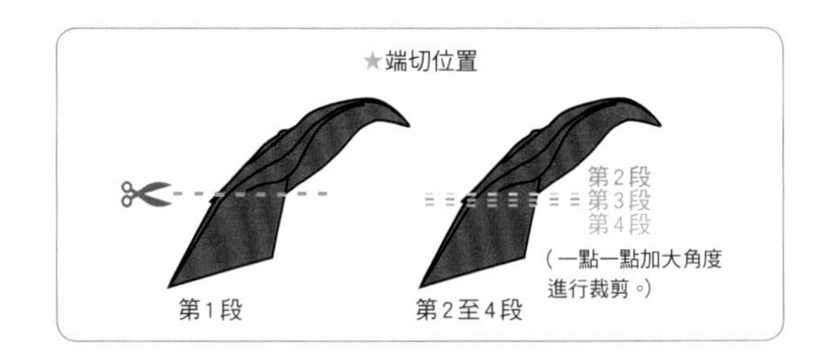

❖準備底座➡捏製菱形撮➡葺置

以半球台座D（▸p.36）製作布片半球台座（▸p.29）。

捏製菱形撮&進行端切（▸p.39）。

放置於漿糊板上。

使台座旋轉360°，葺置於左右均等的位置上。

依順時針方向葺置上5片花瓣。

第2段在第1段的各花瓣之間葺置上1片，共葺置上5片花瓣。

側視的模樣。

第3段也是在第2段的各花瓣之間葺置上1片，共葺置上5片花瓣。請塗抹大量漿糊後，逐一葺置上去。

將第3段葺置上5片花瓣。

第3段側視的模樣。第4段則於花瓣&花瓣之間，上下（A・B何者為上皆可）葺置2片。

上下交疊地葺上A・B花瓣。依此作法將剩餘的花瓣各取2片，逐一葺置上去。

將第4段葺置上10片花瓣。

⁘ 組裝上飾品&五金配件，完成！

1
將以串珠&花座製作而成的花心（▶p.16）黏在花朵的中心處。

2
準備鞋花夾扣&髮夾，並將鐵絲自底座的根部剪斷。

3
將鞋花夾扣五金塗上金屬用膠水，黏接於花朵的背面。

4
將髮夾夾在鞋花夾扣五金上。

5
完成！

▶ ***15B・15C*** 材料（1個）

〈布材〉羽二重4文目・5文目

第1段：（5文目）4.5cm正方形×5片

第2至3段：外側（5文目）5cm正方形×10片

內側（4文目）5cm正方形×10片

第4段：外側（5文目）5cm正方形×10片

內側（4文目）5cm正方形×10片

〈花心〉花藝鐵絲（#28）＋組合用線→螺旋狀花心▶ p.45

〈底座〉〈飾品・五金配件類〉同作品***15A***（髮夾依個人喜好使用）

【完成尺寸】直徑約6.8cm（花朵）・直徑約6mm（花心）

◆ 關於和服布料

本書作品中，有一部分是使用和服的布料。將舊和服拆解開來使用，或在古董市集&古布店等處取得比較合適的布片皆可。

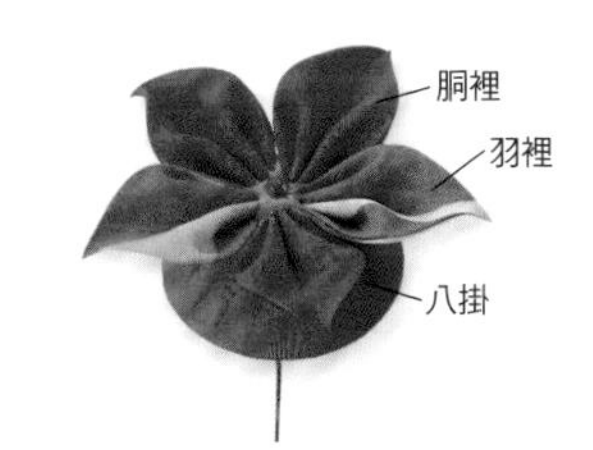

八掛（下襬裡布）

意指袷和服的內裡，接掛於下襬周邊的布。由於前後身片的下襬處掛上4片，衽襟處掛上2片，領尖處掛上2片，共掛上8片，因此稱之為「八掛」。此一布料很適合作為捏撮和風布花或包覆於台座上的布片。建議挑選純正絲絹，伸縮性佳，且儘可能質薄的布片。

胴裡

意指袷和服的內裡，接縫於腰身處的布。現今普遍使用白色羽二重，過去則以稱為紅絹的紅色胴裡被廣泛使用。可將紅絹或白色羽二重進行染色後使用，適合用來製作布花。

羽裡

羽織的內裡，主要使用羽二重，有些甚至使用大膽圖案的布材。若運用圖案布進行制作，即可完成有趣的作品。推薦使用質薄的布料。

★袷和服圖示

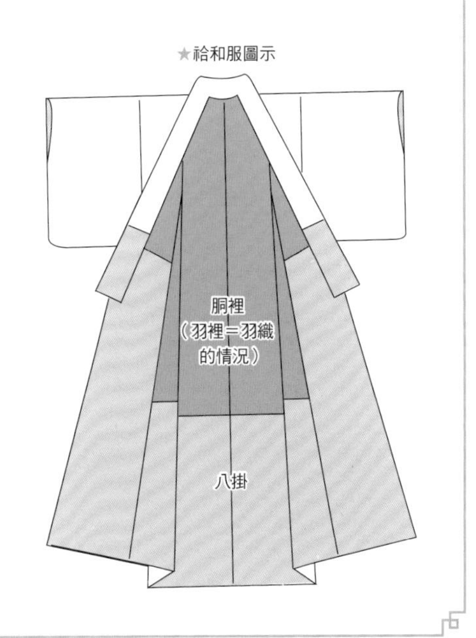

◆p.38 No.16

菱花耳環

▸16 材料(1組)

〈布材〉羽二重4文目・5文目
（花朵）：外側（5文目）4cm正方形×10片
內側（4文目）4cm正方形×10片
（飾穗）：外側（5文目）2cm正方形×4片
內側（4文目）2cm正方形×4片
〈底座〉不織布（書法專用墊布 黑色・直徑12mm・厚約2mm）2片
〈花心〉花藝鐵絲（＃28 白色）、組合用線（黃綠色）
〈飾品・五金配件類〉圓片螺絲耳夾（直徑8mm）2個
圓形底托（直徑12mm）2個、9針（0.6・15mm）2支
9針（0.6・20mm）2支、金屬串珠銅珠（直徑3mm）4顆
【完成尺寸】直徑約3.6cm（花朵）

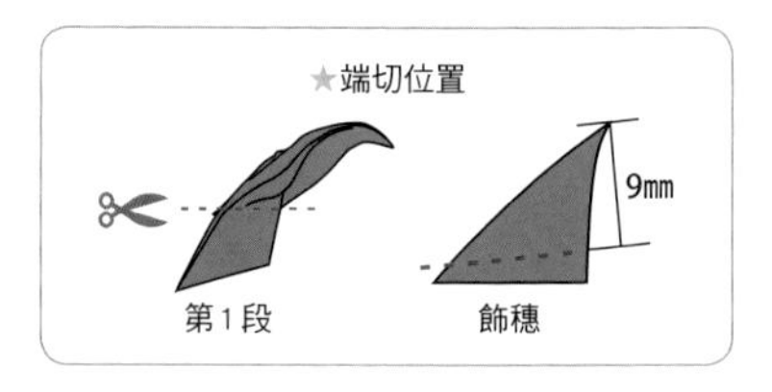

以袋撮製作飾穗

依袋撮作法1至5（▸p.26）的要領，進行捏製。

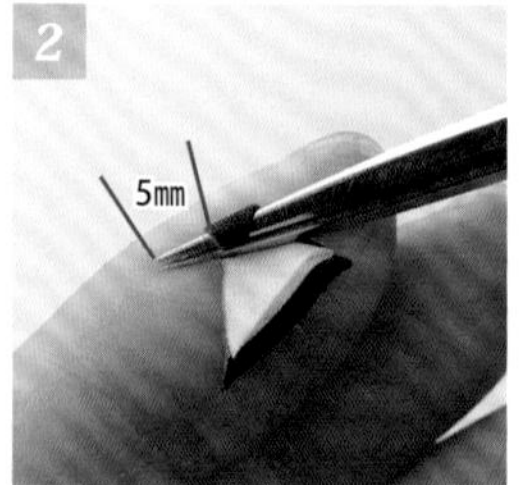

為了使9針能夠穿入，使鑷子的尖端外伸5mm，夾住布端。

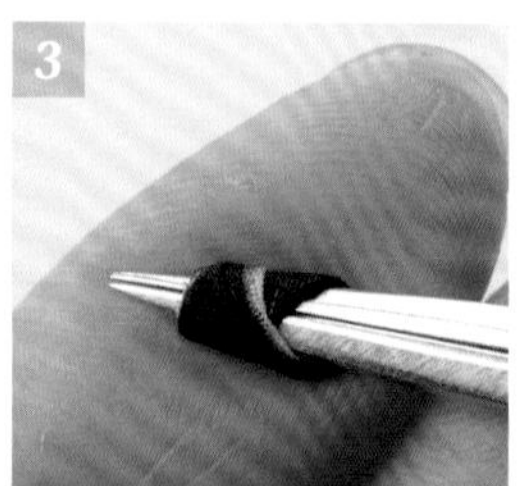

往前側一層層地捲繞。

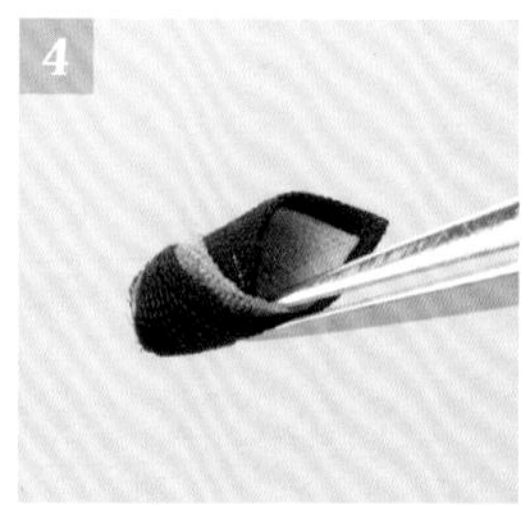

抽出鑷子，再次夾住。

放置於鮮奶盒紙片上方，靜待乾燥。

準備底座

準備耳環金具、圓形底托、不織布、9針2支、金屬珠2顆、袋撮2個（單耳分量）。

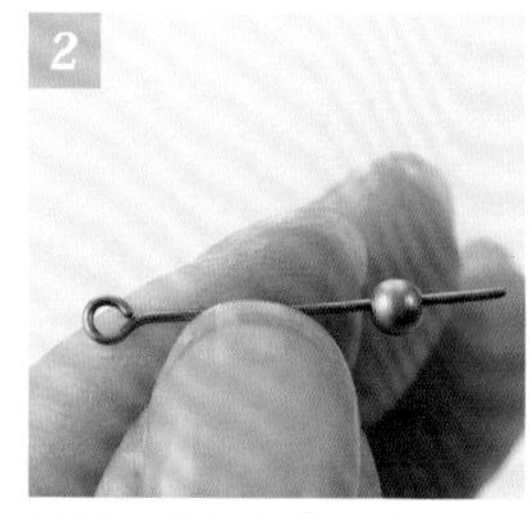

1顆金屬珠穿入9針之中。

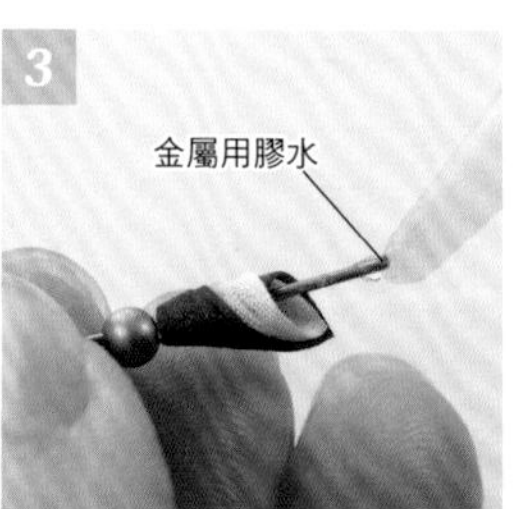

穿入袋撮，將9針的根部塗上金屬用膠水。

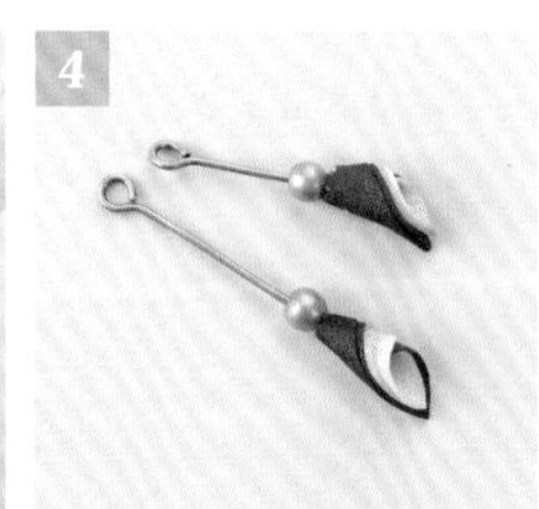

一長一短的飾穗完成。

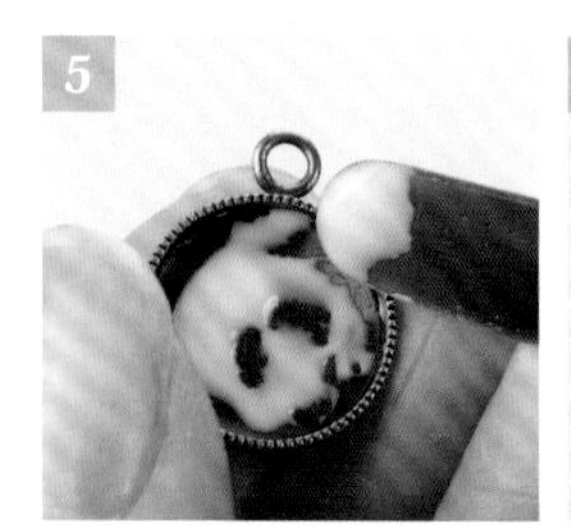

圓形底托塗上白膠。

黏貼上不織布（以使用打洞器（▸p.8）或剪刀裁剪的不織布片）。

圓形底托的環圈連接上2條飾穗。

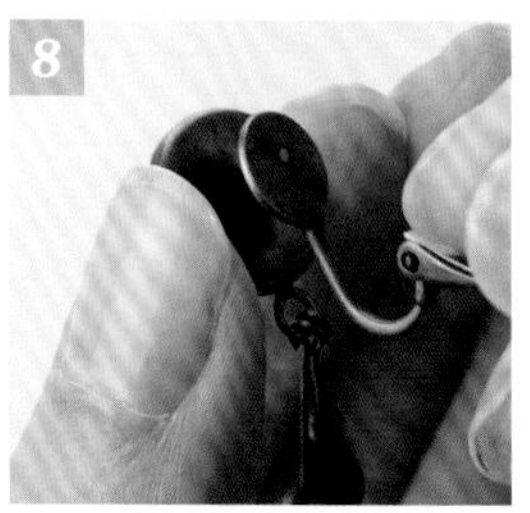

耳環金具塗上金屬用膠水之後，黏接於圓形底托上。

以洗衣夾夾住耳環金具，以利於底座乾燥。

・二重菱形撮　正面　側面　後側

❖捏製二重菱形撮➡葺置花朵

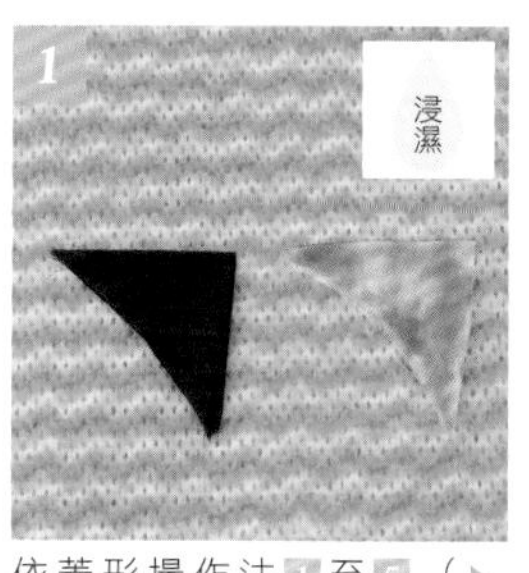

依菱形撮作法1至5（▶p.39）的要領摺疊。

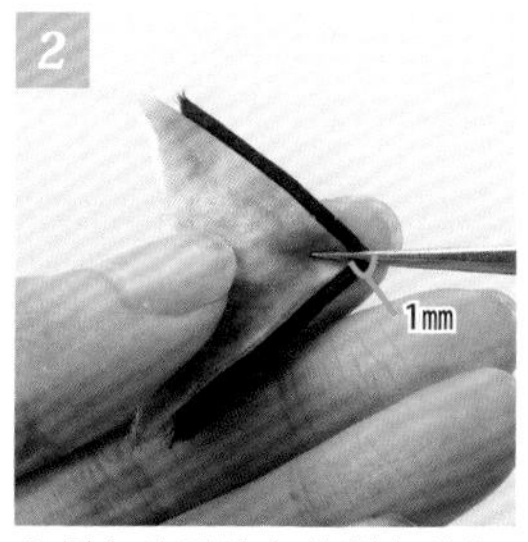

內側布片疊放在外側布片內縮1mm處。

對摺之後，如圖所示改以鑷子再次夾住。

串依菱形撮作法10至14（▶p.39）的要領摺疊。

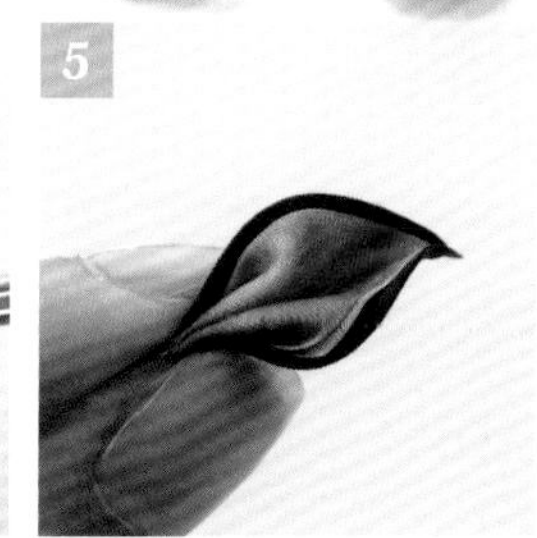
左右對稱地進行整理。

參照「端切位置」的圖示，再次夾住。

進行端切。

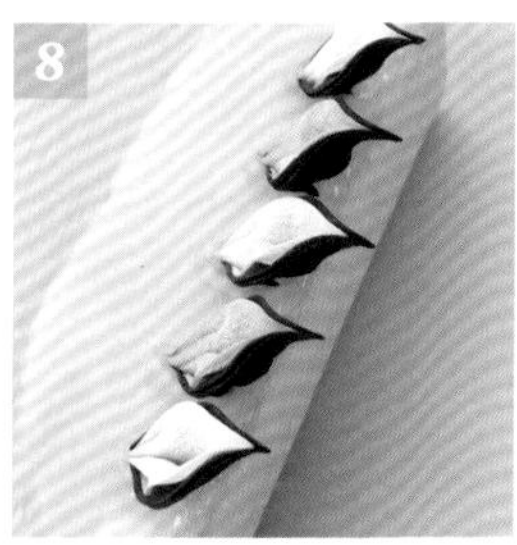
共捏製5片，放置於漿糊板上。

依順時針方向，共將5片花瓣葺置於底座上。

靜置使其完全乾燥。

❖組裝上飾品(螺旋狀花心)，完成！

準備組合用線（絹線或刺繡用釜線）&花藝鐵絲。

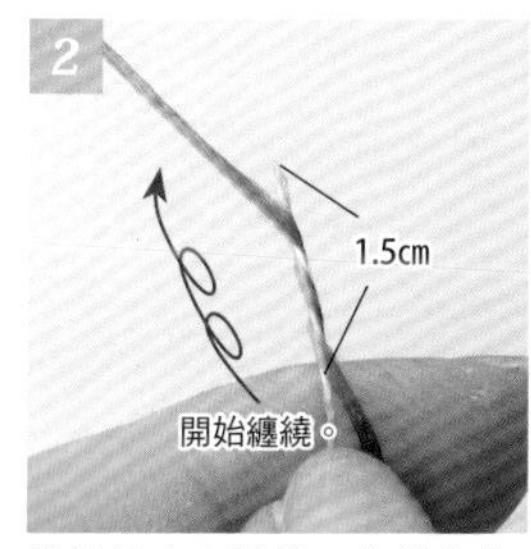

鐵絲塗上白膠後，往鐵絲的上端大約繞線3次。

像是將步驟2中纏好的線捲進去般，由鐵絲的邊端開始緊密地纏繞組合用線。

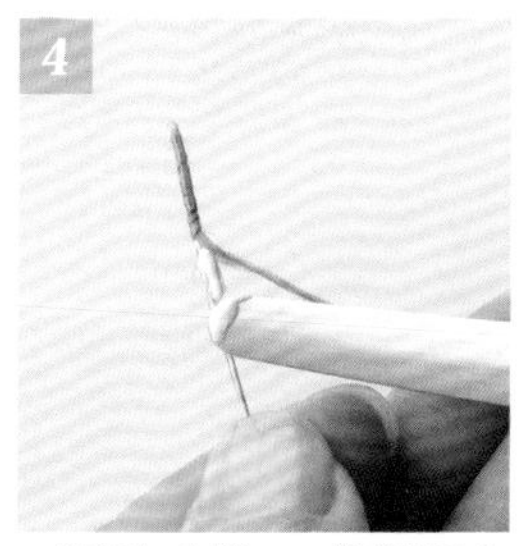
一邊添加白膠，一邊纏繞2.5cm。

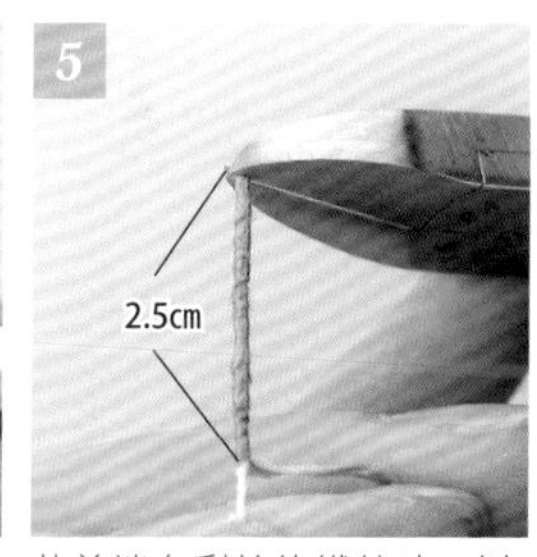

若前端有剩餘的鐵絲時，以斜口鉗剪斷。

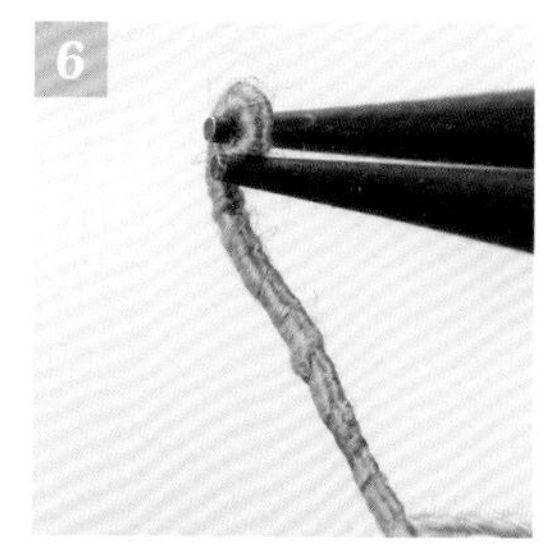
以圓嘴鉗夾住前端，一層層地捲往內側。

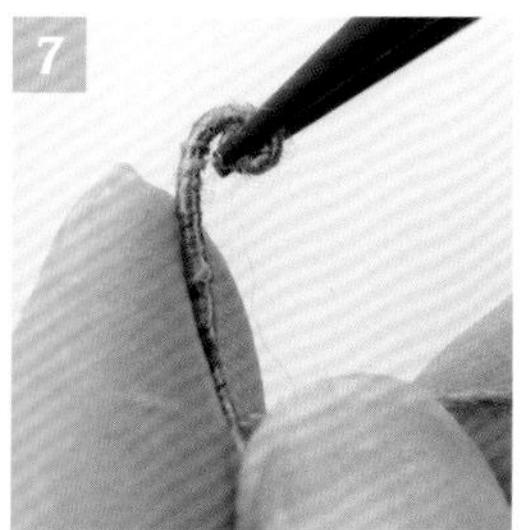
夾住側面&繼續捲。

捲完之後，沾附上漿糊，確實固定。

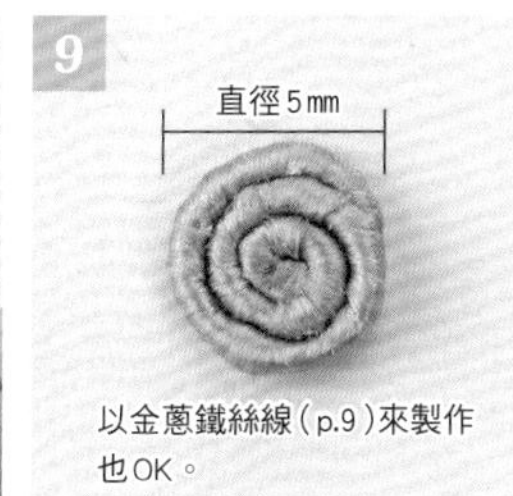

以斜口鉗剪斷並整理造型，完成螺旋狀花心。

將螺旋狀花心塗上白膠，黏貼於花朵的中心處。完成！

※本書所使用的組合用線，是以3股日本刺繡用的釜線（絹100%）集結而成。
絹線或金蔥鐵絲線可從捏撮和風布花專門店（→參照前扉第4頁「材料購入店家」）購得。

舞春風

以縮撮技法展現色彩鮮艷的八重櫻＆以櫻撮技法表現形象優雅圓滿的山櫻，創作出企盼著春天到來的飾品。

No.18 八重櫻胸花
▶p.50

No.17 八重櫻領巾別針
▶p.48

No.19 山櫻髮夾・大
▶p.51

No.20 山櫻髮夾・小
▶p.53

◆p.46 No.17

八重櫻領巾別針

▸17 材料（1個）

〈布材〉羽二重5文目

（大花）第1段：4cm正方形×5片、第2段：4cm正方形×5片

（小花）4cm正方形×5片 （葉子）2cm正方形×2片

〈底座〉（大花）圓形底托（直徑15mm）1個

半球台座A（直徑15mm）1支→▸p.36至p.37

和紙（3.7cm正方形）1片

花藝鐵絲（＃24）12cm×1支

（小花）圓形底托（直徑12mm）1個、包釦（直徑12mm）1顆

和紙（2.5cm正方形）1片

〈花心〉棘刺花蕊10支

〈飾品・五金配件類〉蘇格蘭帶圈別針64mm（5圈）1個、單圈5個

墜飾3個

【完成尺寸】大花：直徑約4cm・小花：直徑約3.2cm

・縮撮

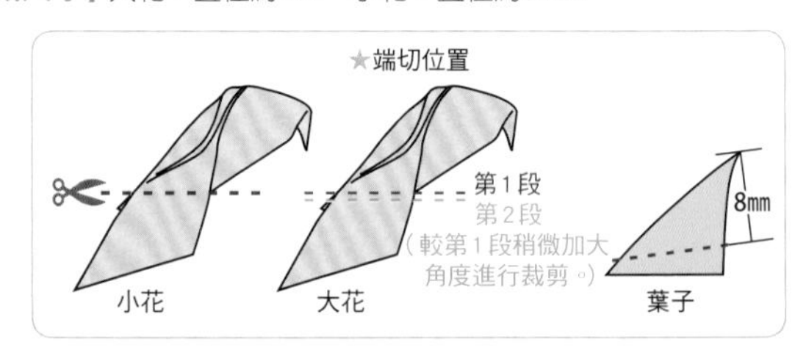

❖捏製縮撮

進行劍撮（▸p.22）。保持撮花的褶山呈水平狀。

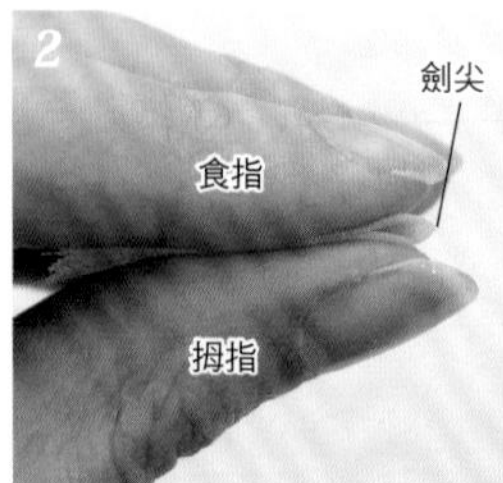

以左手拇指＆食指夾住撮花布片。

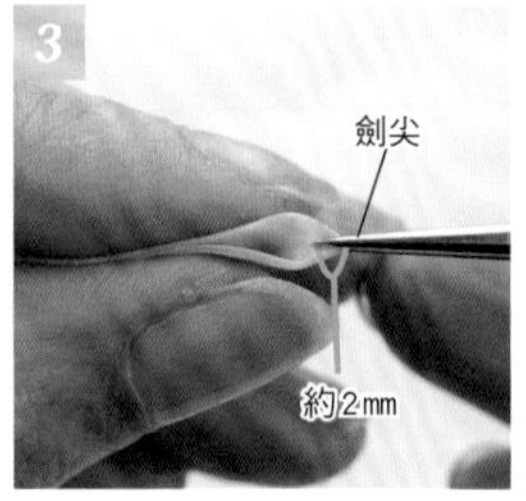

以鑷子捏撮劍尖前端約2mm處。

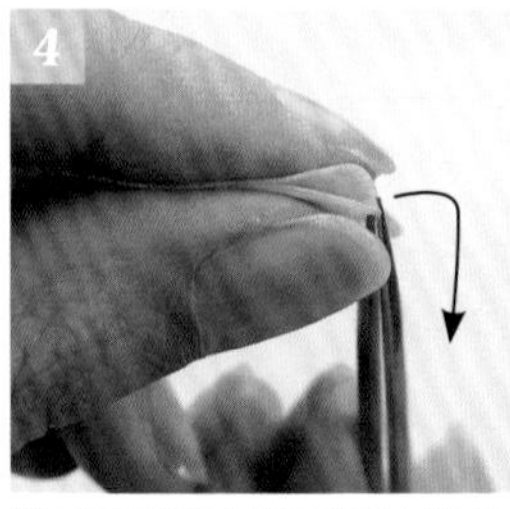

維持原狀地直接將鑷子往下轉90°。

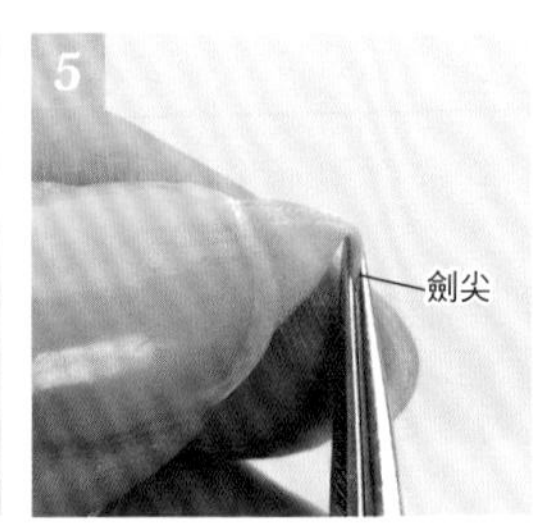

側視的模樣。

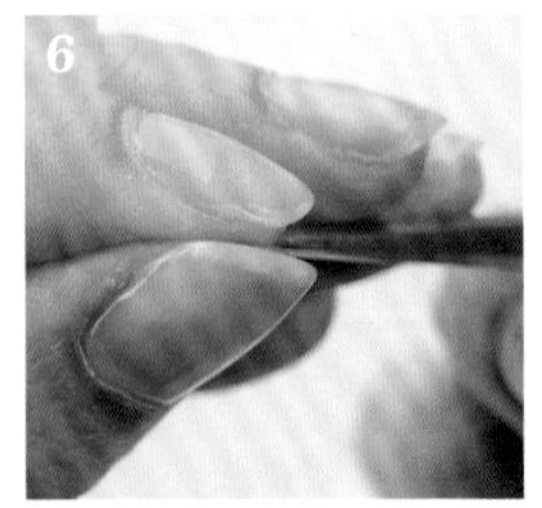

於指尖處施力，夾住鑷子。此時布片則隱沒於手指之中。

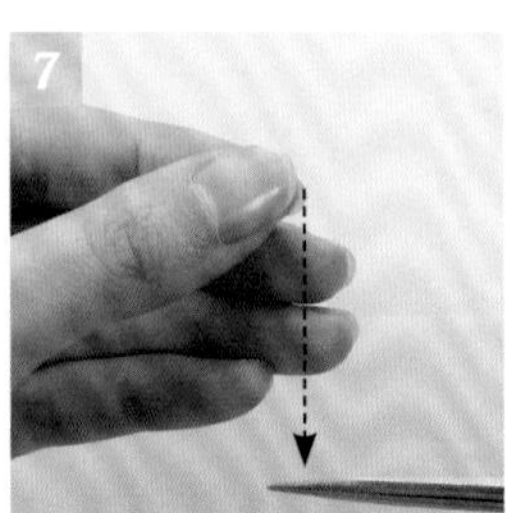

維持原狀，直接用力地往下抽出鑷子。

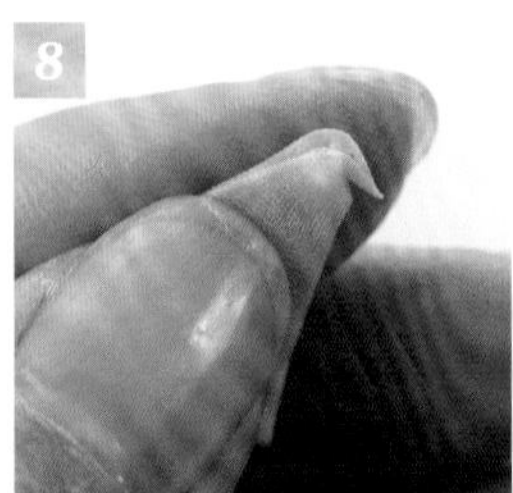

摺角完成。

如圖示位置，改以鑷子再次夾住。

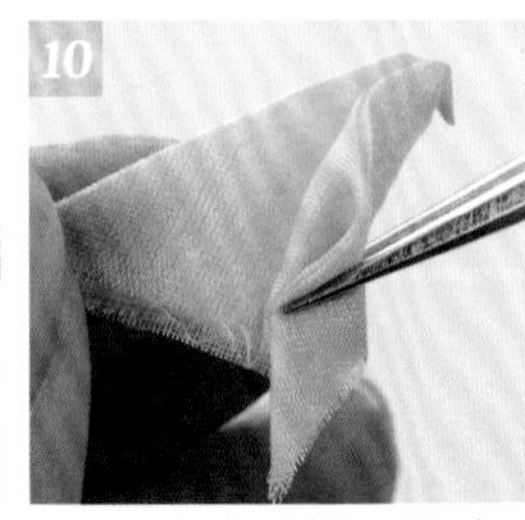

依菱形撮作法10至14（▸p.39）的要領摺疊。

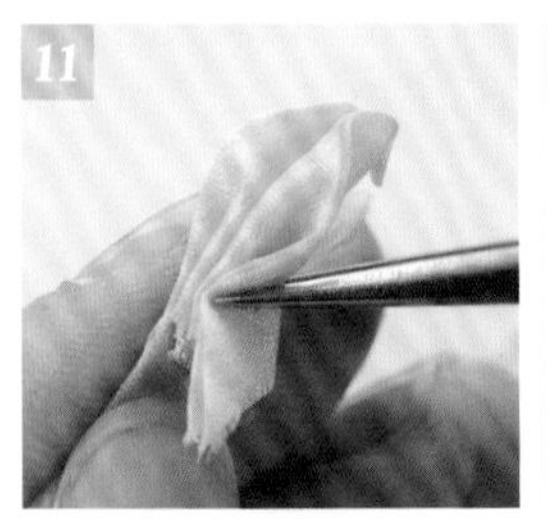

左右對稱地進行整理。

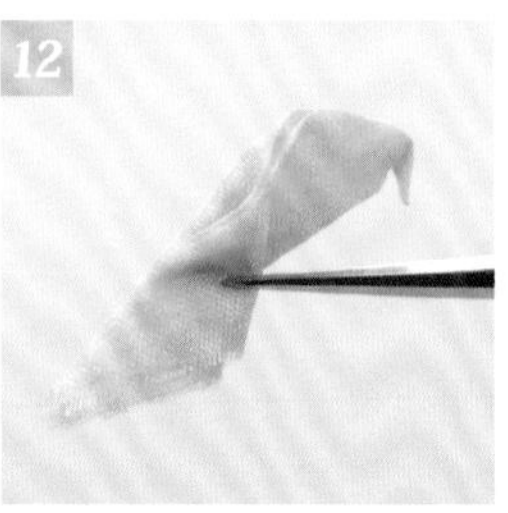

參照「端切位置」的圖示，再次夾住。

進行端切。

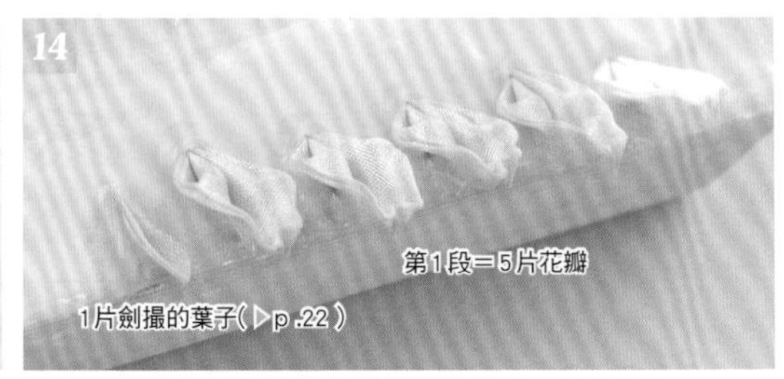

共捏製5片第1段的花瓣＆1片劍撮的葉子，放置於漿糊板上。

✣準備底座

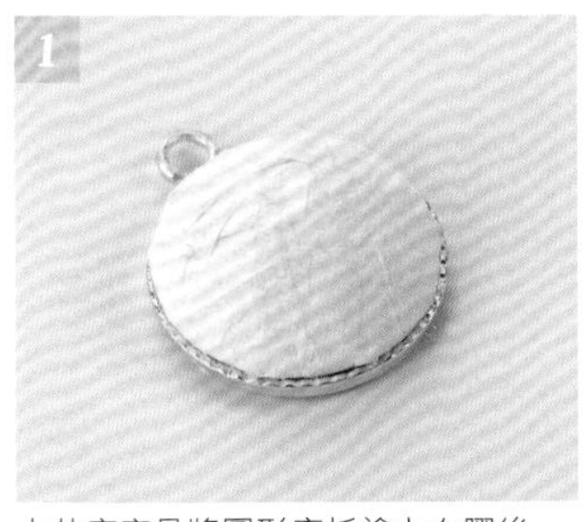

大花底座是將圓形底托塗上白膠後，再將已裁剪過鐵絲的和紙半球台座（▶p.33）完成物黏接上去。

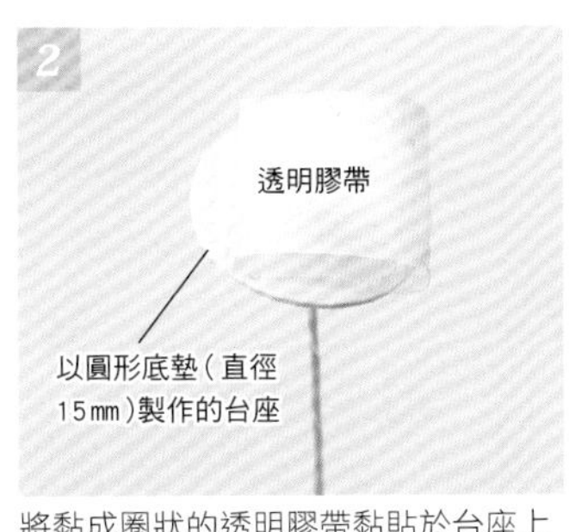

將黏成圈狀的透明膠帶黏貼於台座上（▶p.9）。

將底座放置於步驟2的上方，暫時固定。

小花底座則使用和紙包釦（▶p.23「劍花項鍊」步驟2至8）。

✣葺置➡組裝上飾品&五金配件，完成！

將花瓣葺置於大花底座上。

依順時針方向，葺置上2片花瓣&添加葉子。

側視的模樣。

第1段葺置完成。

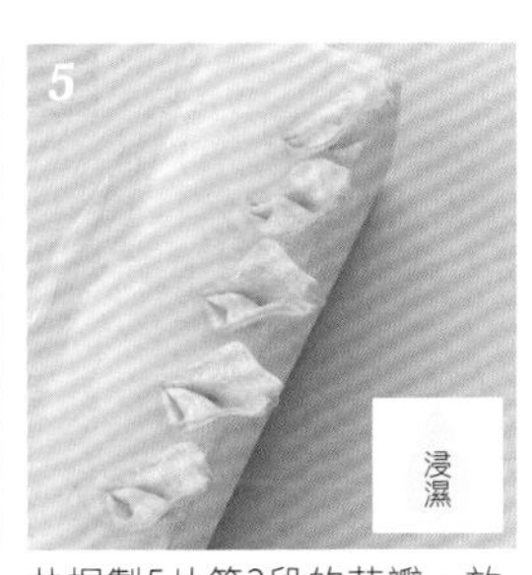

共捏製5片第2段的花瓣，放置於漿糊板上。

第2段是在第1段的花瓣之間各葺置上1片，共葺置上5片花瓣。

步驟6側視的模樣。

第2段葺置完成。

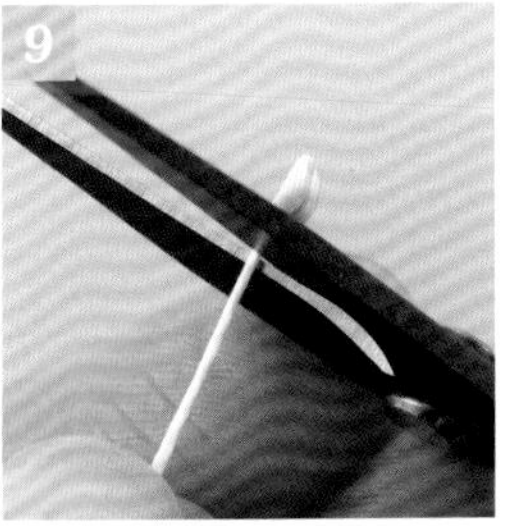

將花蕊的蕊頭剪下。

在步驟9的下端塗抹白膠。

將花朵中心處黏貼上5個蕊頭。

準備蘇格蘭別針、墜飾、大花、小花、單圈。

以單圈將大花&小花&蘇格蘭別針連接，並以單圈連接墜飾，完成！

◆p.46 *No.*18

八重櫻胸花

▸*18* 材料（1個）

〈布材〉羽二重5文目

（花朵）第1段：4.5cm正方形×5片、第2段：4.5cm正方形×5片

第3段：5cm正方形×5片、第4段：5cm正方形×10片

（葉子）2cm正方形×1片

〈底座〉半球台座D（直徑27mm）1支→作法▸p.36至p.37

布片（6.5cm正方形）1片、花藝鐵絲（＃22）12cm×1支

〈花心〉棘刺花蕊5支

〈飾品・五金配件類〉2way髮夾（直徑21mm）

【完成尺寸】直徑約5.8cm（花朵）

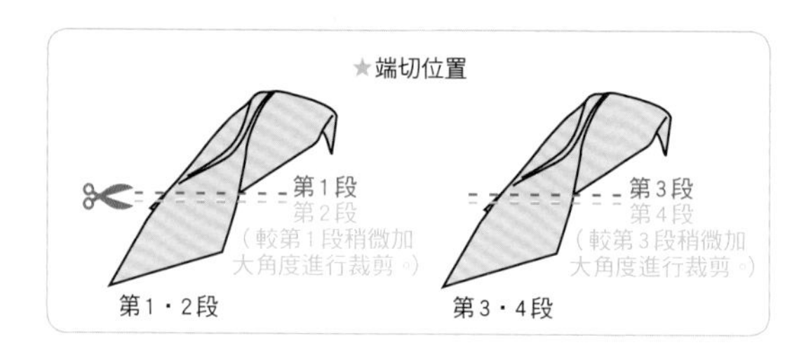

❖葺置➡組裝上五金配件，完成！

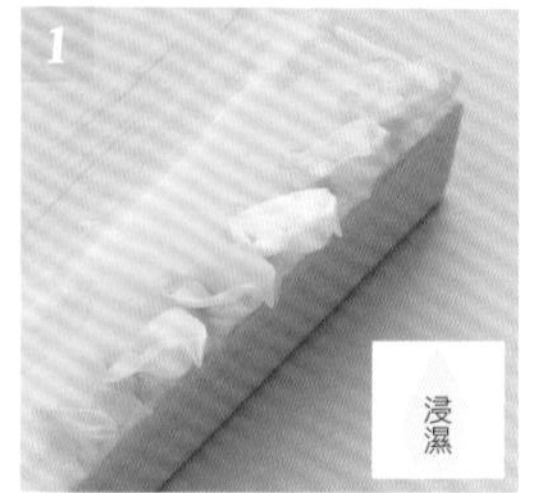

以縮撮（▸p.48）捏製5片花瓣＆以劍撮捏製1片（▸p.22）葉子。

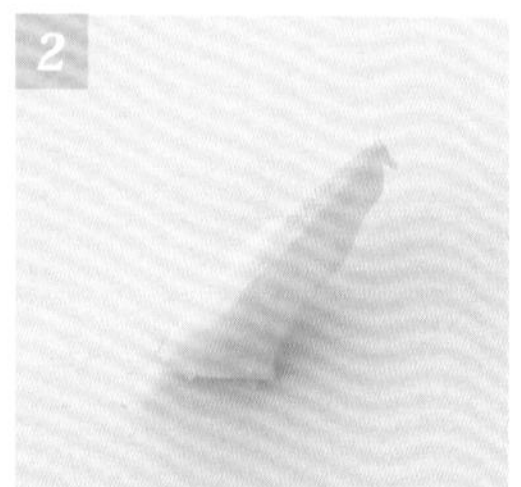

參照「端切位置」圖示，進行端切。

在布片半球台座（▸p.29）上，葺置5片花瓣＆1片葉子。

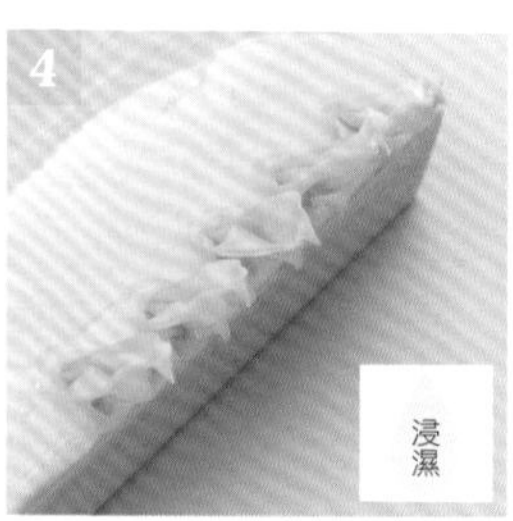

共捏製5片第2段的花瓣，放置於漿糊板上。

以花瓣夾住葉子。

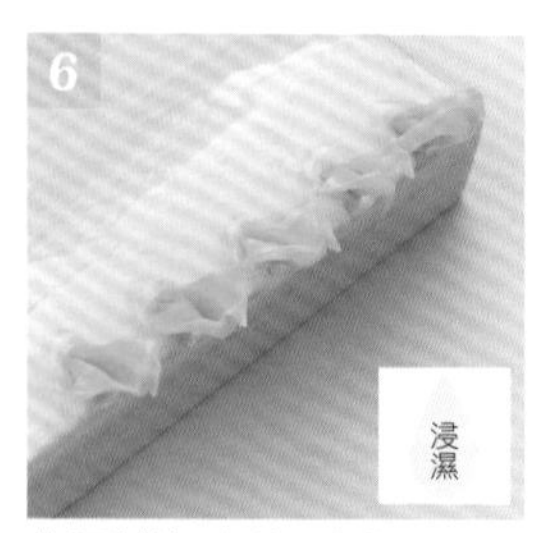

共捏製第3段的5片花瓣，放置於漿糊板上。

葺置上第3段的模樣。

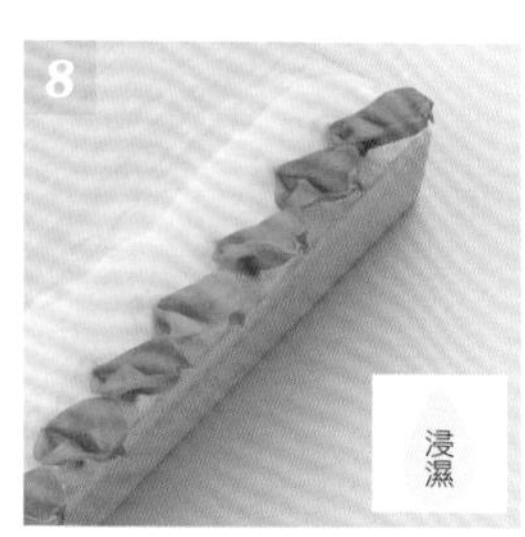

捏製第4段的10片花瓣，放置於漿糊板上。

依「優美大理花の髮夾」作法10至11（▸p.42）的要領，葺置上10片花瓣。

勻稱地整理形狀。

剪下花蕊蕊頭＆塗上白膠，黏貼在花朵的中心處。

將底座的鐵絲剪至最極限。

將2way髮夾的圓形底托塗上金屬用膠水。

黏接於底座的背面。

完成！

◆p.47 *No.19*

山櫻髮夾・大

▸*19* 材料（1個）

〈布材〉真絲雪紡薄紗 6文目
（大花）5cm正方形×5片 （小花）3.5cm正方形×5片
（花瓣）3cm正方形×2片
（葉子）3.5cm正方形×2片、3cm正方形×5片

〈底座〉八掛布（▸p.43）7.5cm×12cm、法蘭絨布4.5cm×10.5cm

〈花心〉（大花）小素玉花蕊23支、（小花）小素玉花蕊17支
藝術銅線32號、水晶貼鑽（直徑3.9mm）2顆
指甲油（白色）

〈飾品・五金配件類〉五金包覆自動髮夾（32mm×94mm）

【完成尺寸】大花：直徑約4.5cm・小花：直徑約3.3cm

・櫻撮

正面

背面

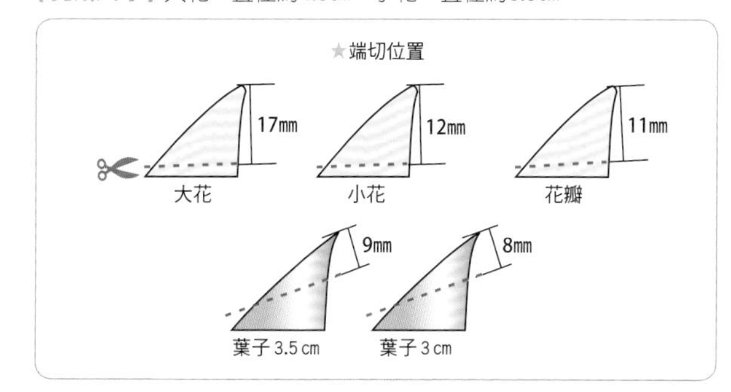

❖捏製櫻撮

不必浸濕布片，直接進行圓撮之後，再進行端切（▸p.12）。

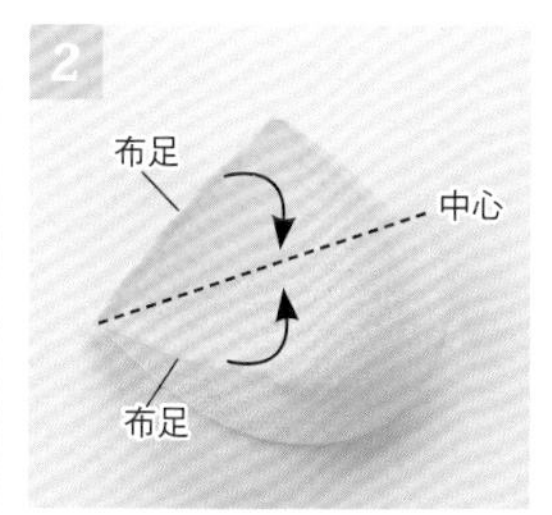

依黏合布足の圓撮的作法3至7（▸p.18）進行，再將撮花的布足往內側摺入。

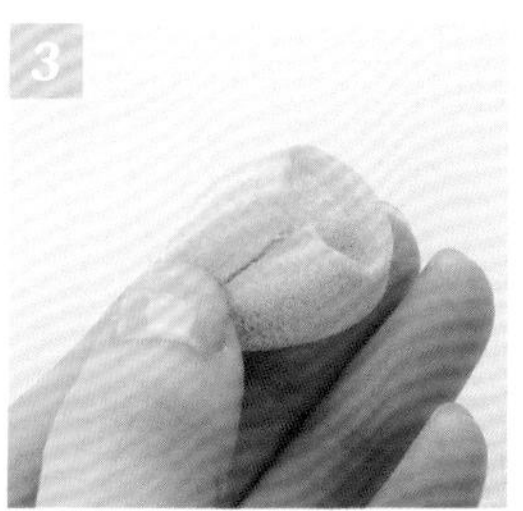

以拇指壓住布足的對齊處。

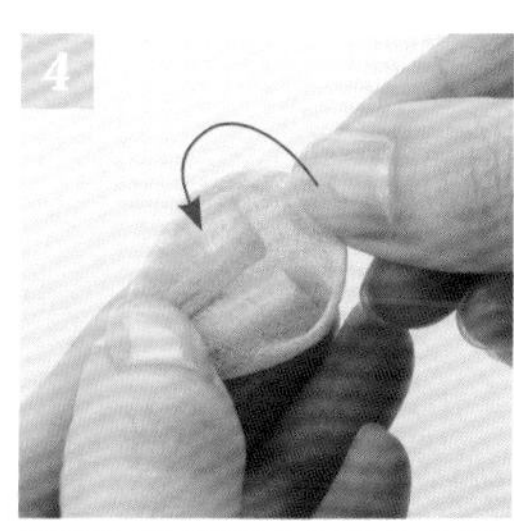

將圓撮的摺返處往靠向自己的前側翻過來。

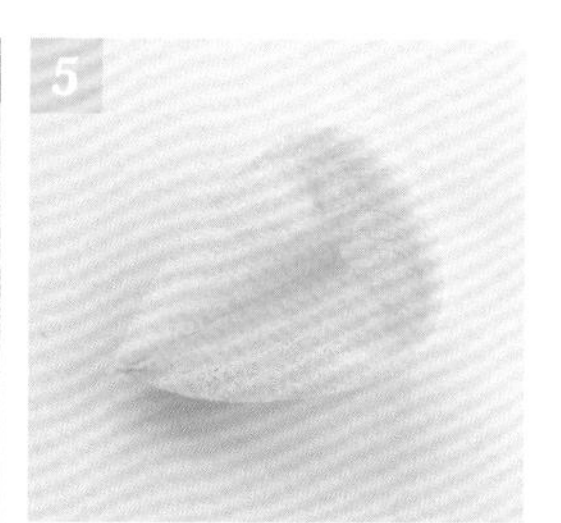

往前側翻的模樣。

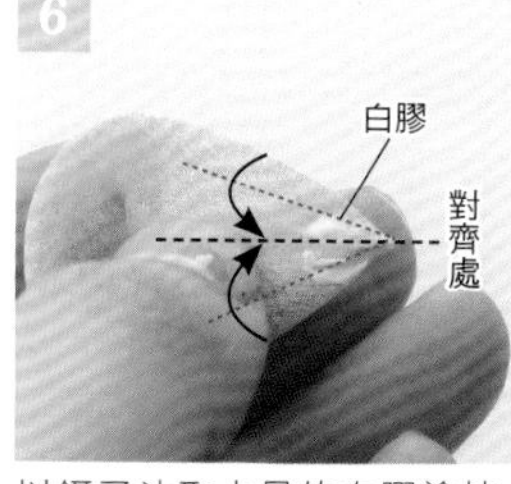

以鑷子沾取少量的白膠塗抹於撮花的尖端，往內側摺入一半。

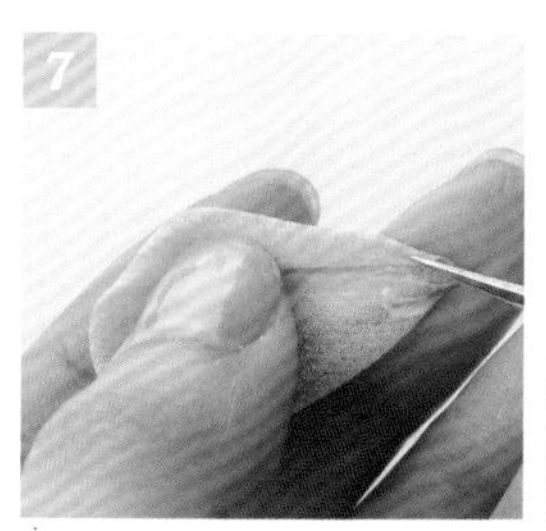

將上半部摺入。

兩側皆已摺入。

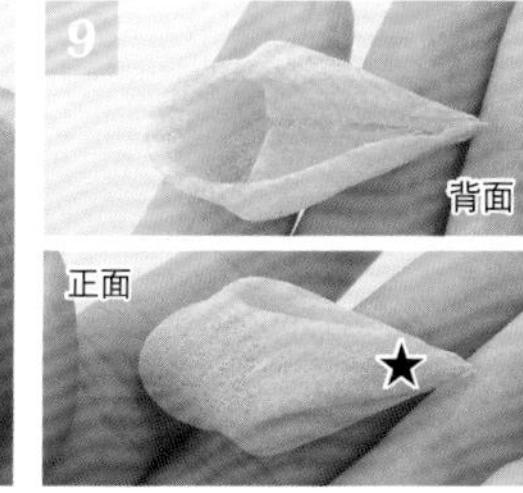

俯視的模樣。

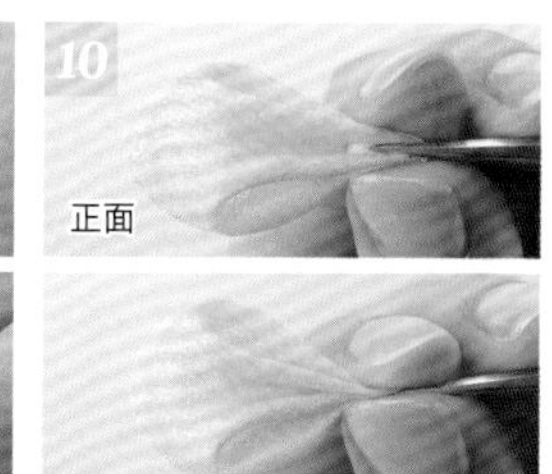

將正面的★處塗上少量白膠，再以拇指&食指夾合似地捏撮。

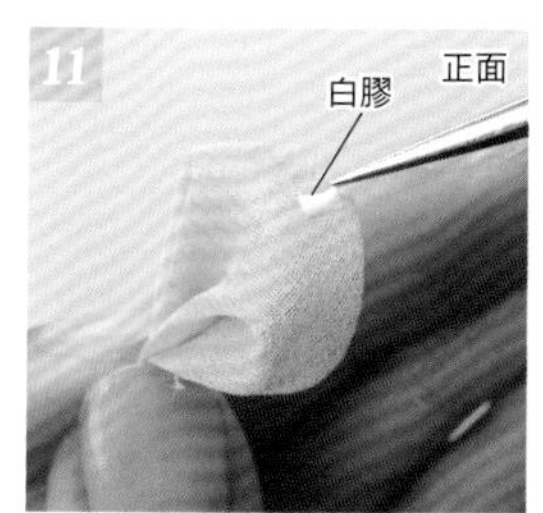

在摺返的中心處塗上少量白膠。

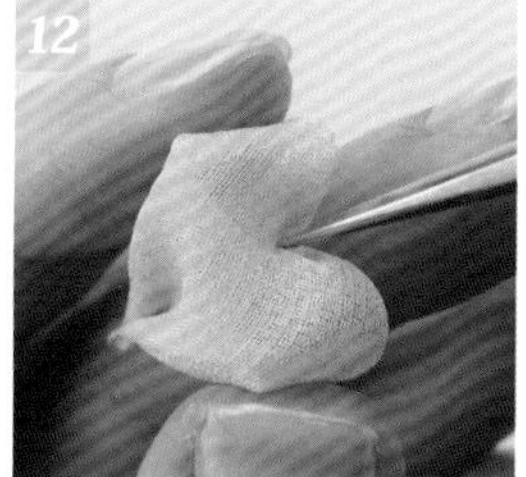

以鑷子捏撮已塗抹白膠的部分，並且壓住。

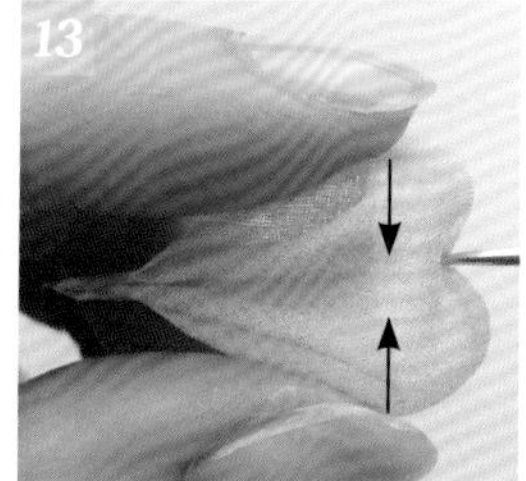

維持原狀，將花瓣的上下方依箭頭方向壓扁。

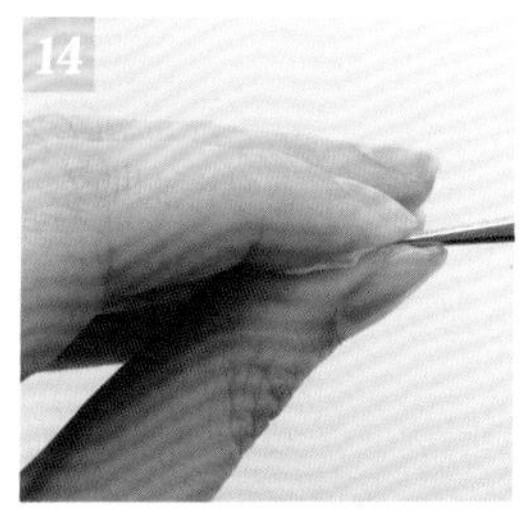

此時鑷子也保持夾著的狀態。

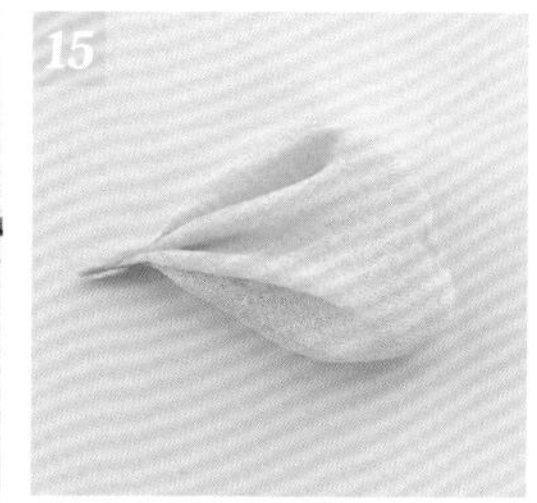

待白膠乾燥後，凹處即成形，1片櫻花花瓣完成！

❖將櫻花&葉子葺置於底座上

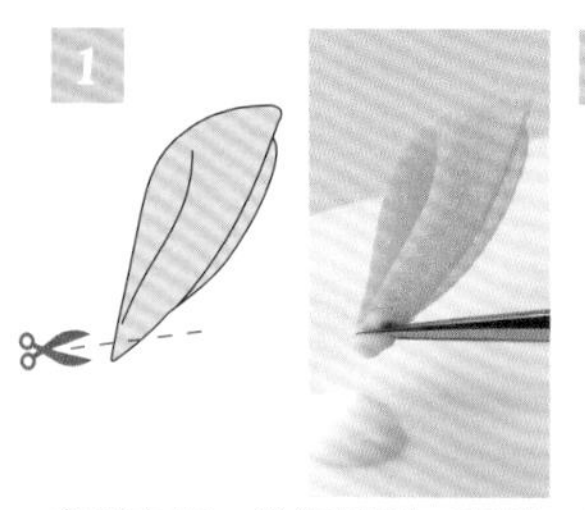

參照左圖，進行端切，再將撮花的尖端塗上白膠或漿糊。

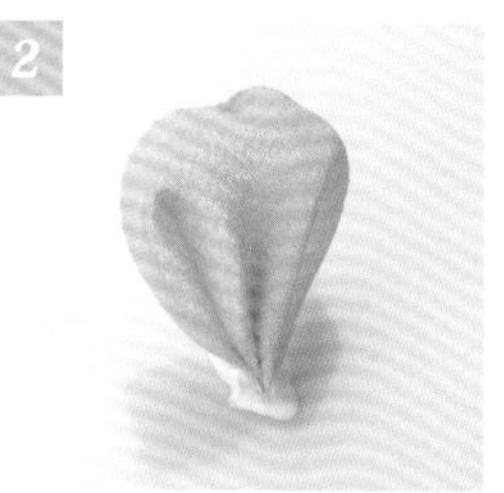

將花瓣葺置在透明文件夾的上方。

葺置上5片花瓣。待乾燥之後，由透明文件夾上取下，將花朵翻至背面。

小花亦依大花的相同作法葺置，共捏製2片花瓣。乾燥後，若有多餘的白膠，再以剪刀修剪。

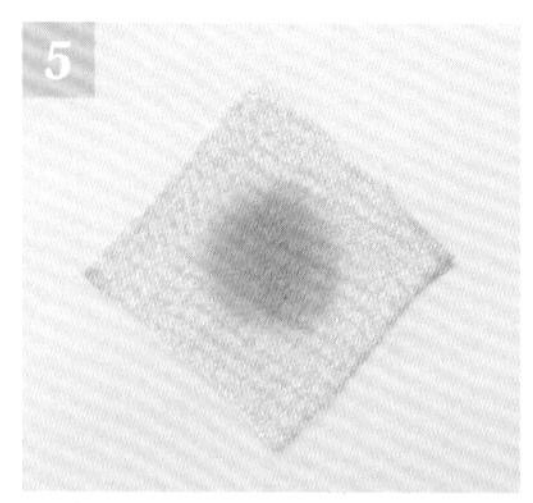

不必浸濕布片，直接將葉子布片依劍撮作法1至6（▸p.22）的相同方式摺疊布片。

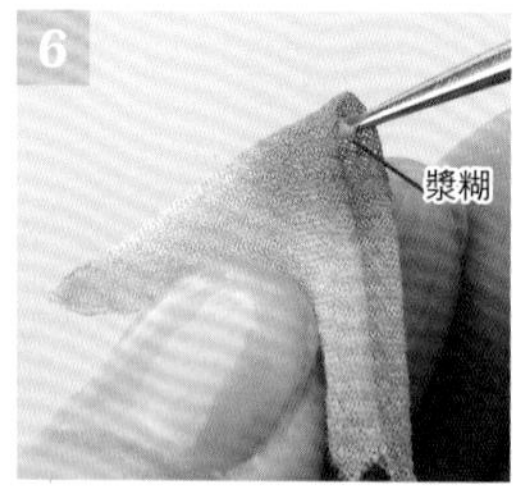

將撮花的頂角塗上少量漿糊，再進行劍撮。

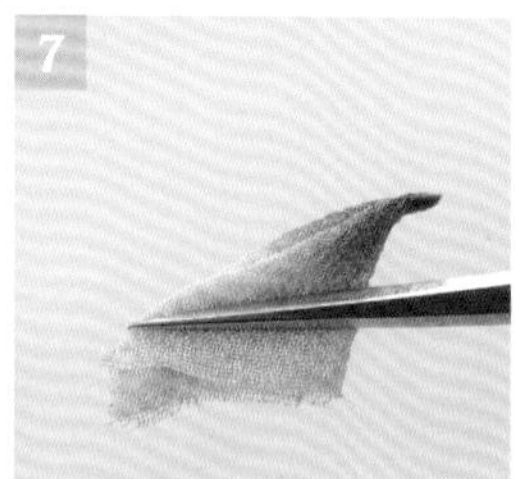

完成劍撮。

進行端切（▸p.22）。

共捏製2片大葉子&5片小葉子，放置於漿糊板上。

在包覆自動髮夾的五金凸面上塗抹金屬用膠水。

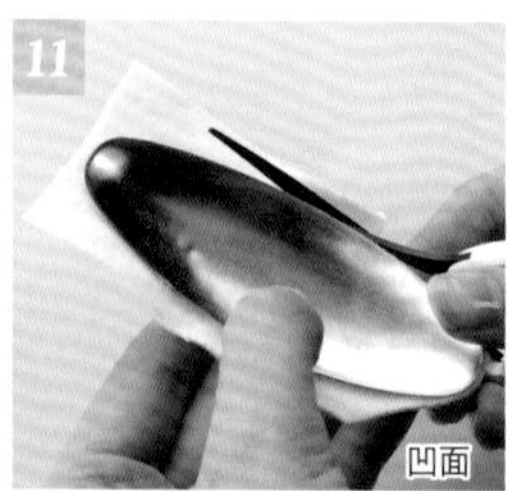

將法蘭絨布與五金黏合後，修剪周圍多餘的部分。

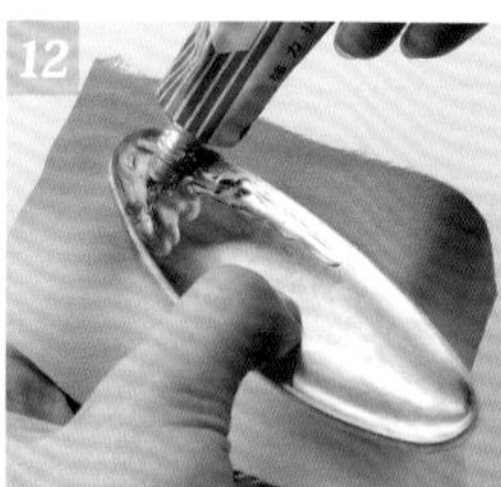

在五金的凹面上塗抹金屬用膠水，再以八掛布包覆。

以剪刀剪下多餘的布片，修剪整齊。

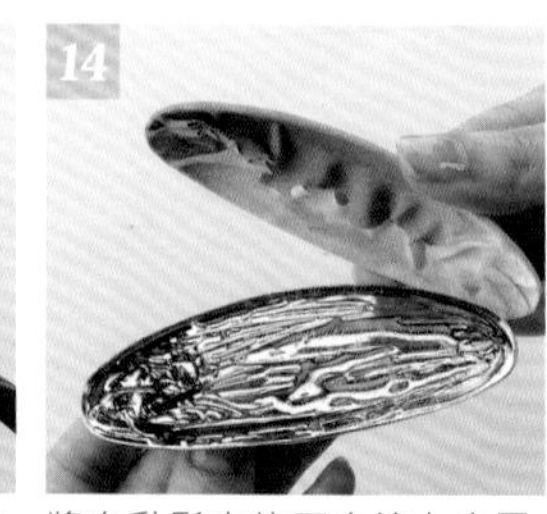

將自動髮夾的五金塗上金屬用膠水， 與步驟13黏合。

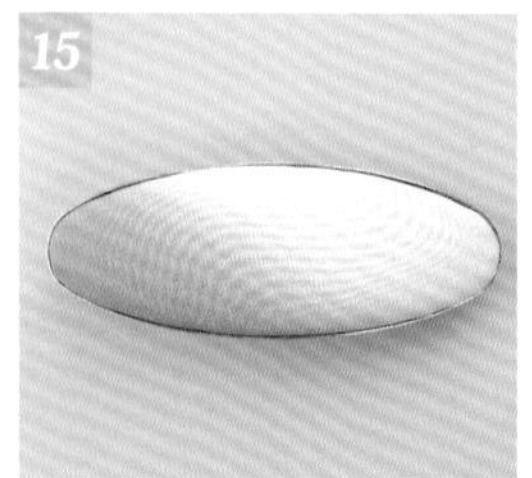

底座完成！

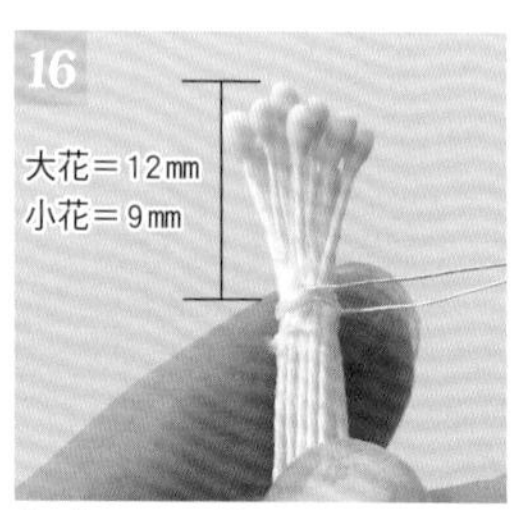

依「2way香梅髮夾」作法21至23（▸p.18）的要領製作花心，並靜置乾燥。

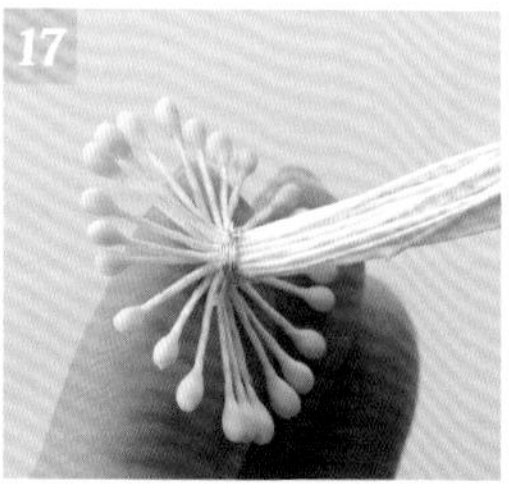

以鐵絲固定後，彎摺花蕊&展開呈圓形狀。

以斜口鉗自鐵絲下方剪斷花蕊。

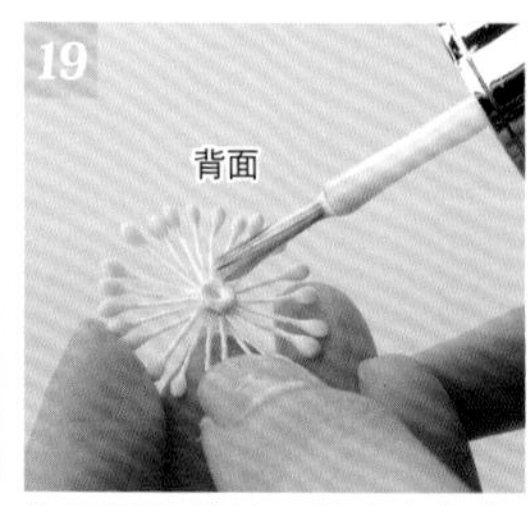

為了隱藏鐵絲，塗上白色指甲油，。

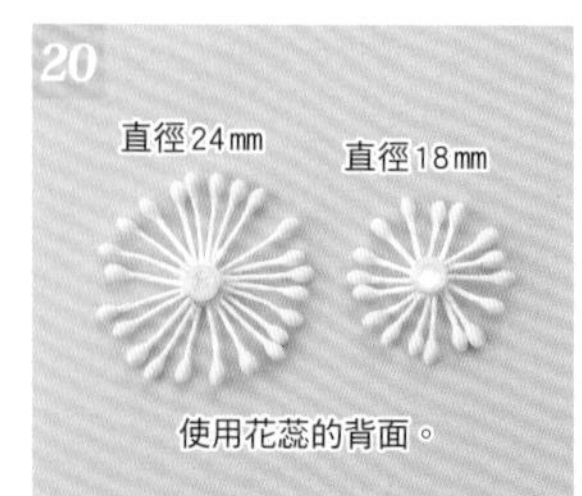

待指甲油乾燥後，再以白膠在塗抹指甲油處黏貼上水晶貼鑽。

在花朵的中心處塗抹白膠，黏貼上花蕊。

在步驟21的背面塗上白膠。

將大花、小花、葉子、花瓣，均衡地配置於五金包覆長條髮夾上方，完成！

◆p.47 No.20

山櫻髮夾・小

▸20 材料（1個）

〈布材〉真絲雪紡薄紗 6文目
（花朵）3.5cm正方形×5片
（蝴蝶翅膀）2.5cm正方形×2片、2cm正方形×2片

〈底座〉（蝴蝶）圓形底墊（直徑12mm）1片、和紙（2.4cm正方形）1片
花藝鐵絲（＃24）12cm×1支
（長條髮夾）八掛布（▸p.43）4.3cm×8.5cm
法蘭絨布2.5cm×7cm

〈花心〉小素玉花蕊20支、藝術銅線32號

〈飾品・五金配件類〉五金包覆自動髮夾（16mm×62mm）、金蔥鐵絲線

【完成尺寸】花朵：直徑約3.3cm・蝴蝶：寬約2.3cm

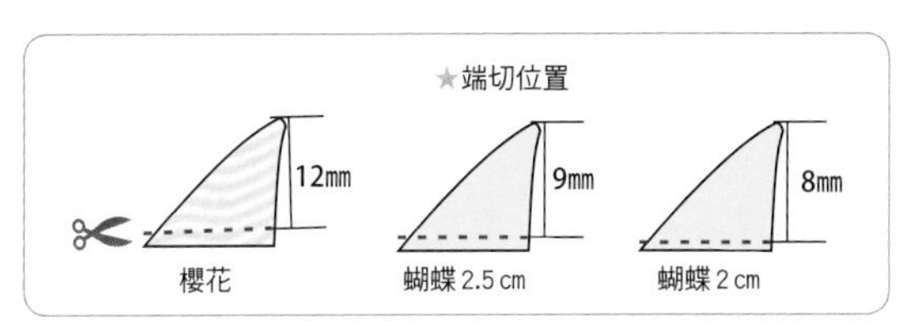

❖將蝴蝶&櫻花葺置於底座上

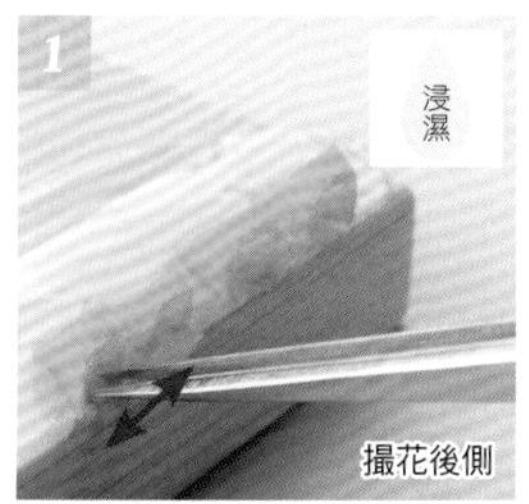

以圓撮（▸p.12）捏製4片蝴蝶的翅膀，再將撮花的布足打開（▸p.17）。

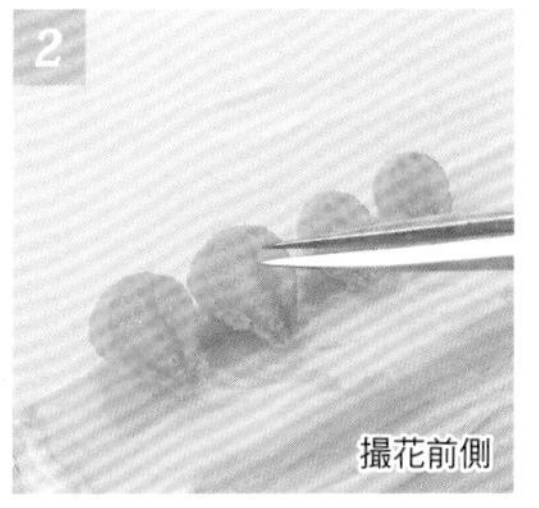

將摺返處如描繪美麗弧線般，進行整理。

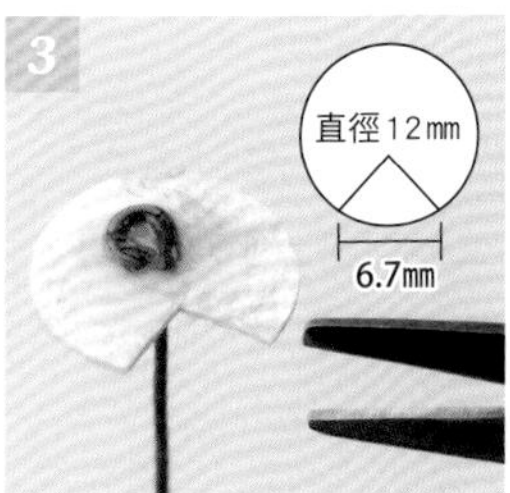

以打洞器製作台座（▸p.9），並以剪刀剪出牙口。

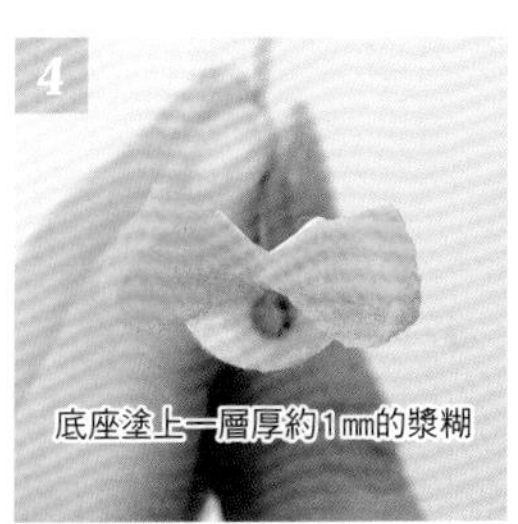

沿著牙口，左右對稱地葺置上2片2.5cm的翅膀。

在下方處，左右對稱地葺置上2片2cm的翅膀。

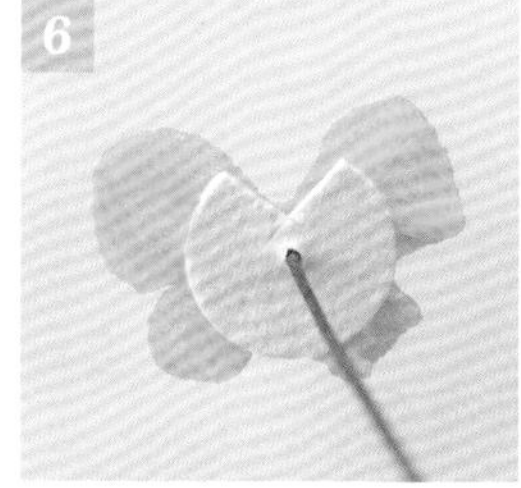

背面的模樣。

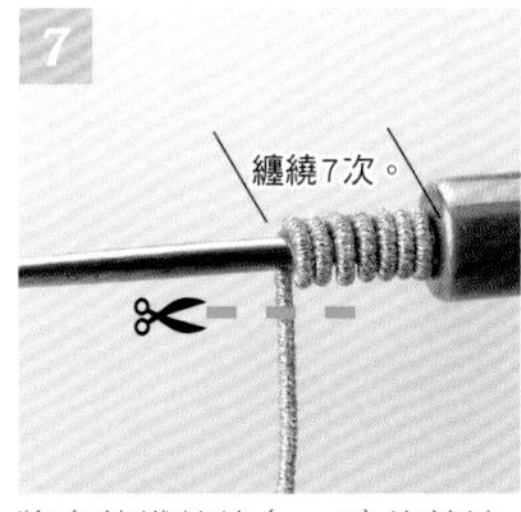

將金蔥鐵絲線（▸p.9）的前端緊密地纏繞於錐子上，再以剪刀剪斷。

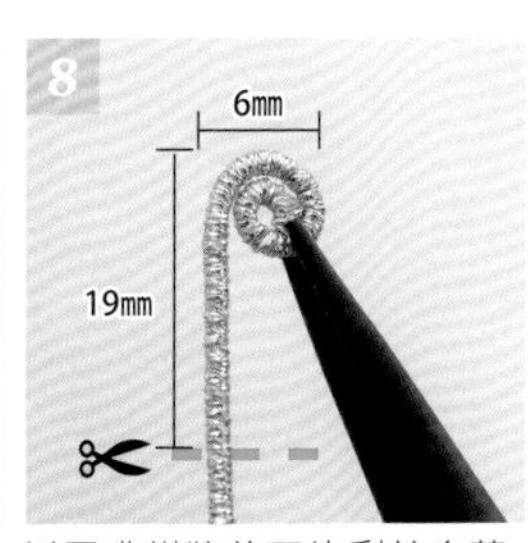

以圓嘴鉗將剪下的剩餘金蔥鐵絲線的前端捲圓，並如圖所示進行裁剪。

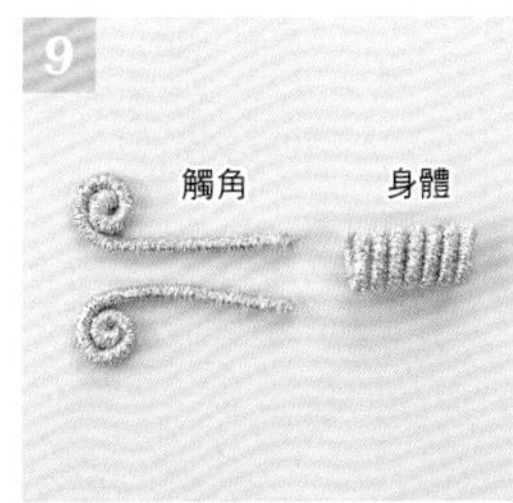

製作2根觸角後，將觸角前端塗上白膠，插入身體的內部。

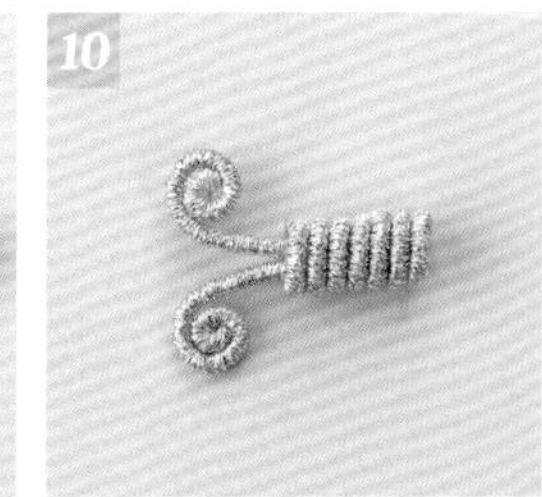

靜置待身體乾燥。

身體塗上白膠，黏接於蝴蝶的中心處。

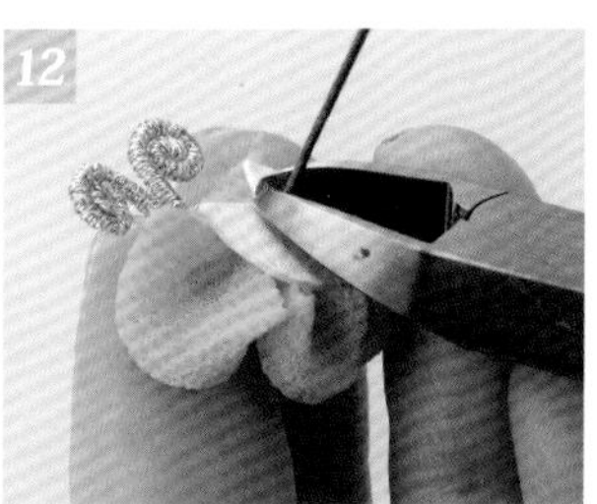

待蝴蝶乾燥後，再以斜口鉗剪斷底座的鐵絲。

依「山櫻髮夾・大（▸p.51）」的相同方式，葺置花朵。由於花朵&花蕊的正反面容易混淆，請特別注意！

在五金包覆自動髮夾的底座上黏貼櫻花&蝴蝶，完成（▸p.52）！

仲夏夜

運用細褶撮的技法，製作大朵的姬大理花。無論搭配和服或洋裝，都相當適合的豪華髮飾。

21D

21B

21A

No.21 姬大理花U形髮釵組

▶p.56

21C

將細褶撮進行改造的鳶尾花髮釵＆耳針。不僅是穿著浴衣時的絕佳配件，搭配牛仔褲等較為休閒的服裝時，也相當有型唷！

22A

22B

22C

No.22 鳶尾花髮釵

p.58

◆p.54 *No.* ***21***

姬大理花U型髮釵組

▸***21A*・*21B*** 材料（1個）

〈布材〉羽二重5文目

第1段：4.5cm正方形×6片（***21B***僅需第1段）

第2段：5cm正方形×6片

第3段：5.2cm正方形×6片、第4段：5.5cm正方形×6片

第5段：6cm正方形×12片

〈底座〉***21A***：半球台座E（直徑30mm）1支→作法▸p. 36至p. 37

布片（7cm正方形）1片、花藝鐵絲（＃22茶色）12cm×1支

組合用線

21B：圓形底墊（直徑15mm）1片、布片（3cm正方形）1片

花藝鐵絲（＃24茶色）12cm×1支、組合用線

〈花心〉花座1個、水晶貼鑽（直徑4.7mm）1顆

〈飾品・五金配件類〉U形髮釵（***21A***：8.7cm・***21B***：7.5cm）各1支

【完成尺寸】***21A***：直徑約8.7cm・***21B***：直徑約3.7cm（花朵）

❖細褶撮2褶（第1段）

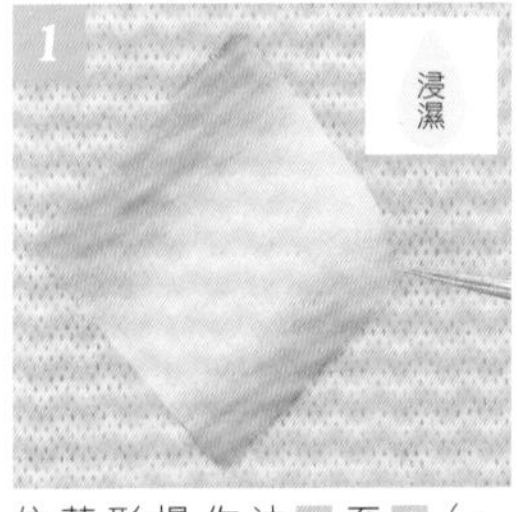

依菱形撮作法1至8（▸p.39）的相同方式摺疊。

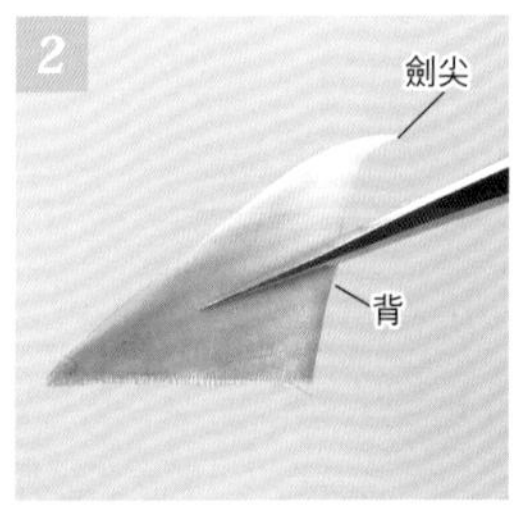

進行劍撮（▸p.22）後，將鑷子夾住撮花的背部，使其呈水平狀。

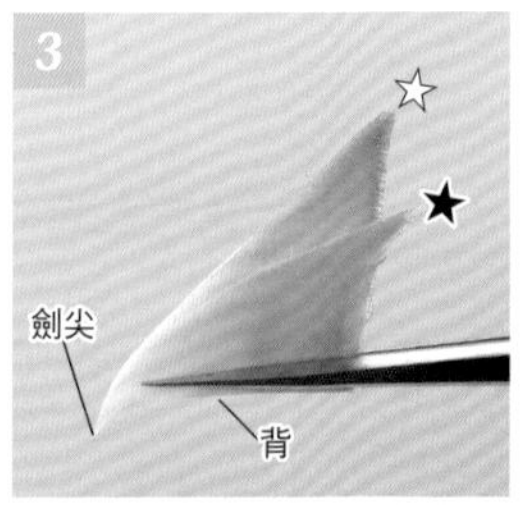

以鑷子自外側呈水平狀地再次夾住背部。

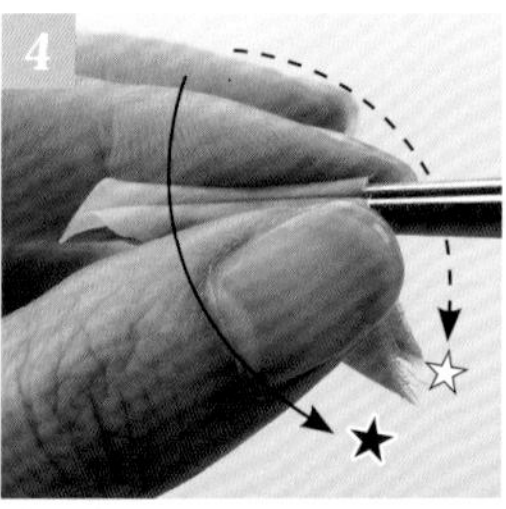

將★與☆處往外打開＆往下反摺。

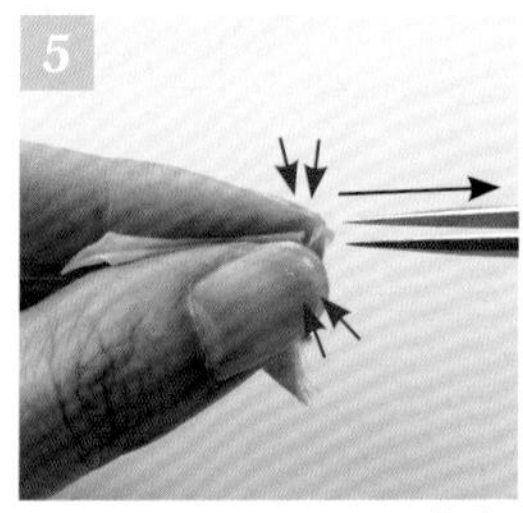

將指尖處施力壓合，再抽出鑷子（以下作法亦同）。

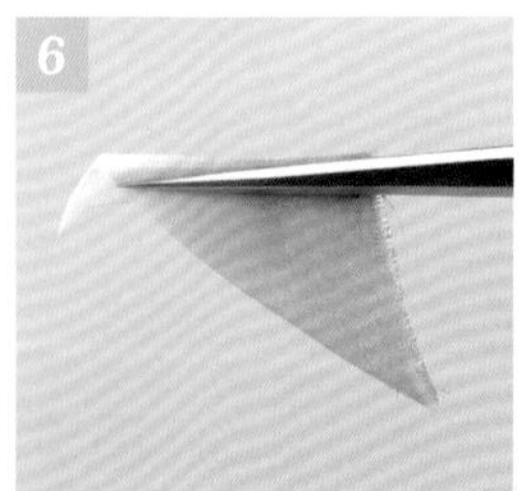

以鑷子自外側再次夾住。

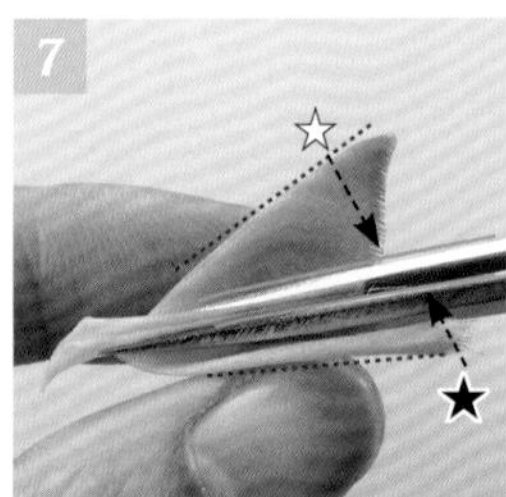

以拇指＆食指將★與☆處往上反摺，並使布片的上邊＆鑷子的上邊保持一致。

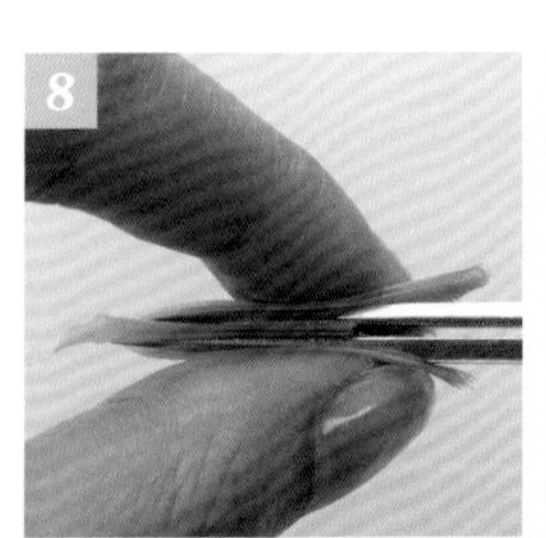

俯視的模樣。

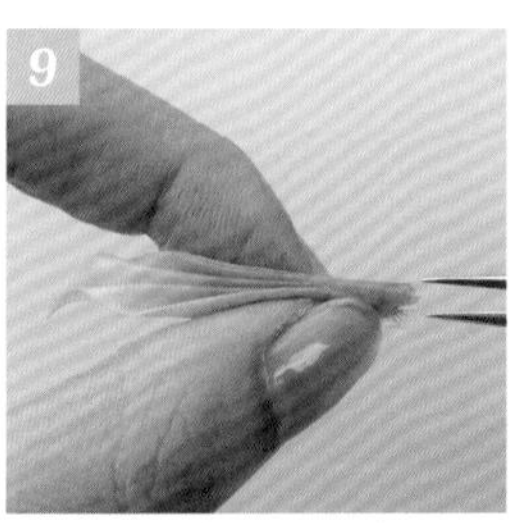

勿使細褶散開，以左手壓住，並抽出鑷子。

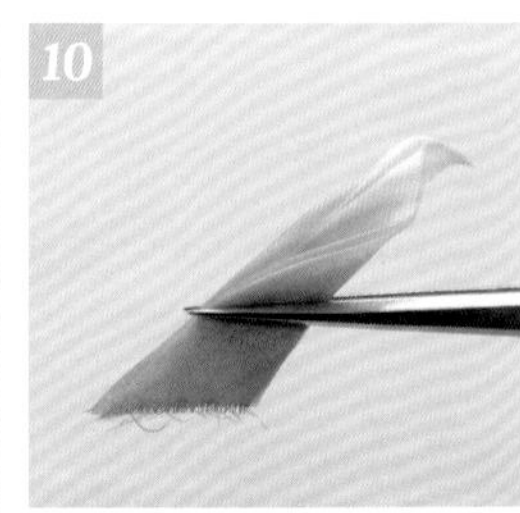

改以鑷子拿著撮花。

完成2褶細褶。

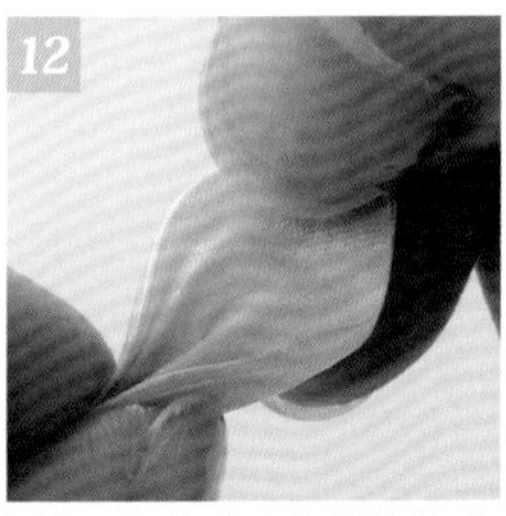

以右手拇指將★的周邊捏成凹陷狀。

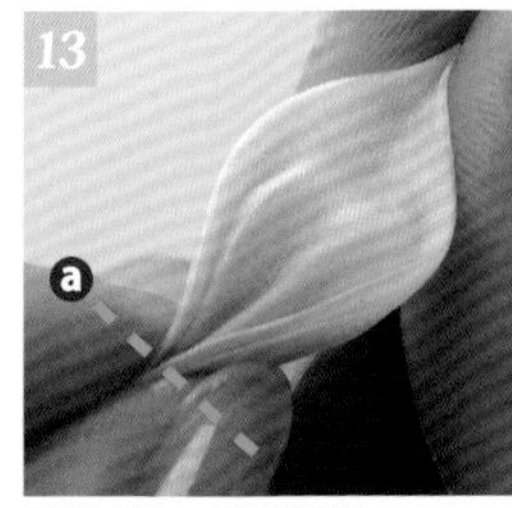

捏撮劍尖，整理形狀。

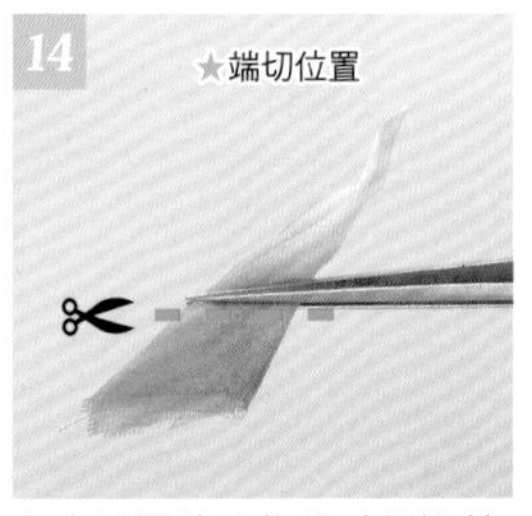

在步驟13的ⓐ位置（細褶前端的最短處）進行端切。

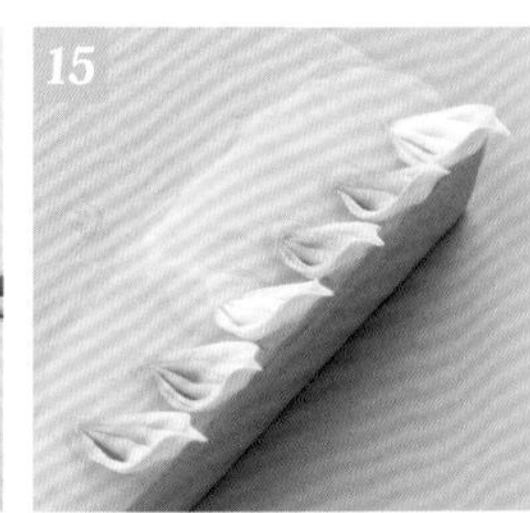

共捏製6片第1段的花瓣。

❖捏製細褶撮3褶（第2至5段）

・細褶撮3褶　正面　側面　後側

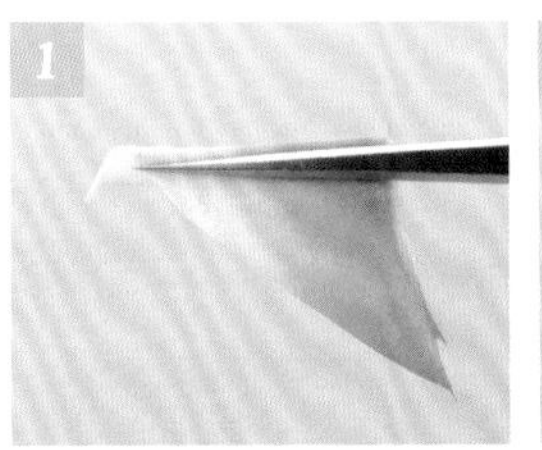

1 依細褶撮2褶的作法1至6（▶p.56）相同方式摺疊。

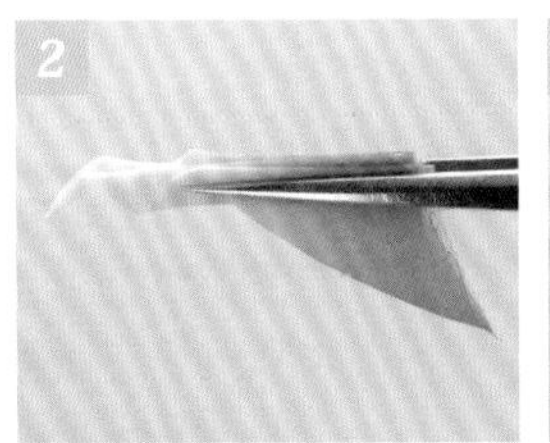

2 再一次將布片往上、下反摺。

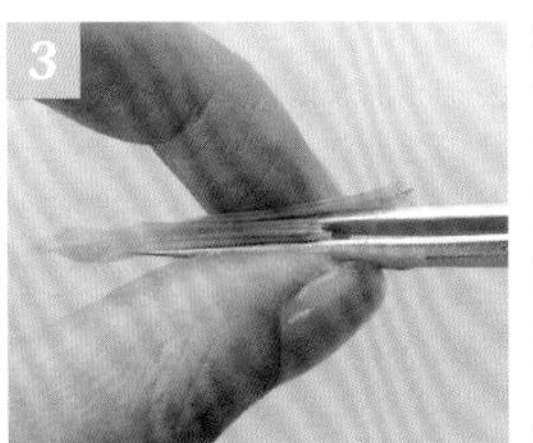

3 依細褶撮2褶的作法7至8相同方式，使布片的上邊&鑷子的上邊保持一致。

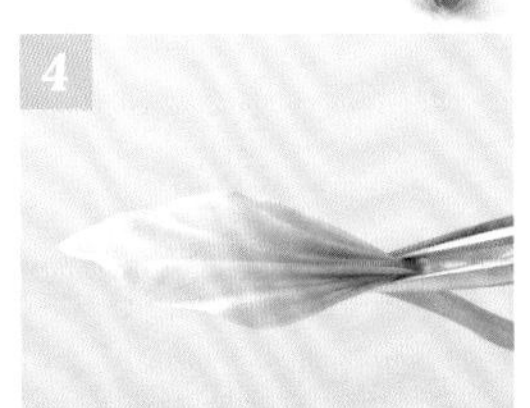

4 完成4褶細褶。

5 在ⓑ的位置上進行端切。第2至5段的花瓣皆以細褶撮3褶進行捏製。

❖葺置花朵➡組裝上飾品&五金配件，完成！

1 在布片半球台座（▶p.29）上葺置6片花瓣。

2 第2段在第1段的各花瓣之間葺置上1片花瓣。

3 葺置上第2段的6片花瓣。

4 依相同方式，葺置上第3至4段。

5 第5段則在第4段花瓣之間各葺置上2片花瓣。

6 依「優美大理花の髮夾」作法10至11（▶p.42）的要領，共葺置上12片花瓣。

7 黏接上花心的裝飾（▶p.25）。

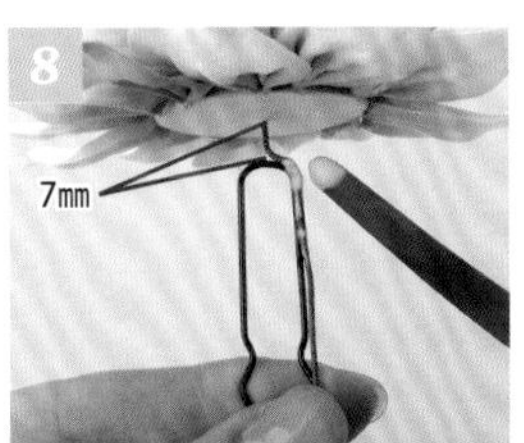

8 沿著U形髮釵的五金曲線摺彎鐵絲後，塗上白膠。

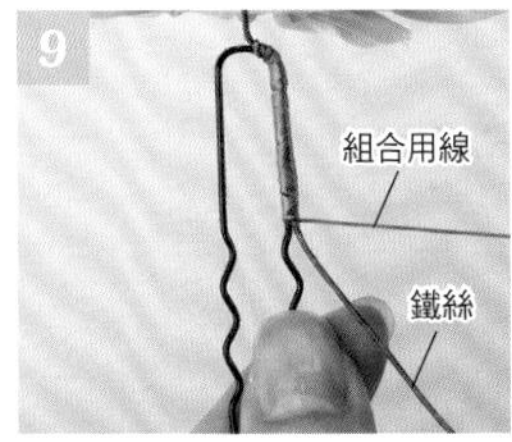

9 纏繞上組合用線，固定U形髮釵&鐵絲，再剪斷多餘的鐵絲。

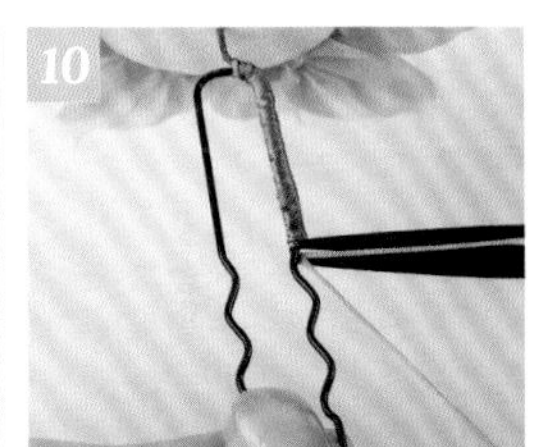

10 以組合用線纏繞至將鐵絲的尾端隱藏起來為止，剪斷組合用線。線端處再塗上白膠，纏繞固定。

11 以平口鉗使花頭部分立起，完成！

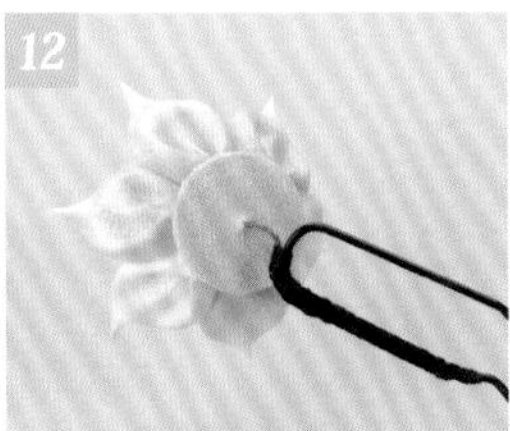

12 作品21B將6片第1段的花瓣葺置於台座上，再組裝U形髮釵就完成了！

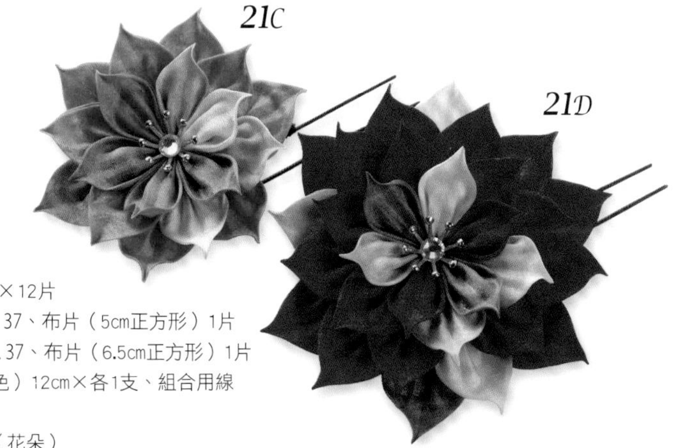

▶ ***21C・21D*** 材料（1個）

〈布材〉羽二重5文目

21C 通用至*21A* 的第3段為止

21D 通用至*21A* 的第3段為止・第4段：5.5cm正方形×12片

〈底座〉*21C*：半球台座B（直徑22mm）1支▶p.36至p.37、布片（5cm正方形）1片

21D：半球台座D（直徑27mm）1支▶p.36至p.37、布片（6.5cm正方形）1片

花藝鐵絲（21C：＃24茶色・21D：＃22茶色）12cm×各1支、組合用線

〈花心〉〈飾品・五金配件類〉同作品*21B*

【完成尺寸】*21C*：直徑約6cm・*21D*：直徑約7.7cm（花朵）

p.55 No. 22

鳶尾花髮釵

22A・22B・22C 材料（1個）

〈布材〉羽二重5文目
（花朵）第1段：5.3cm正方形×3片
第2段：2cm正方形×6片（圓撮＆劍撮各3片・共6片）
（葉子）3.8cm正方形×3片
〈底座〉圓形底墊（直徑12mm）1片、和紙（2.4cm正方形）1片
花藝鐵絲（＃24茶色）12cm×1支
花藝鐵絲（＃28葉子用）4cm×3支、組合用線
〈飾品・五金配件類〉雙股髮釵（7.5cm）
【完成尺寸】直徑約4cm（花朵）

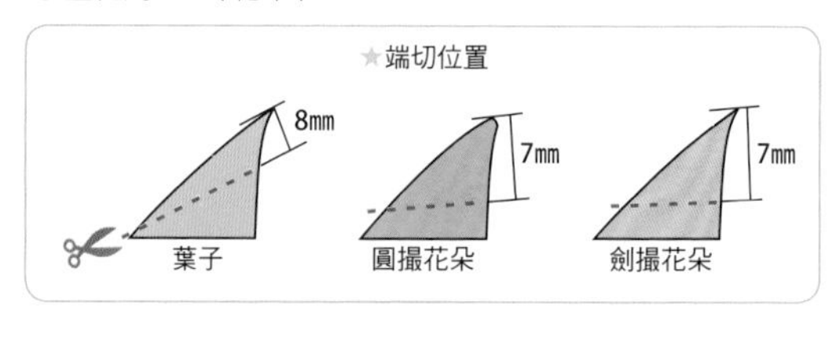

細褶撮變化3褶

正面

側面

捏製花朵（細褶撮變化3褶）

捏製細褶撮變化3褶（▶p.57）。

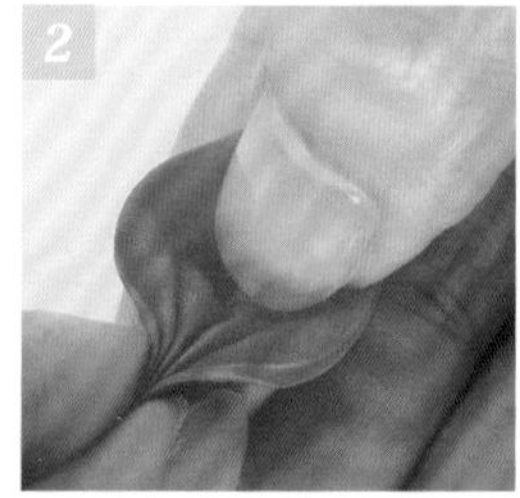

以右手拇指將★的周邊捏成凹陷狀。

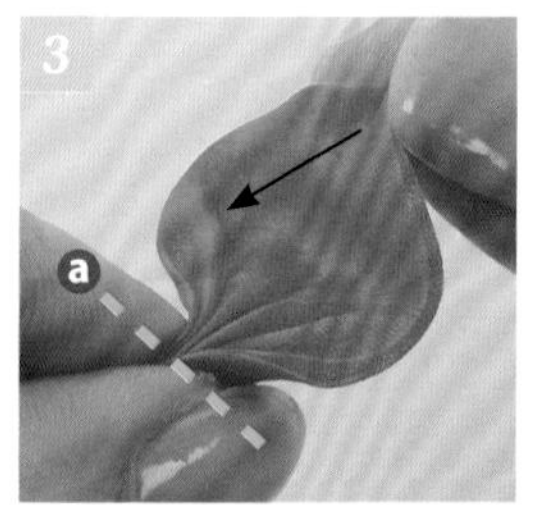

捏撮劍尖，並往←的方向，捏作出角度。

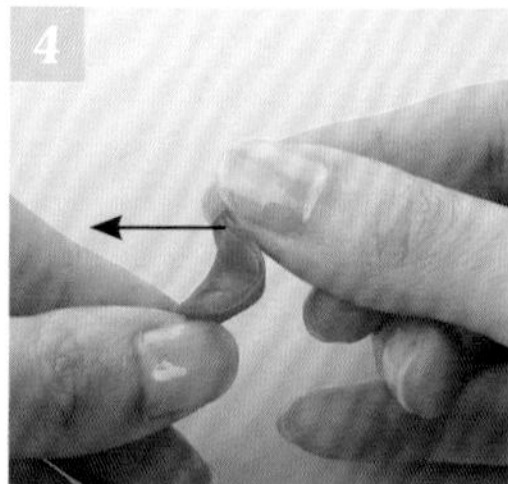

步驟3側視的模樣。

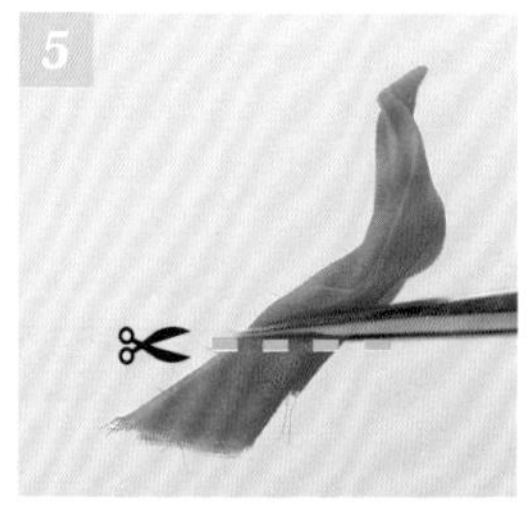

在步驟3的a位置（細褶前端的最短處）進行端切。

放置在漿糊板上之後，靜置於鮮奶盒的上方待其乾燥。

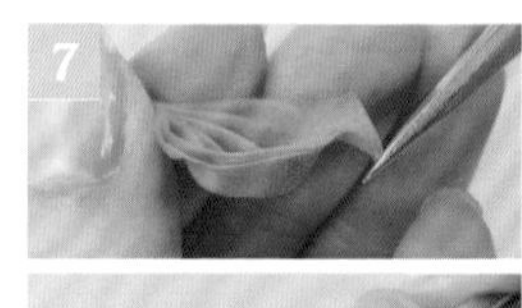

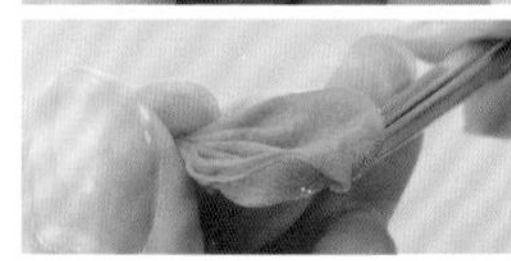
以鑷子夾住劍尖處，一層層地內捲，使其呈捲曲狀。

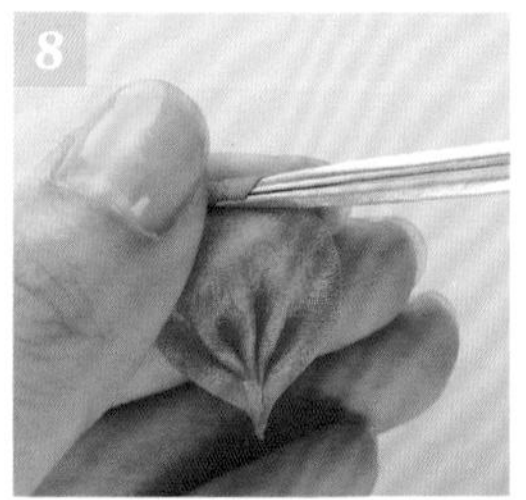

背面的模樣。層層捲動之後，形成波形捲曲狀。

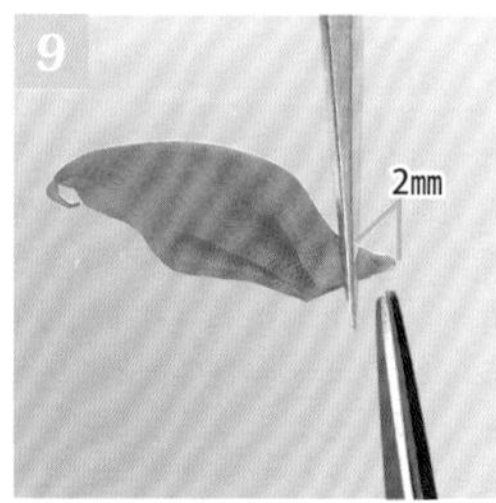

將前端2mm處剪斷。

捏製3片第1段的花瓣，並以圓撮（▶p.12）＆劍撮（▶p.22）各捏製3片第2段的花瓣。

捏製葉子（裡返劍撮）

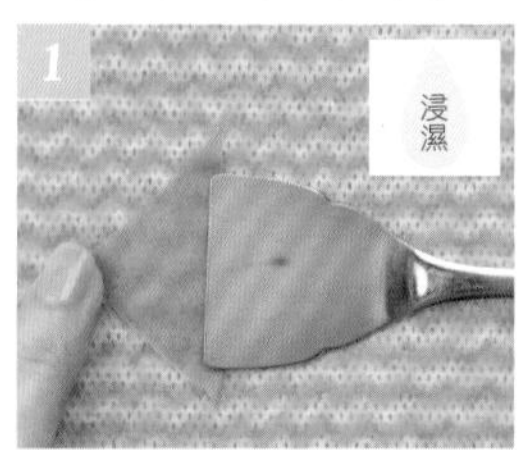

依菱形撮作法1至2（▶p.39）的相同方式製作，進行對摺。

以熨斗燙出摺痕。

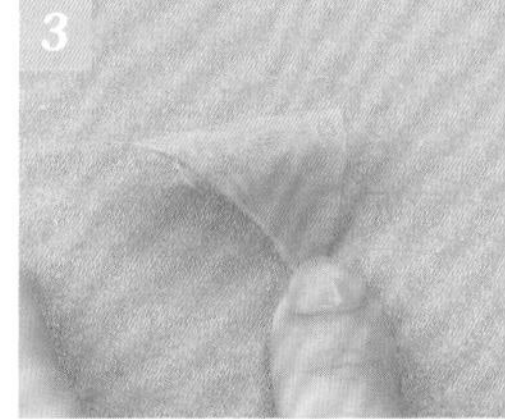

再次對摺。

以熨斗燙出摺痕。

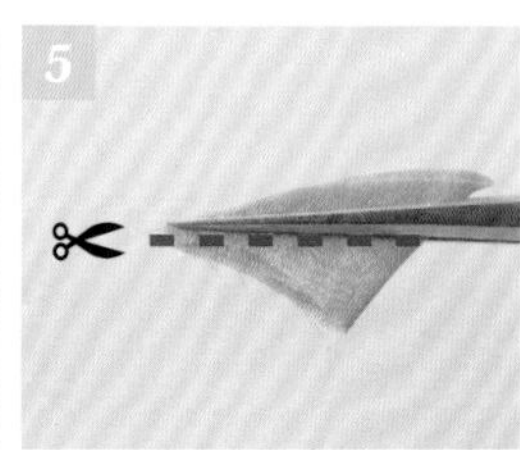

進行端切。

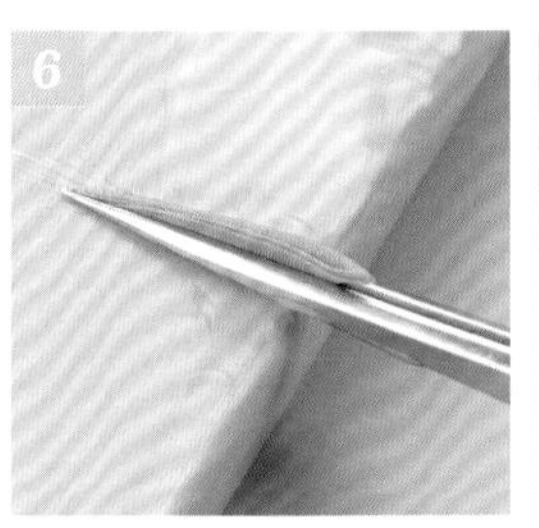
6 以劍撮捏製葉子後，以「端切位置」圖示為基準，進行端切(▶p.22)。

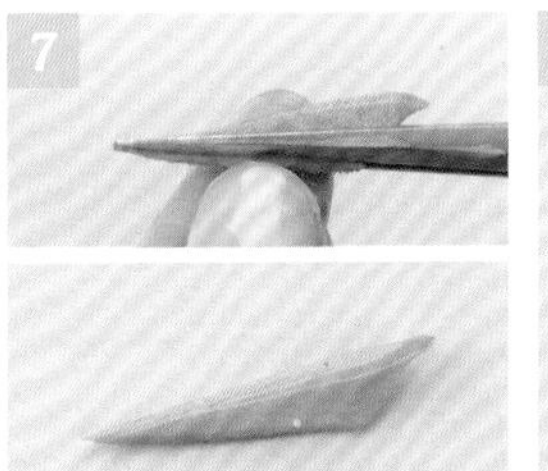
7 依黏合布足の圓撮作法3至5(▶p.18)的相同方式製作，並靜置待其乾燥。

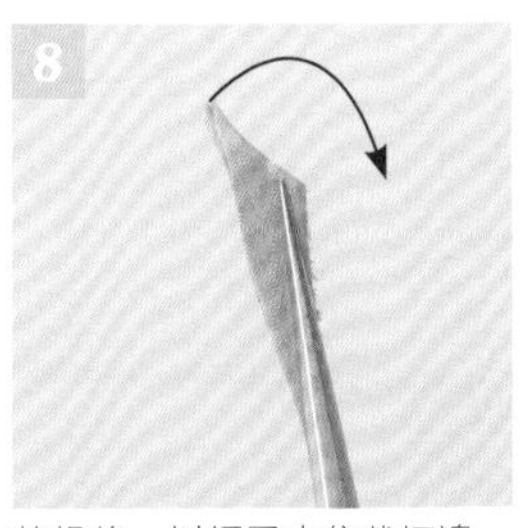
8 乾燥後，以鑷子夾住裁切邊，並依→的方向，翻至背面。

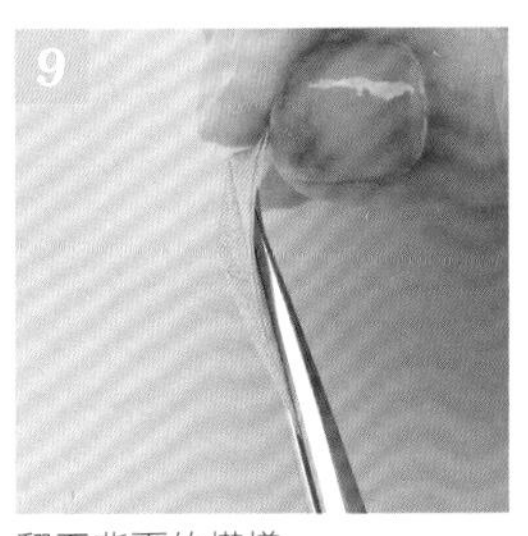
9 翻至背面的模樣。

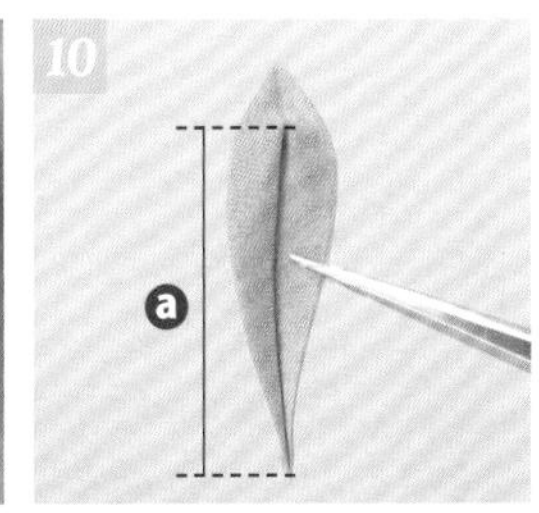

10 完成葉子。

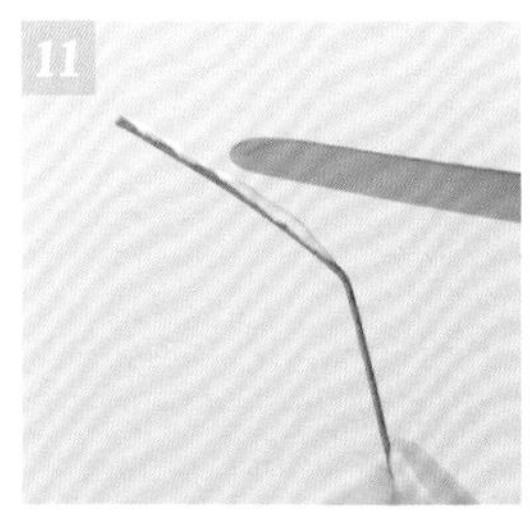
11 鐵絲配合ⓐ的長度摺彎，並塗上白膠。

12 將鐵絲黏接於葉子的背面。

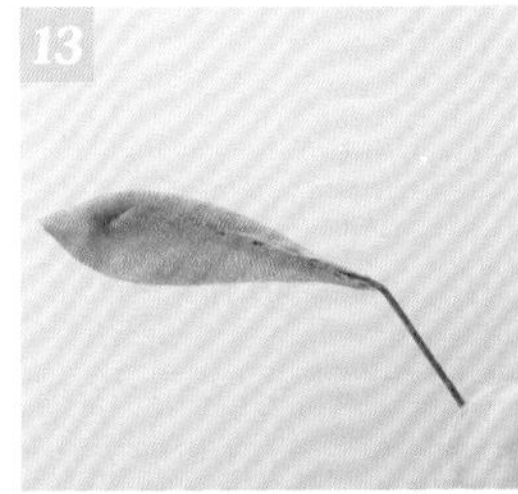
13 以裁切邊覆蓋在鐵絲上，隱藏鐵絲。

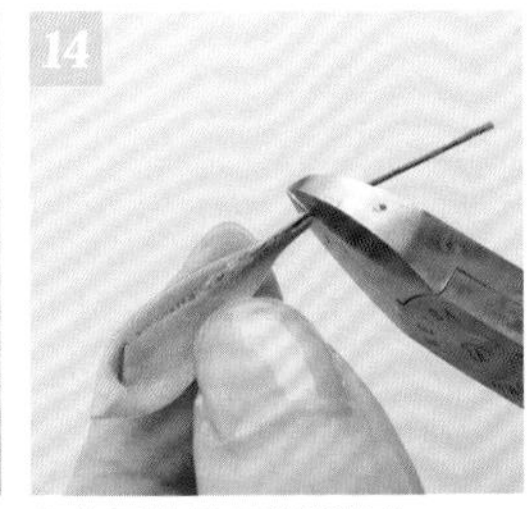
14 在葉子的根處剪斷鐵絲。

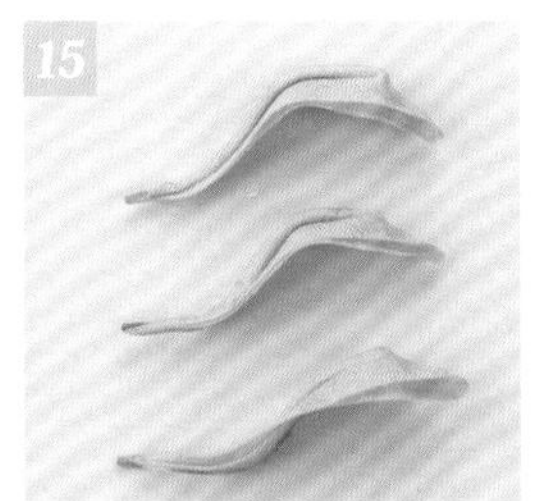
15 將鐵絲摺彎成S形，共製作3片葉子。

✧葺置➡組裝上飾品&五金配件，完成！

1 製作打洞圓形台座（▶p.9），並將底座塗上一層厚1㎜的漿糊。

2 花瓣的裁切邊沾附漿糊，共葺置上3片第1段的花瓣。

3 第2段在細褶撮的上方，葺置3片圓撮。

4 3片劍撮立起般地葺置於圓撮之間。

5 葉子的根處沾附漿糊，再在花瓣之間共葺置上3片葉子。

6 側視的模樣。

7 以組合用線組裝上雙股髮釵（參照▶p.57「姬大理花U型髮釵組」葺置花朵作法8至11）。

◆p.55 *No.* 23

鳶尾花耳針

將花朵葺置於圓形底托的底座（▶p.44）上，製作耳環。

花散步

運用細褶撮的變化作法，
創作出花朵髮飾＆胸針。

No.24 星花髮梳
▶ p.62

No.25 月花胸針
p.64

No.26 八重桔梗髮梳
p.66

No.27 八重桔梗U型髮釵
p.67

p.60 No. 24

星花髮梳

No.24

24 材料（1個）

〈布材〉羽二重5文目
（大花）第1段：4cm正方形×5片、第2段：5.5cm正方形×5片
（小花）4cm正方形×5片
〈底座〉（大花）半球台座A（直徑15mm）1支→作法 p.36至p.37
布片（3.7cm正方形）1片
（小花）圓形底墊（直徑12mm）1片、布片（2.4cm正方形）1片
花藝鐵絲（＃24茶色）12cm×2支、組合用線
緞面緞帶（寬3mm）27cm
〈花心〉花座2個、水晶貼鑽（直徑4.7mm）2顆
〈飾品・五金配件類〉10齒髮梳
【完成尺寸】大花：直徑約4.3cm・小花：直徑約2.8cm

細褶撮變化2褶

正面

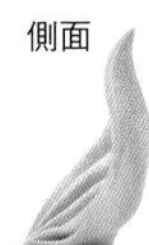
側面

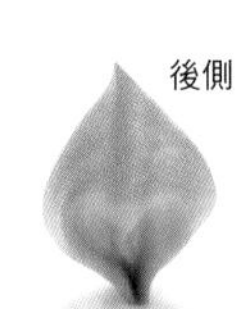
後側

捏製花朵（細褶撮變化2褶）

捏製細褶撮2褶（p.56）。

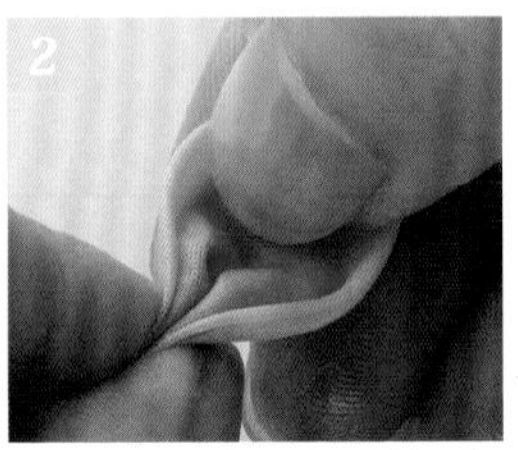

以右手拇指將★的周邊捏成凹陷狀。

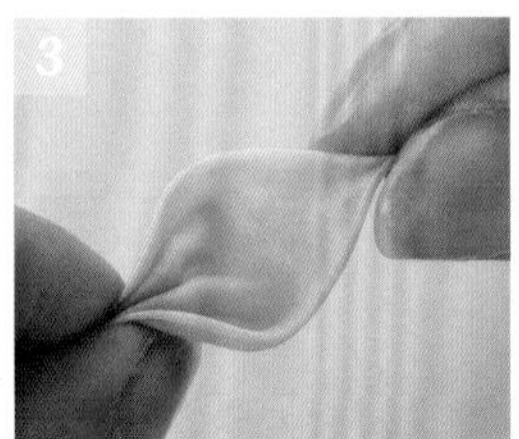

捏撮劍尖。

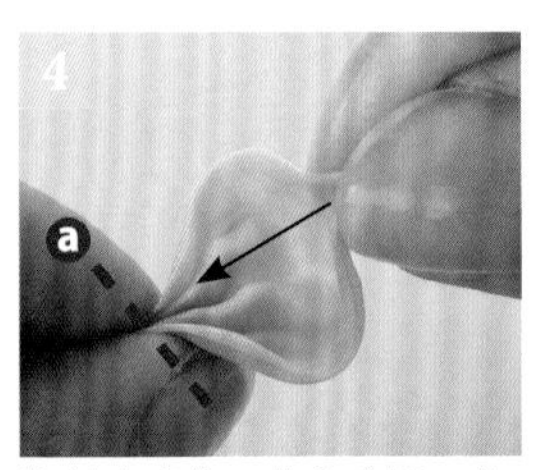

將劍尖處往←的方向壓，作出角度。

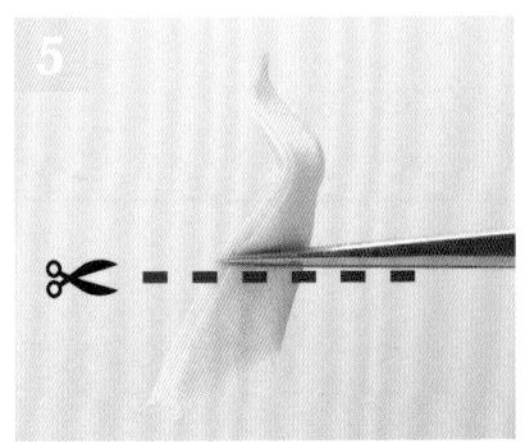

在步驟4的a位置（細褶前端的最短處）進行端切後，放置於漿糊板上。

葺置花朵

在布片半球台座（p.29）上葺置5片花瓣。

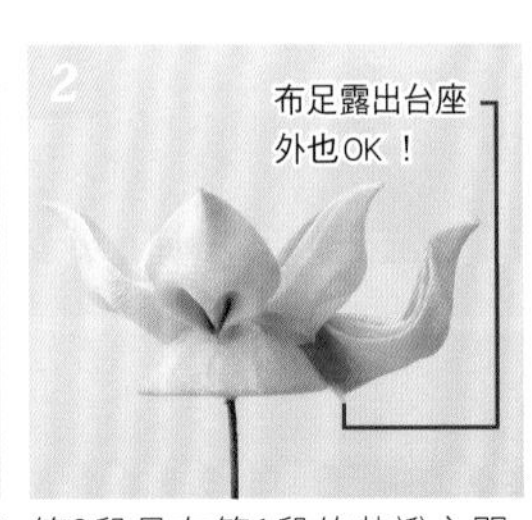

第2段是在第1段的花瓣之間各葺置上1片花瓣。

葺置上第2段的花瓣之後，黏接上花心的裝飾（p.25）。

製作布片圓形底墊台座（p.9）。

將台座塗上一層厚約1mm的漿糊。

在布片圓形底墊台座（p.9）上，葺置5片小花的花瓣。

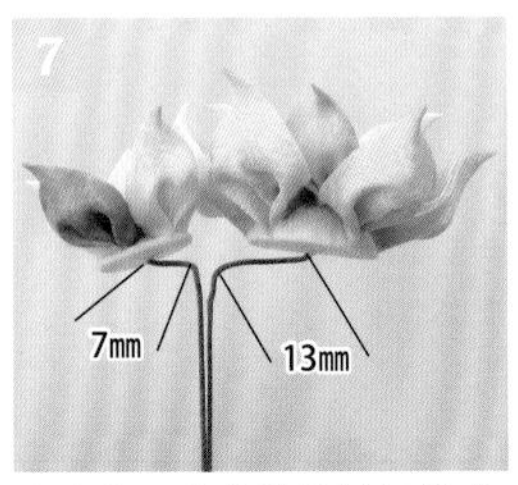

將小花＆大花的鐵絲摺彎成直角後，再將2支合併在一起。

鐵絲塗上白膠，以組合用線在花朵的分歧處纏繞5次。

塗抹白膠，以組合用線自花朵的分歧處繼續往下纏繞。

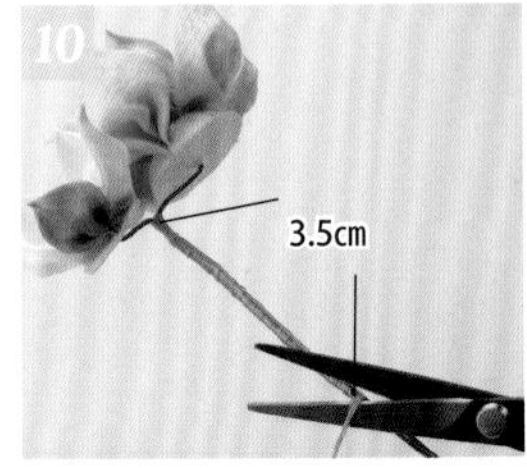

待纏繞3.5cm後，剪斷組合用線，將線端塗上白膠＆纏繞固定。

❖組裝上五金配件，完成！

在距離花朵分歧5mm處，將鐵絲摺彎成直角。

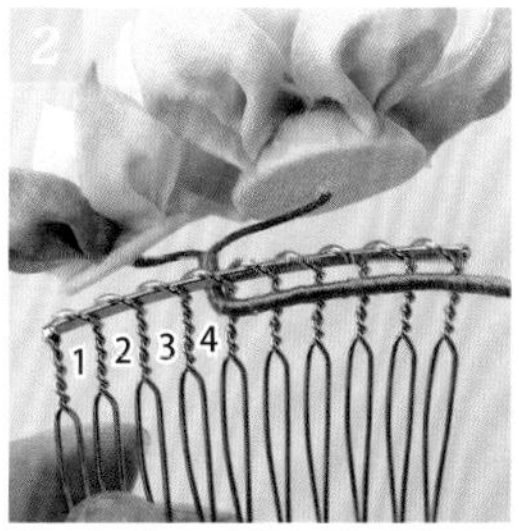

自髮梳背面（左起第4齒）穿入花朵的鐵絲。

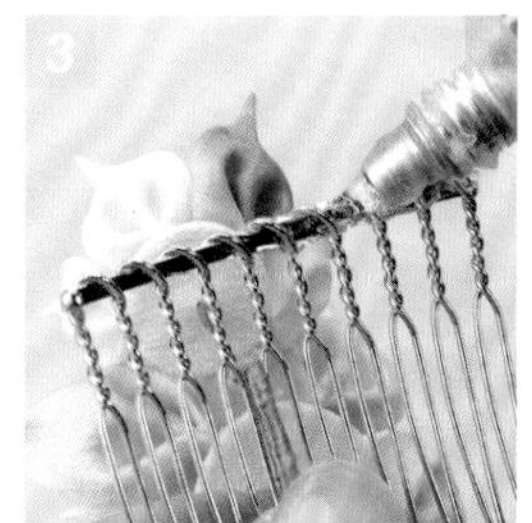

髮梳塗上金屬用膠水。

以白膠將花朵鐵絲與髮梳黏接在一起，以大鋼夾等物固定，靜置乾燥。

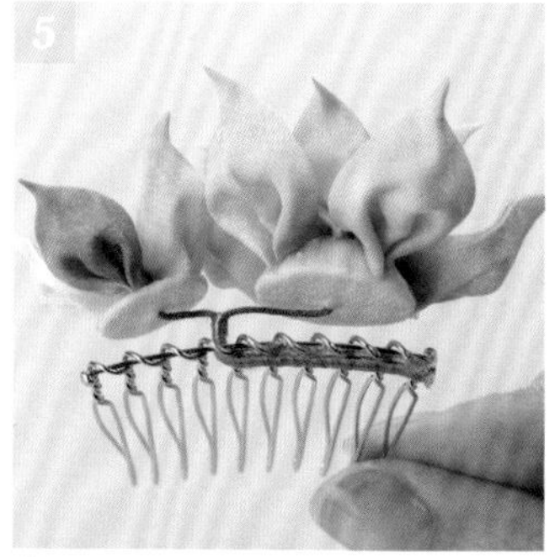

乾燥後，取下大鋼夾，剪斷鐵絲。

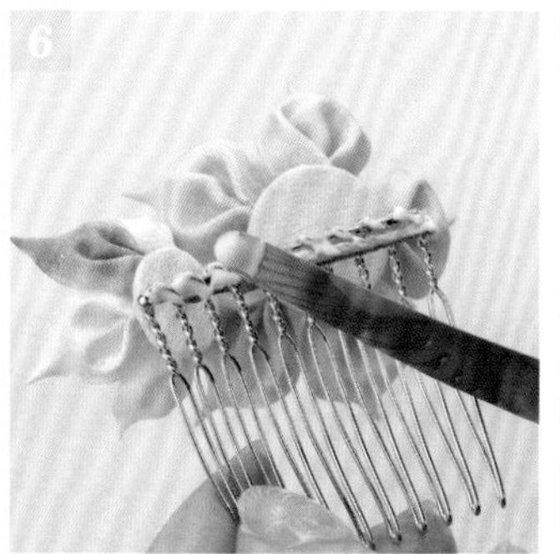

在預定纏繞緞帶處塗抹白膠。

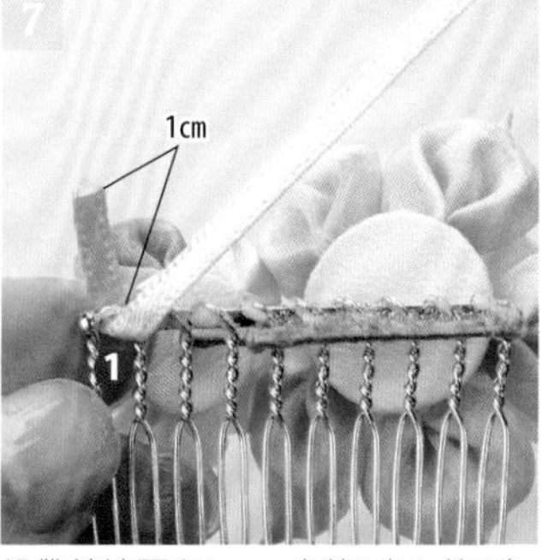

緞帶前端預留1cm，自第1齒＆第2齒之間（❶）穿入緞帶。

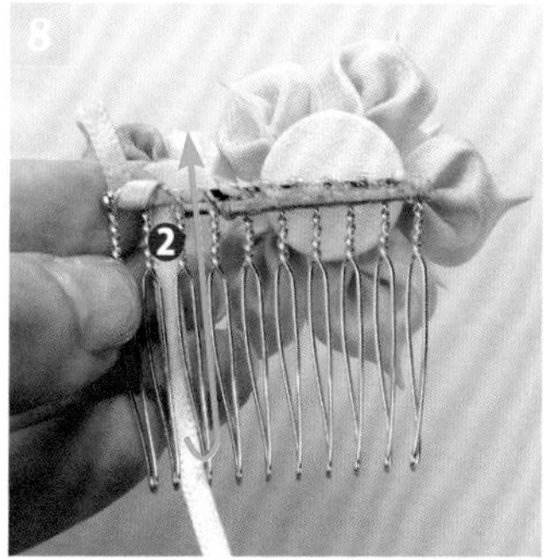

將緞帶纏繞一圈後，從第2齒＆第3齒之間（❷）穿出緞帶。

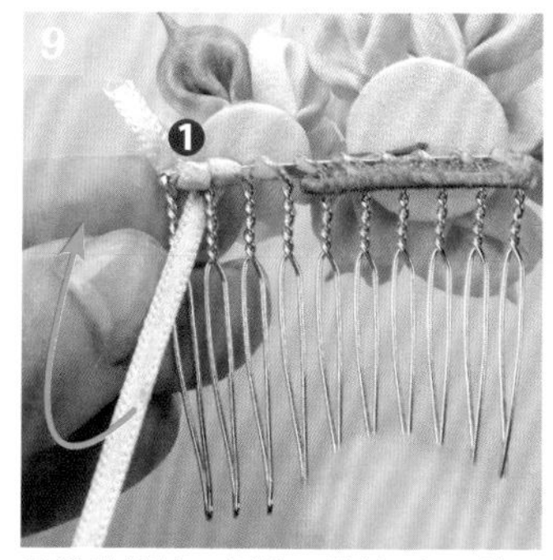

將緞帶纏繞一圈後，從第1齒＆第2齒之間（❶）穿出緞帶。

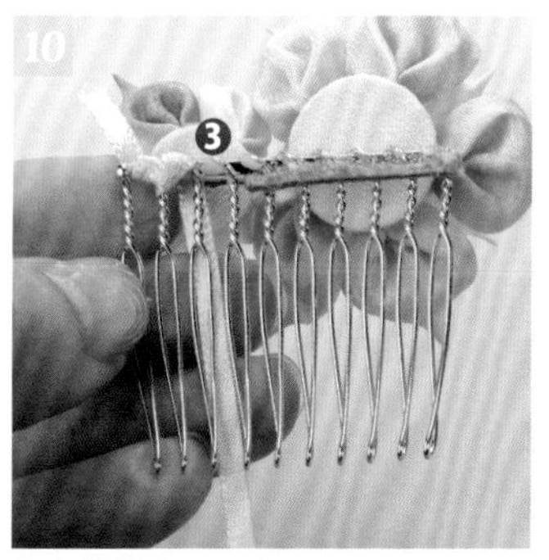

將緞帶纏繞一圈後，從第3齒＆第4齒之間（❸）穿出緞帶。

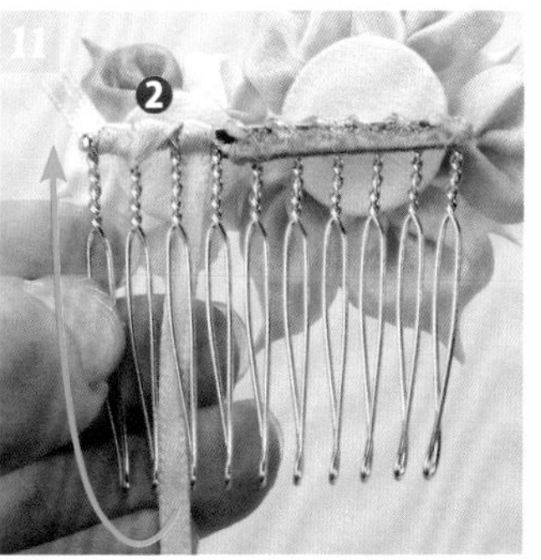

將緞帶纏繞一圈後，從第2齒＆第3齒之間（❷）穿出緞帶。

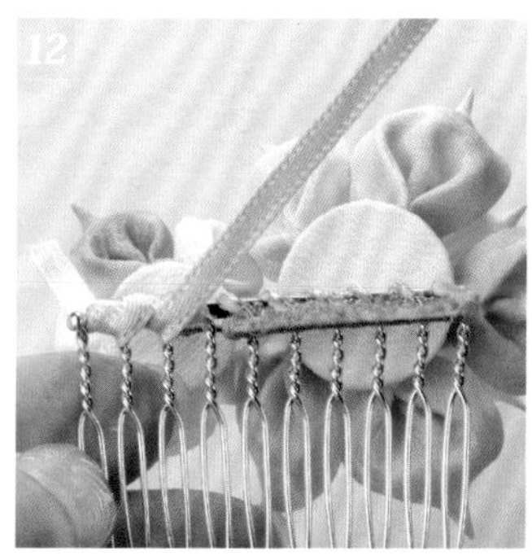

依相同方式製作，纏繞緞帶至髮梳的邊端為止。

在始繞處＆止繞處塗抹白膠，以剪刀剪斷多餘的緞帶。

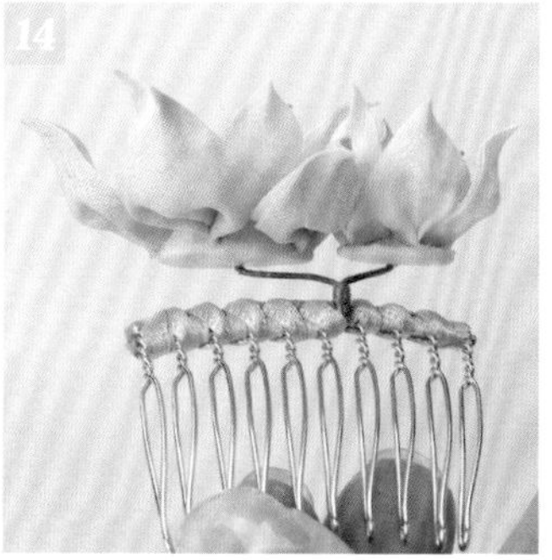

側視的模樣。

完成！

★纏繞緞帶的順序

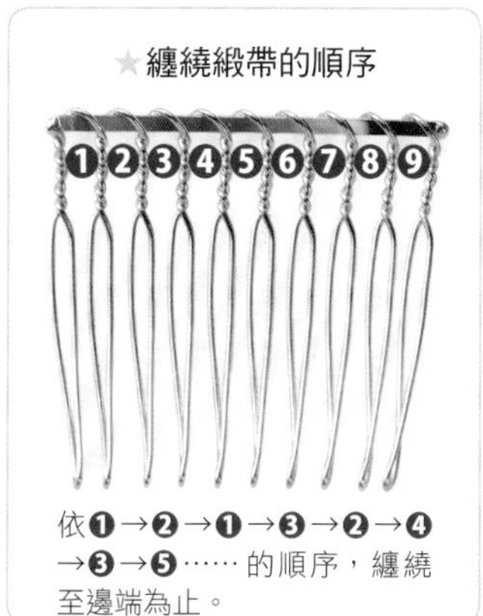

依❶→❷→❶→❸→❷→❹→❸→❺……的順序，纏繞至邊端為止。

p.60 No. 25

月花胸針

25A・25B（1個）

〈布材〉羽二重5文目
（花朵）第1段：5cm正方形×5片、第2段：5.5cm正方形×5片
（葉子）4.5cm正方形×1片、5.5cm正方形×1片
〈底座〉（花朵）半球台座B（直徑22mm）1支→作法 p.36至p.37
布片（5cm正方形）1片
（葉子）和紙底墊（11mm×15mm）1片、紙型1片
花藝鐵絲（＃24・花朵：白色・葉子：綠色）12cm×各1支
〈花心〉棘刺花蕊適量
〈飾品・五金配件類〉鏤空胸針底座（直徑29mm）
【完成尺寸】直徑約5cm（花朵）

捏製葉子（細褶撮3褶）・葺置

捏製細褶撮3褶（p.57）。

勿使細褶散開，小心地整理劍尖處。

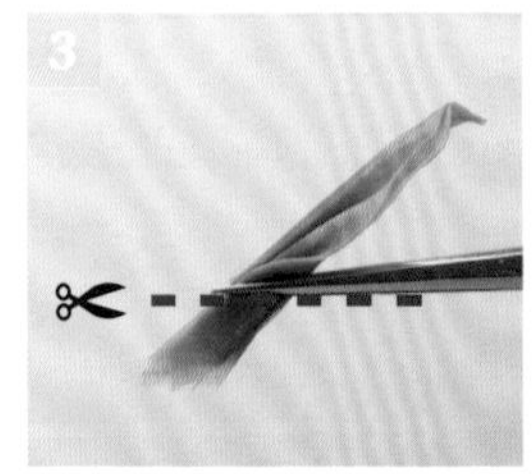

在步驟2的a位置（細褶前端的最短處）進行端切。

進行端切的模樣。

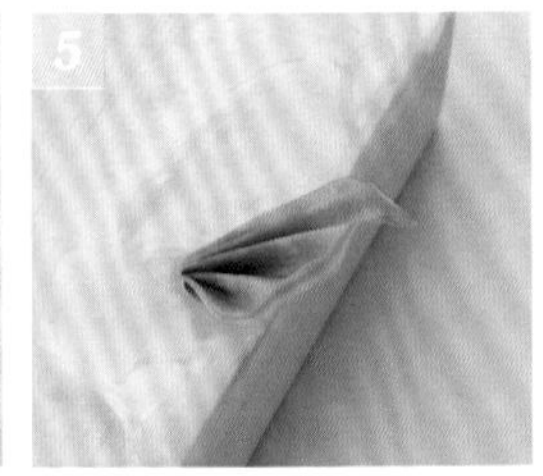

放置於漿糊板上。

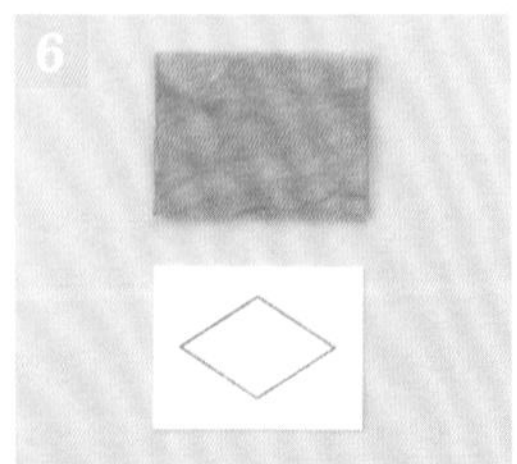

準備已黏貼和紙的厚紙（參照 p.8「打洞圓形底墊」作法1至3）＆紙型。

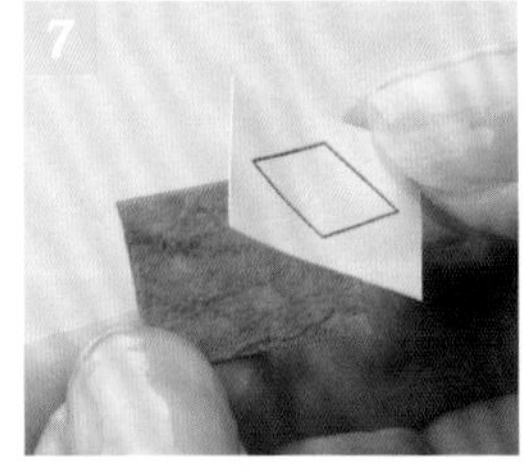

在紙型上塗抹一層薄薄的漿糊，貼放於厚紙上，暫時固定。

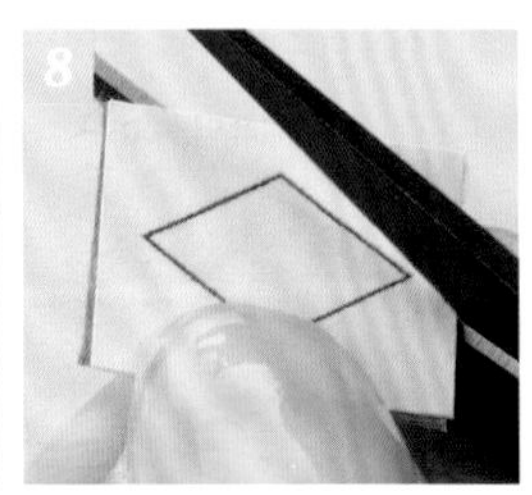

以剪刀裁剪。

完成葉子底墊。

將鐵絲的前端塗上白膠，黏接於葉子底墊上，靜置待其乾燥。

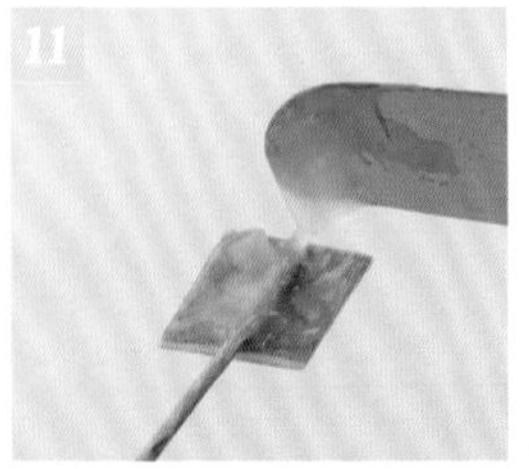

使葉子底墊沾附漿糊。

葺置上大葉子。

葺置上小葉子。

側視的模樣。

【葉子底墊の紙型】

❖葺置花朵（細褶返裡撮3褶）➡組裝上飾品&五金配件，完成！

捏製細褶撮3褶（▶p.57）。

以指腹自★處，從下方往上頂起。

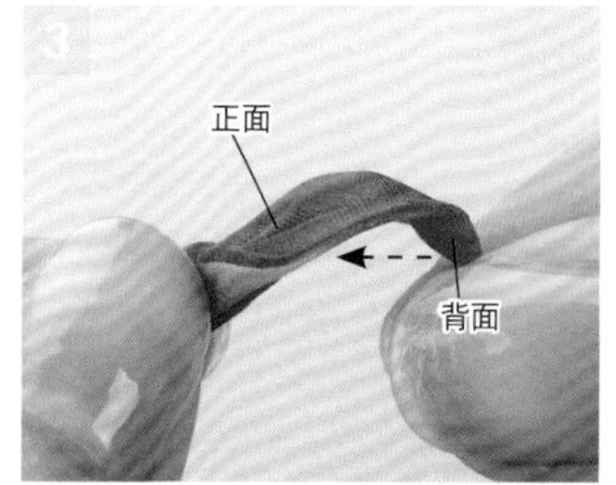

捏住劍尖處，推往←的方向。

將步驟3翻至背面，並使背面朝上。

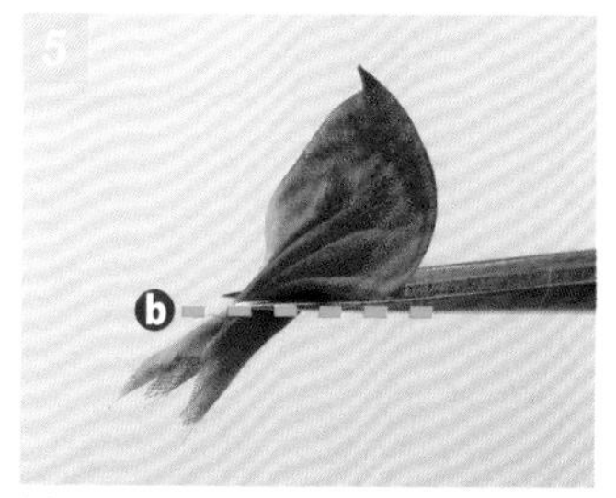

以鑷子拿著撮花。

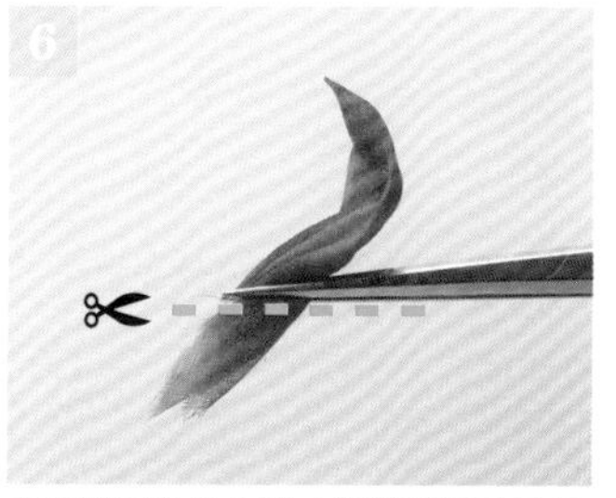

在步驟5的ⓑ位置（細褶前端的最短處）進行端切。

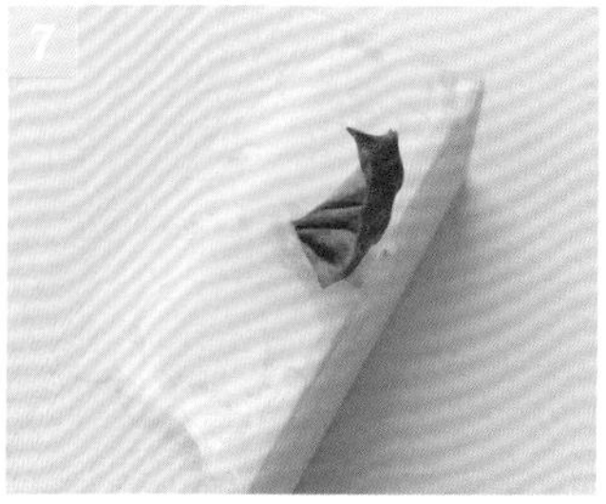

共捏製10片花瓣，放置於漿糊板上。

除去多餘的漿糊，並由漿糊板上移至鮮奶盒紙片上方，靜置乾燥。

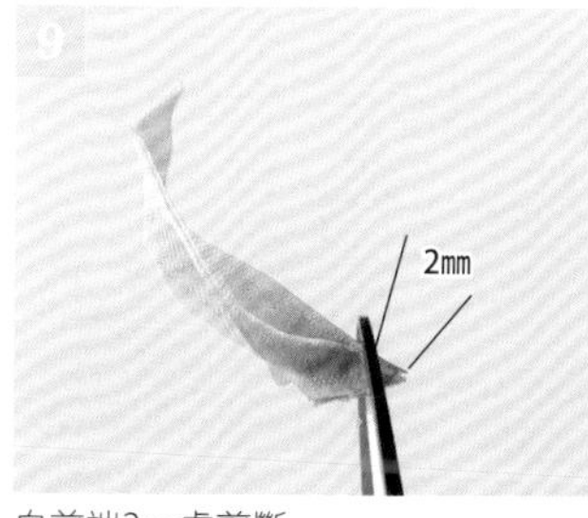

自前端2mm處剪斷。

將撮花的裁切邊沾附上漿糊，並在布片半球台座（▶p.29）上葺置5片花瓣。

待第1段稍微乾燥後，在第1段的花瓣之間各葺置上1片第2段的花瓣。

將花蕊的蕊頭處塗抹白膠，黏貼於花朵的中心處（▶p.49）。

以錐子鑿開一個可插入葉子鐵絲的孔洞。

將底座的鐵絲剪至最極限。

以斜口鉗剪斷葉子的鐵絲末端。

將葉子的鐵絲塗上白膠。

插入葉子的鐵絲。

在底座的背面塗抹金屬用膠水。

黏接上鏤空圓花片五金。

完成！

◆p.61 *No.26*

八重桔梗髮梳

▸*26*（1個）

〈布材〉真絲雪紡薄紗 6文目
（大花）第1段：5cm正方形×6片、第2段：5.5cm正方形×6片
第3段：6cm正方形×6片
（小花）第1段：5cm正方形×6片、第2段：5.5cm正方形×6片
（葉子）5.5cm正方形×2片

〈底座〉（大花）半球台座D（直徑27mm）1支→作法▸p. 36至p. 37
布片（6.5cm正方形）1片
（小花）半球台座B（直徑22mm）1支→作法▸p. 36至p. 37
布片（5cm正方形）1片
花藝鐵絲（＃24・＃22綠色）12cm ×各1支
花藝鐵絲（＃26綠色・葉用）12cm×2支、組合用線
緞面緞帶（寬3mm）40cm

〈花心〉花座2個、水晶貼鑽（直徑4.7mm）2個

〈飾品・五金配件類〉15齒髮梳

【完成尺寸】大花：直徑約6.3cm・小花：直徑約5.7cm

・細褶返撮2褶　正面　側面　後側

✣捏製花朵（細褶返撮2褶）&葉子（裡返劍撮）➡葺置

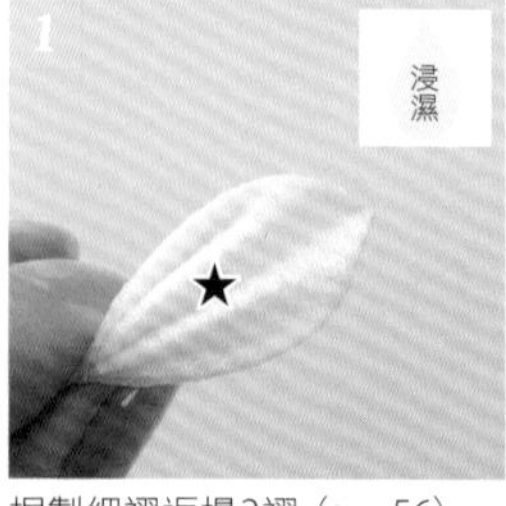

捏製細褶返撮2褶（▸p.56）。

以指腹自★處，從下方往上頂起。

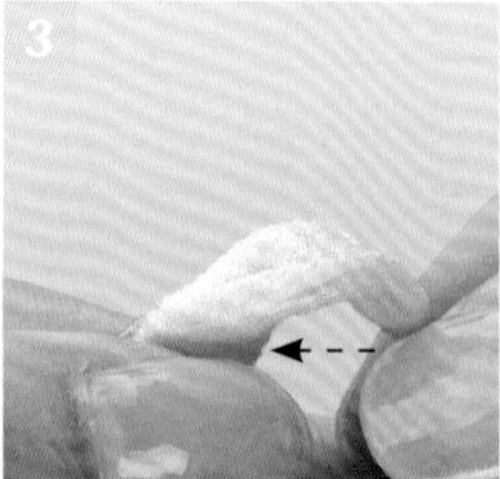

捏住劍尖處，推往←的方向。

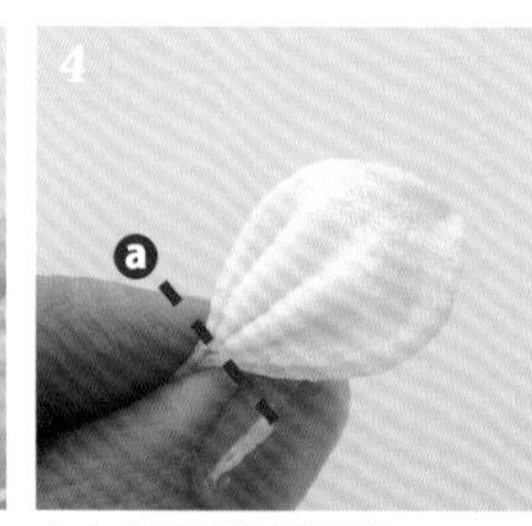

左右均等地進行整理。

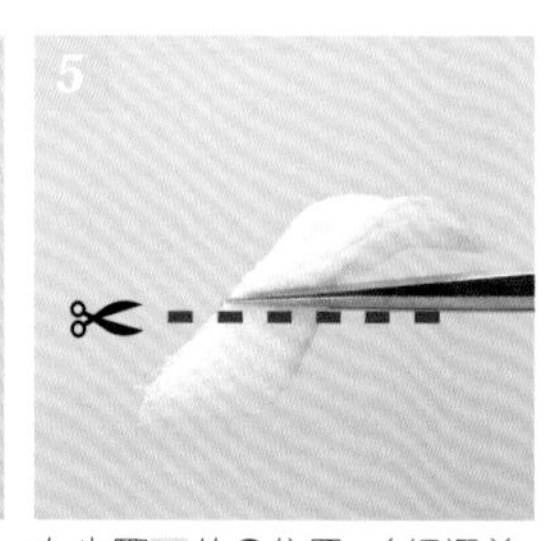

在步驟4的ⓐ位置（細褶前端的最短處）進行端切後，放置於漿糊板上。

在布片半球台座D（▸p.29）上，葺置上6片第1段的花瓣。

第2段在第1段的花瓣之間各葺置上1片花瓣。

第3段也在第2段的花瓣之間各葺置上1片花瓣。

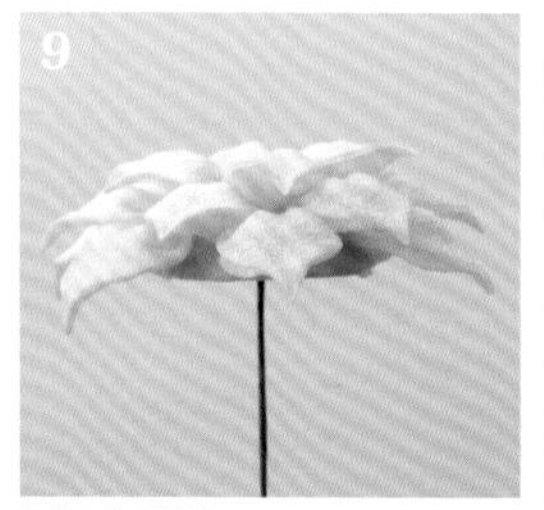

側視的模樣。

以白膠接黏花心的裝飾（▸p.25）。

小花也依相同方式葺置。

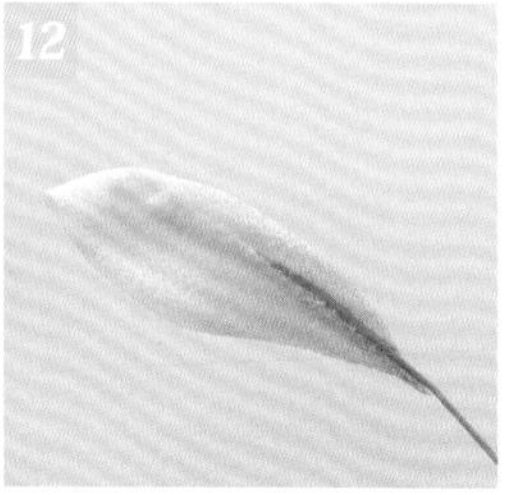

依「鳶尾花髮釵（▸p.58）」葉子的相同作法，製作葉子。

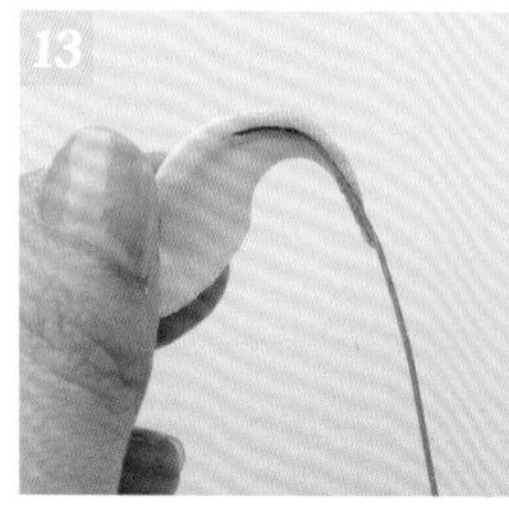

將葉子的鐵絲摺彎成圓弧狀。

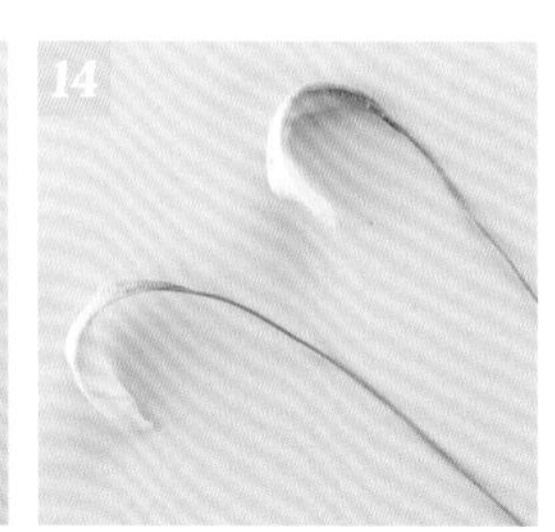

共製作2支。

將花朵&葉子組裝於髮梳上

將小花&大花的鐵絲摺彎成直角後，將2支合併在一起。

在鐵絲上塗抹白膠後，再將2支花朵以組合用線纏繞起來（參照▶p.62「星花髮梳」作法9至9）。

確認2片葉子合併的位置。

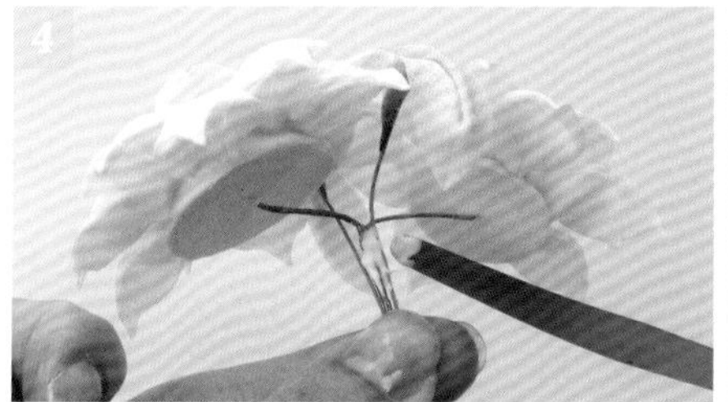
將鐵絲塗上白膠後，以組合用線纏繞起來。

自花朵分歧處開始纏繞3.7cm後，剪斷組合用線，再在線端處塗抹白膠&纏繞固定。

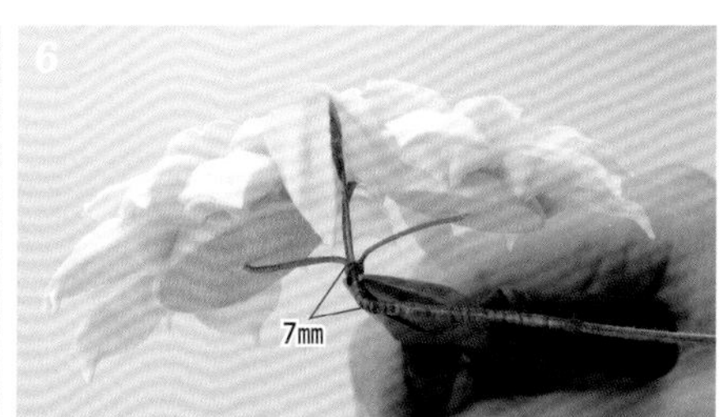

在距離花朵分歧7mm處，將鐵絲摺彎成直角。

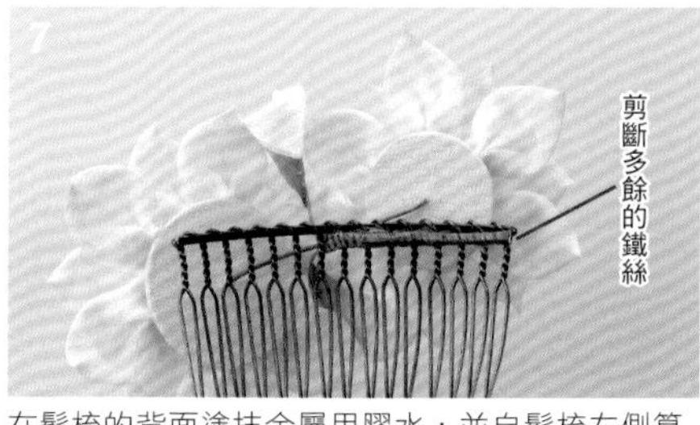

在髮梳的背面塗抹金屬用膠水，並自髮梳左側算起第7齒處，穿入花朵的鐵絲&黏接固定（參照▶p.63「星花髮梳」作法2至4）。

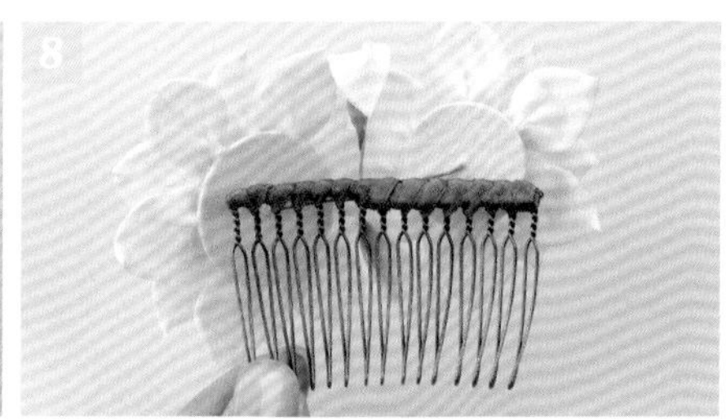
以緞面緞帶將髮梳纏繞固定（參照▶p.63「星花髮梳」作法4至13）。

◆p.61 *No.* 27

八重桔梗 U型髮釵

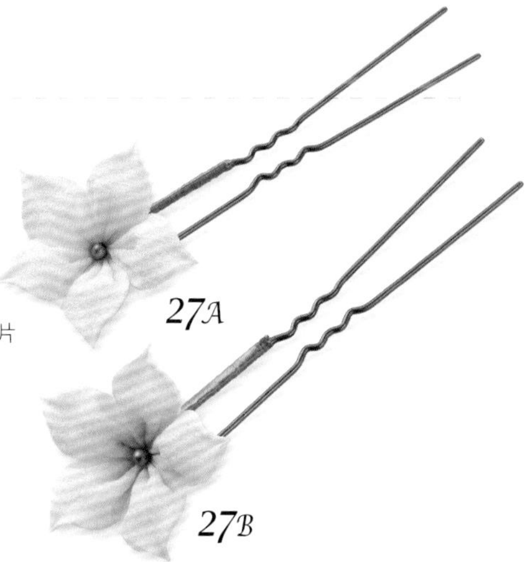

▸ 27A・27B（1個）

〈布材〉真絲雪紡薄紗 6文目
4.5cm正方形×5片

〈底座〉圓形底墊（直徑15mm）1支、布片（3cm正方形）1片
花藝鐵絲（＃24綠色）12cm×1支、組合用線

〈花心〉金屬串珠銅珠（直徑3mm）1顆

〈飾品・五金配件類〉U型髮釵（7.5cm）1支

【完成尺寸】直徑約3.7cm（花朵）

將布片圓形底墊台座（▶p.9）塗上一層厚1mm的漿糊。

葺置上5片花瓣。再將串珠塗上白膠，黏貼於花朵中心處（▶p.66）。

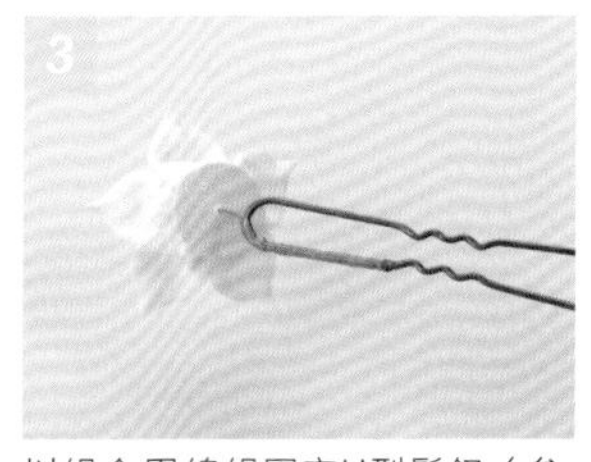
以組合用線組固定U型髮釵（參照▶p.57「姬大理花U形髮釵組」葺置花朵作法8至11）。

染成紫羅蘭色

美麗的紫羅蘭色漸層髮飾。藉由改變花瓣的段數，就能製作出小髮夾或存在感十足的搶眼胸花。

No.28 凜花風胸花
▶p.69

No.29 凜花風水滴夾
▶p.70

No.30 凜花風髮夾
▶p.70

◆p.68 No.28

凜花風胸花

No.28

▸28材料（1個）

〈布材〉羽二重5文目

第1段：5cm正方形×5片、第2段：5.5cm正方形×5片

第3段：6cm正方形×5片、第4段：6.5cm正方形×5片

〈底座〉半球台座E（直徑30mm）1支→作法▸p.36至p.37

和紙（7cm正方形）1片

花藝鐵絲（＃22）12cm×1支

白色不織布（直徑25mm・厚約1.5mm）1片

〈花心〉棘刺花蕊適量

〈飾品・五金配件類〉2way髮夾胸針台（直徑27mm）

【完成尺寸】直徑約7.3cm（花朵）

・細褶圓撮

正面

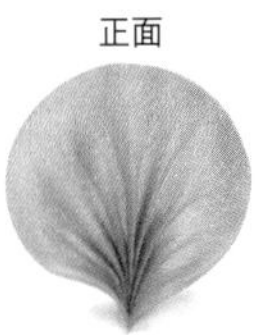

側面

後側

❖捏製細褶圓撮

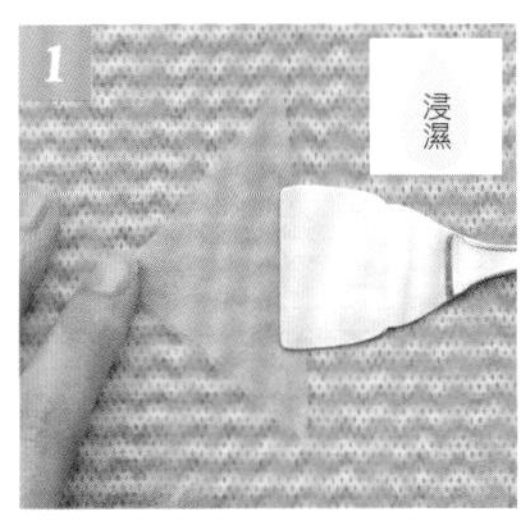

依菱形撮作法1至2（▸p.39）的要領摺疊。

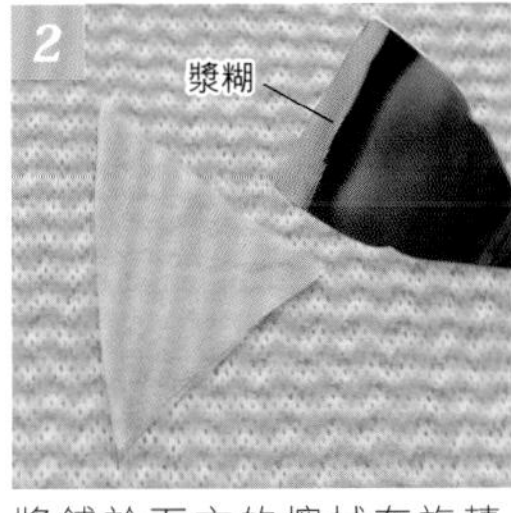

將鋪於下方的擦拭布旋轉180°，並以小鐵鏟沾取漿糊。

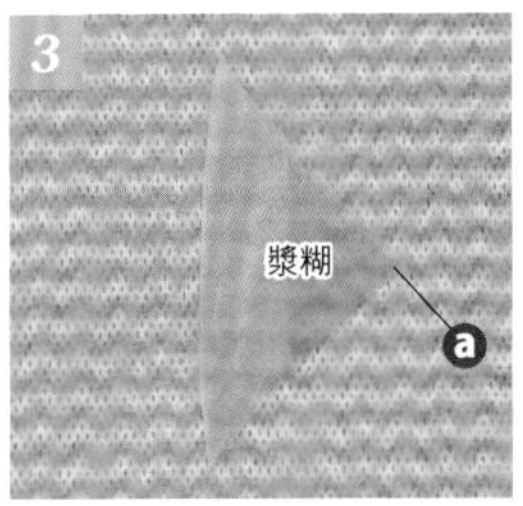

將布片的半邊塗上一層漿糊。

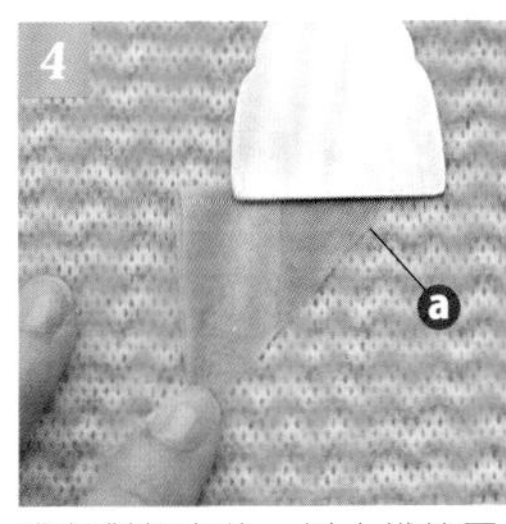

進行對摺之後，以小鐵鏟壓住邊緣。

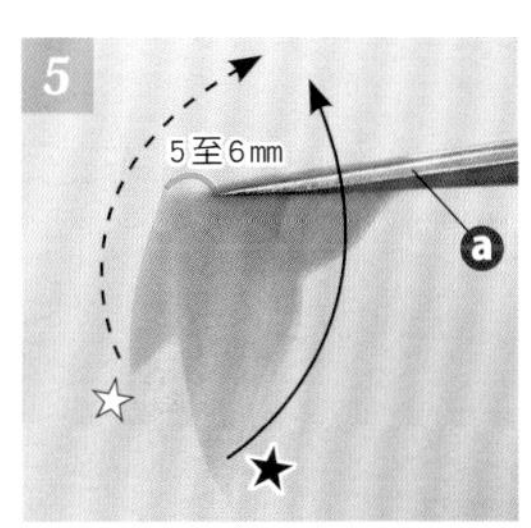

將★與☆處往外打開後，往上反摺。

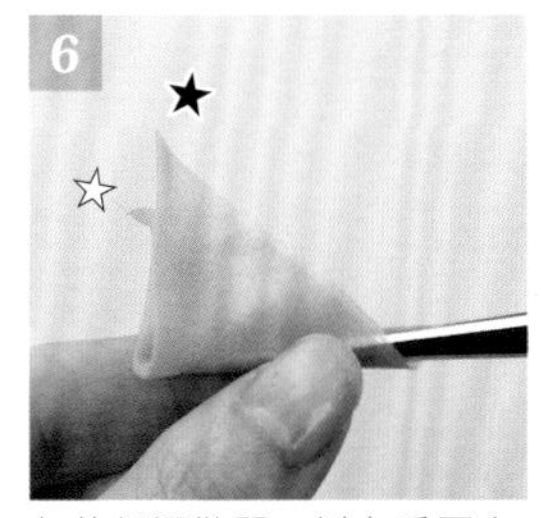

勿使細褶散開，以左手壓合＆抽出鑷子。

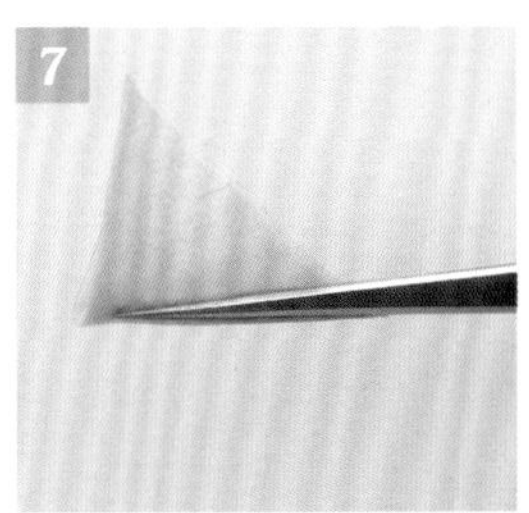

以鑷子自外側再次夾住，使布底與鑷子的底邊保持一致。

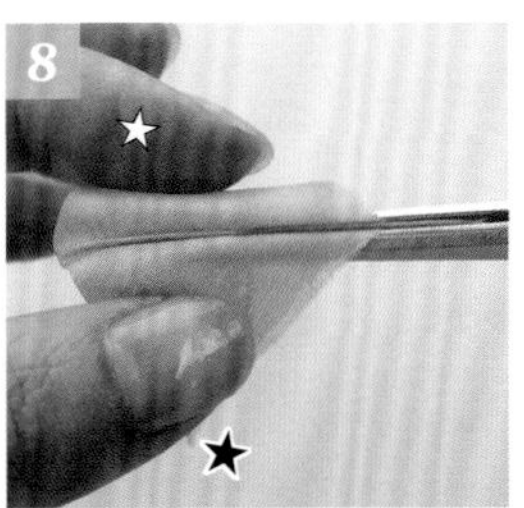

將★與☆處往外打開後，往下反摺。

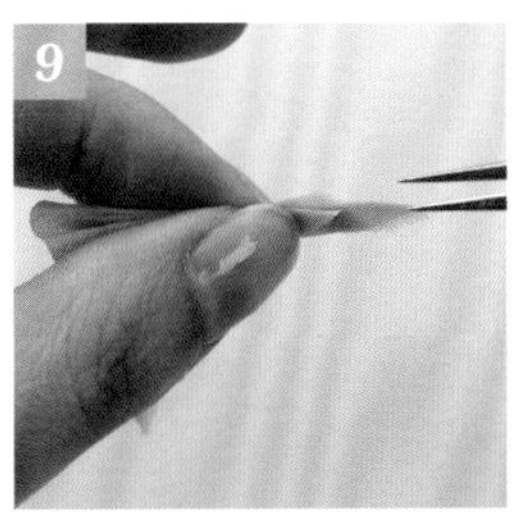

抽出鑷子。依相同方式，重複步驟5至8，逐一摺疊細褶。

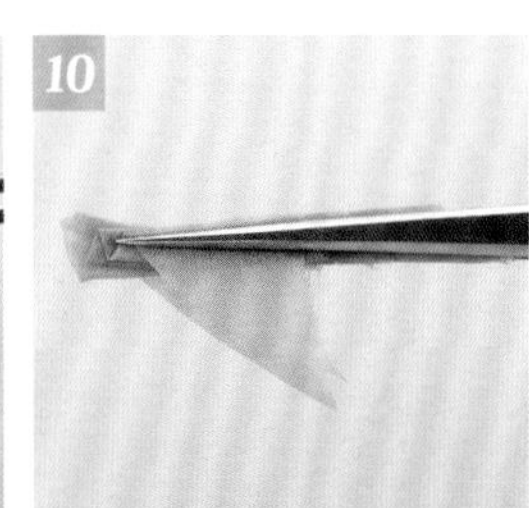

側視的模樣。鑷子的寬度與摺疊的細褶寬度大致相同。

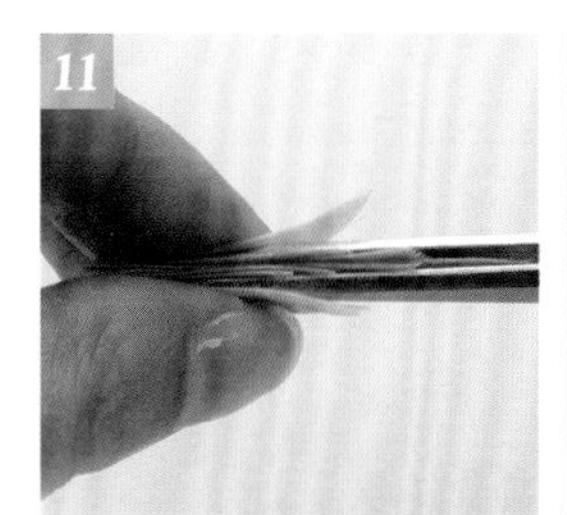

使布片的上邊與鑷子的上邊保持一致。

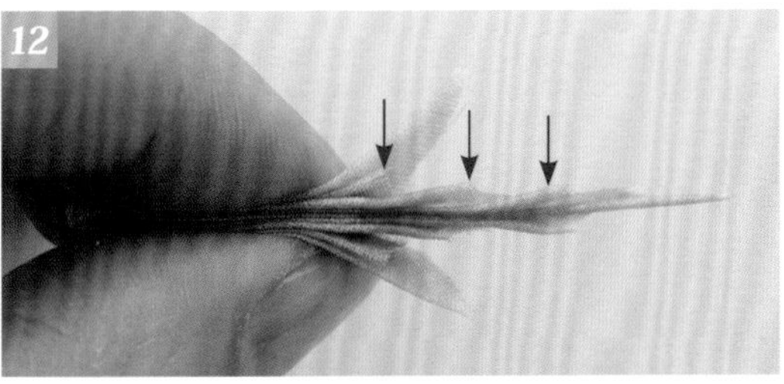

取下鑷子後，即可形成3個段差。

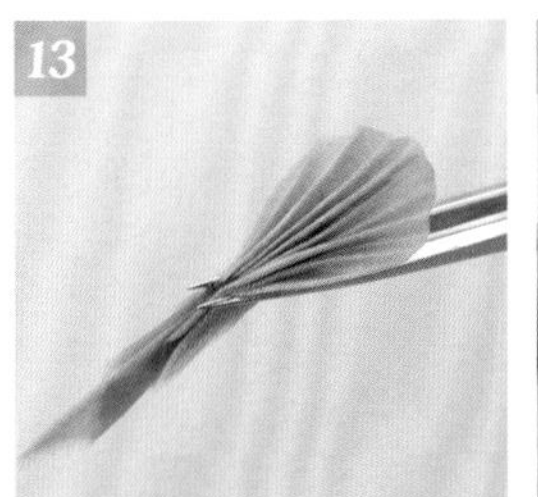

改以鑷子拿著撮花。

攤開之後，仔細地整理成圓形。

以鑷子捏撮最外側的布。在維持原狀下，直接往←方向拉開2至3mm。

拉開的模樣。另一側作法亦同。

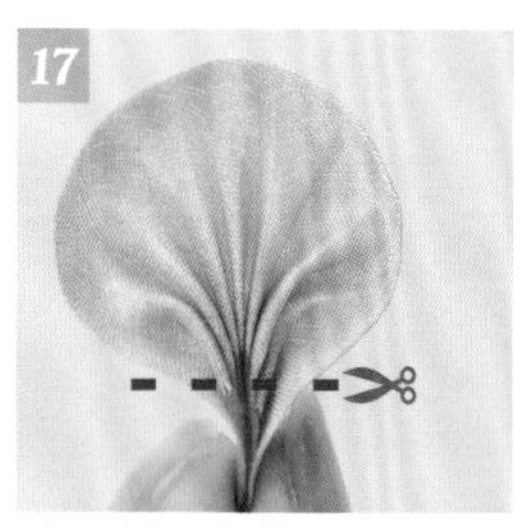

以圓形為目標整理形狀。再以細褶的最短處為基準，進行端切。

勿使細褶散開，放置於漿糊板上。再除去多餘的漿糊，移至鮮奶盒紙片的上方，靜置乾燥。

第1至3段捏撮7褶細褶，第4段捏撮9褶細褶。

❖葺置花朵➡組裝上飾品&五金配件，完成！

在撮花的裁切邊上沾附漿糊，並於布片半球台座（▶p.33）上，葺置5片花瓣。

第2至4段在花瓣之間各葺置上1片花瓣。

剪斷底座的鐵絲，並將花蕊的蕊頭處塗上白膠，黏貼於花朵的中心處（▶p.49）。

在不織布上塗抹金屬用膠水，黏接於2way髮夾胸針台上。

在不織布上塗抹金屬用膠水後，自花朵背面黏接上2way髮夾胸針台。

◆p.68 *No.* *29, 30*

凜花風水滴夾&一字夾

▸*29*・*30*材料（1個）

〈布材〉羽二重5文目
29：第1段：4.5cm正方形×5片、第2段：4.5cm正方形×5片
30：4.5cm正方形×5片

〈底座〉*29*：包釦（20mm）1顆、和紙（4.3cm正方形）1片
30：圓形底墊（直徑12mm）1片、和紙（2.4cm正方形）1片

〈花心〉棘刺花蕊適量

〈飾品・五金配件類〉*29*：附裝飾台座的水滴夾（直徑20mm）
30：髮夾（直徑8mm）

【完成尺寸】*29*：直徑約4.2cm・*30*：直徑約2.8cm（花朵）

❖水滴夾の作法

在水滴夾五金上塗抹白膠，黏接上和紙包釦（▶p.23）。

將底座沾附上漿糊，依胸花的相同作法葺置上花朵。

❖髮夾の作法

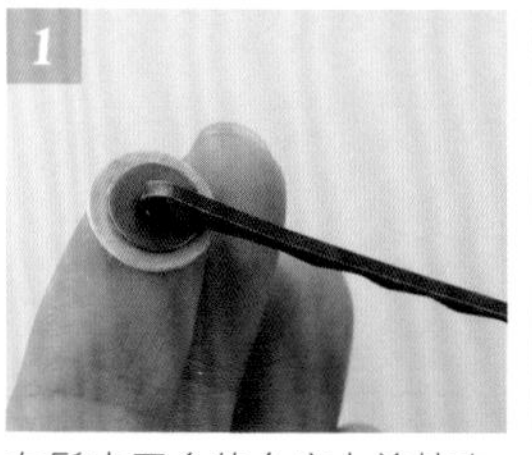

在髮夾五金的台座上塗抹白膠，黏貼上打洞圓形底墊（▶p.8）。

將底座沾附上漿糊，依胸花的相同作法葺置上花朵。

◆關於暈染技巧

此處將介紹以反應性染料來添加暈染效果的方法。進行暈然，進行暈染後，葉子或花朵的氛圍會變得更加柔和。

反應性染料

●材料

①染布…裁剪成捏撮大小的布片
②反應性染料（Roapas F COLOR） ③水 ④托盤 ⑤蠟染專用毛筆1支
⑥染色用平筆（金捲刷毛3號）2支 ⑦染色用筆（染印刷毛2號）1支
⑧量匙（微量藥勺 耳勺尺寸）⑨大茶匙
⑩報紙＆宣紙 ⑪琺瑯碗（10cm）2個 ⑫墊板

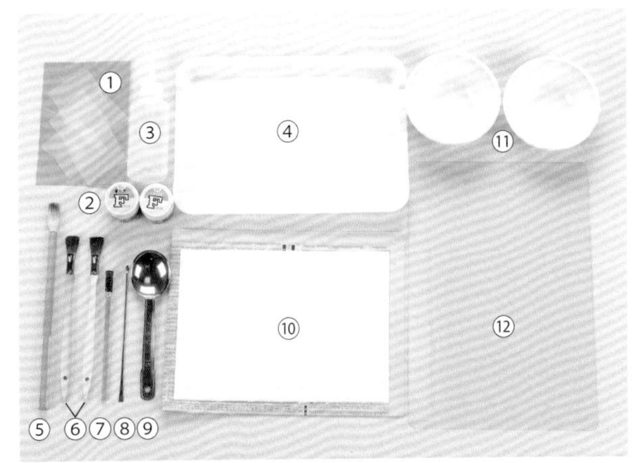

❖暈染の方法

將染料倒入琺瑯碗中，再兑入2/3大匙的水加以溶解。

羽二重可疊放3至4片，真絲雪紡薄紗則建議疊放2至3片。

將布片置放於托盤上，以蠟染專用毛筆沾濕布片。疊放上2至3片布片。

將宣紙置於報紙上， 再以鑷子將步驟2放在宣紙的上方。

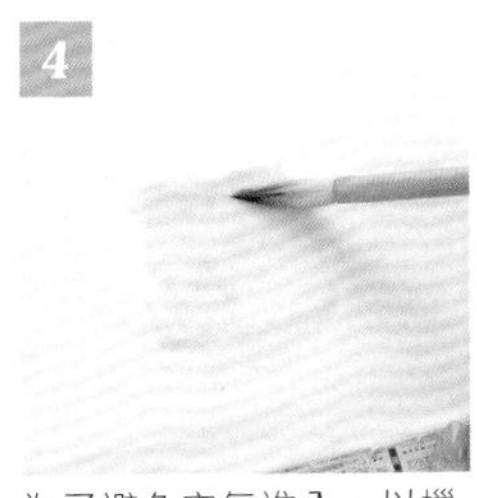

為了避免空氣進入，以蠟染專用毛筆壓平布片。

進行同色的深淺染色時，建議先以平筆塗上淺色的染液。

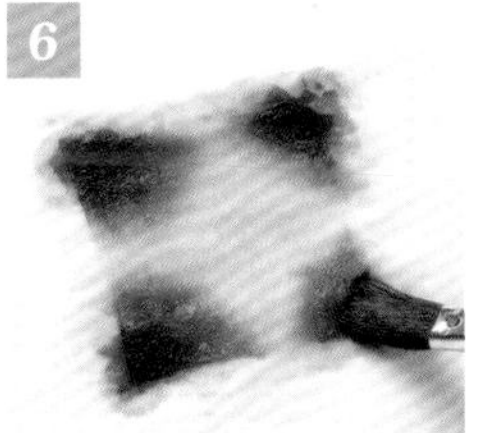

再加上深色的染液。

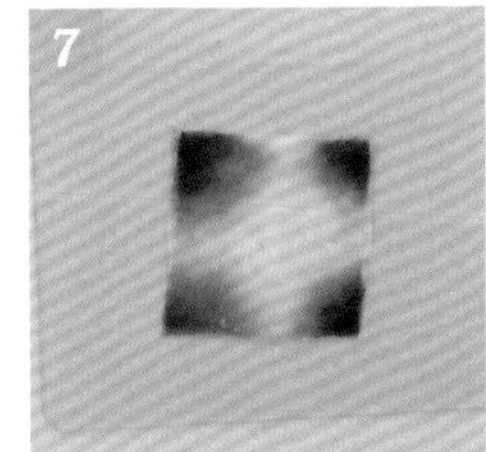

在墊板的上方置放布片，攤平待其自然乾燥。乾燥後，以熨斗進行整燙。

◆以兩種色彩進行染色……

若想使用兩種色彩暈染布料時，請依右側作法進行。

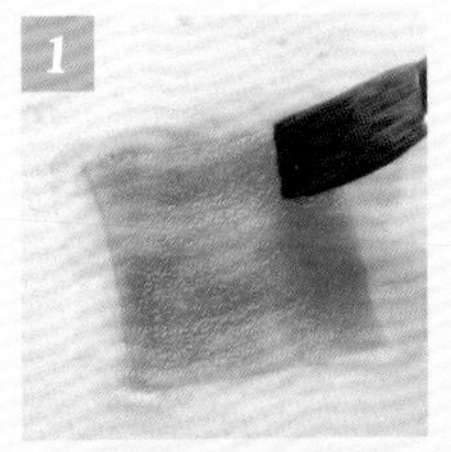

以相同作法進行至步驟4為止，以平筆整片塗上淺色的染液。

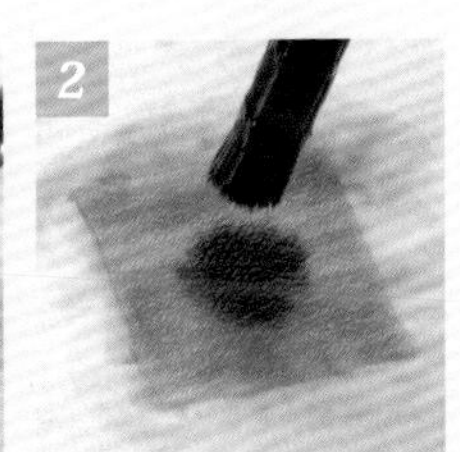

以印染刷毛筆，自中心處塗上深色的染液。

❖暈染實例＆撮花の作品

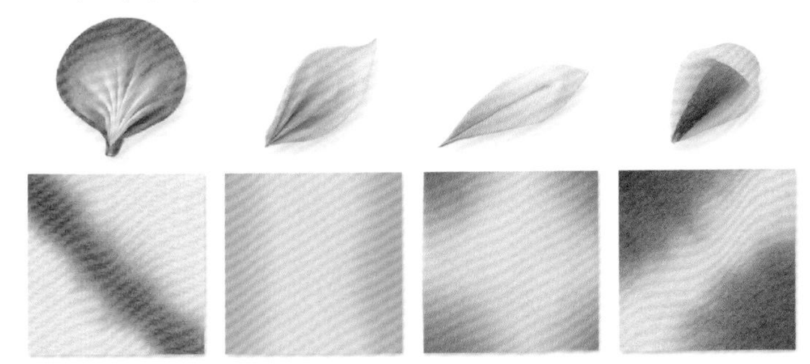
同色的深淺染色

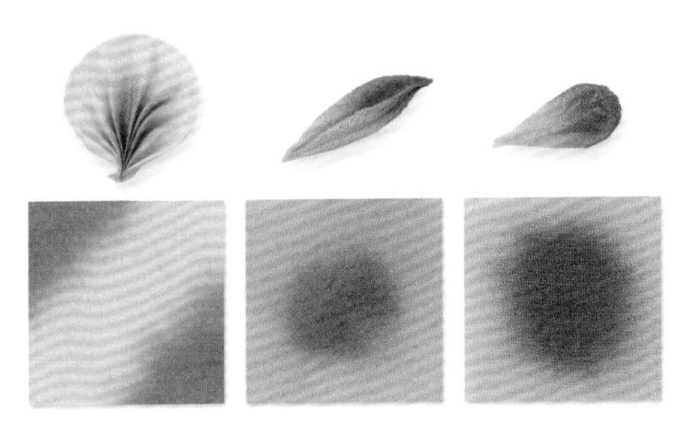
使用兩種色彩的染色

搭配美麗和服の花簪

No.31 七五三節の髮簪組

▶p.74

No.32 成人式の花簪

▶p.78

附加飾穗的花簪，一向是女孩子憧憬的夢幻飾品。只要熟練基礎的撮花，你也可以創作出如此華麗的花簪喔！
請務必嘗試挑戰這類適合七五三節＆成人式等重要節慶配戴的飾品。

◆p.72 No.31

七五三節の髮簪組

▸31 材料（1個）
〈布材〉八掛布（▸p.43）、真絲雪紡薄紗 6文目
①（大花2支）→參照「八重菊包鍊吊飾」（▸p.29）
第1段：（八掛布）2.5cm正方形×12片×2支＝共24片
第2段：外側（八掛布）3cm正方形×12片×2支＝共24片
內側（真絲雪紡6文目）3cm正方形×12片×2支＝共24片
第3段：外側（八掛布）3.5cm正方形×12片×2支＝共24片
內側（真絲雪紡6文目）3.5cm正方形×12片×2支＝共24片
②（小花6支）（八掛布）2.5cm正方形×10片×6支＝共60片
③（葉子4支）（真絲雪紡6文目）2cm正方形×5片×4支＝共20片
④（蝴蝶2支）（真絲雪紡6文目）2.5cm正方形×2片×2支＝共4片
2cm正方形×2片×2朵＝共4片→參照「山櫻髮夾・小」蝴蝶（▸p.53）
⑤（飾穗3條）（八掛布）2cm正方形×12片×3條＝共36片
〈花心〉花座（小）6個、花座（大）2個、水晶貼鑽（直徑4.7mm）8顆
〈底座〉
①（大花）半球台座E（直徑30mm）2支→作法▸p.36至p.37、布片（7cm正方形）1片
②（小花）圓形底墊（直徑21mm）6片、和紙（4.2cm正方形）6片
包釦（直徑12mm）6顆、和紙（2.5cm正方形）6片
③（葉子）和紙底墊（11mm×18mm）4片、紙型4片
④（蝴蝶）圓形底墊（直徑12mm）2片、和紙（2.4cm正方形）2片
花藝鐵絲（＃22茶色 大花用）12cm×2根
花藝鐵絲（＃24茶色 小花・蝴蝶・葉子・飾穗用釘耙用）12cm×15支、組合用線
⑤（飾穗）花藝鐵絲（＃26茶色）4cm×3條、鈴鐺3顆
人五紐（人造絲唐打紐）17cm×3條
〈飾品・五金配件類〉雙股髮釵（9cm・11cm）各1支、金蔥鐵絲線、12片銀片1支
【完成尺寸】大花：直徑約5.5cm・小花：直徑約2.4cm
蝴蝶：寬約2.3cm・葉子：寬約1.8cm

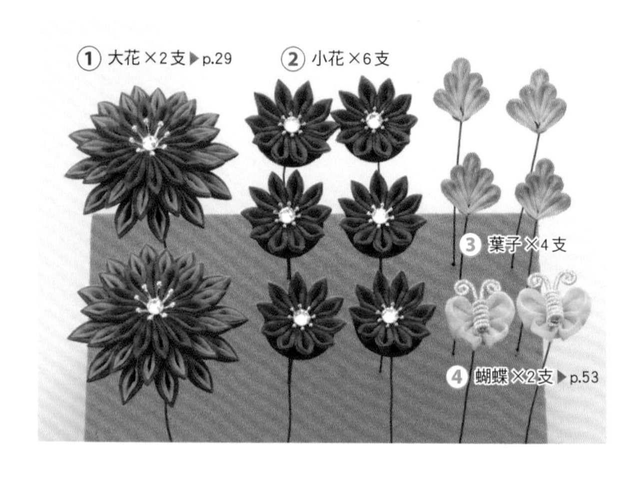

★葉子底墊紙型

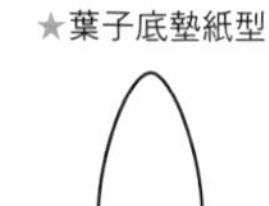

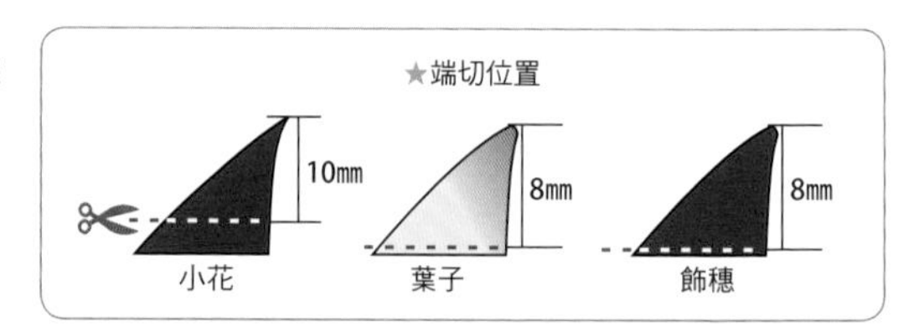

❖葺置葉子&小花

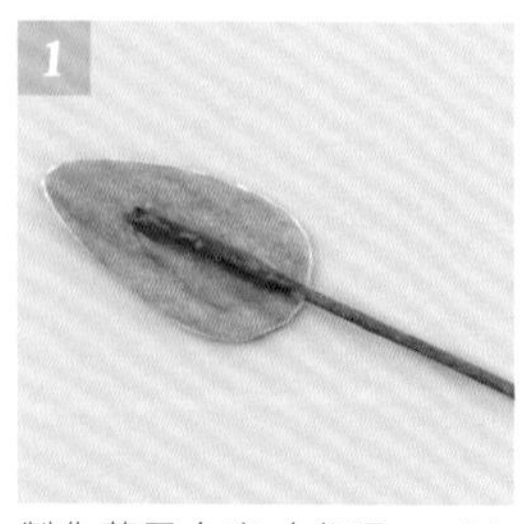

製作葉子台座（參照▸p.64「月花胸針」作法6至10）。

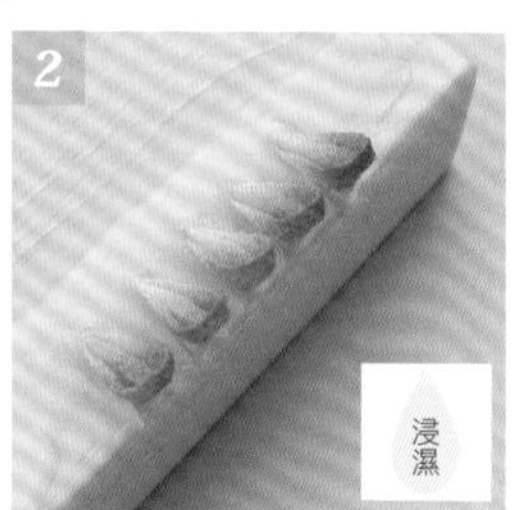

以圓撮捏製葉子後，以「端切位置」圖示為基準，進行端切（▸p.12）。

將葉子台座沾附上漿糊。

使撮花的布足呈緊閉狀，以V字形葺置上2片葉子。

葺置上剩餘的3片葉子，並整理形狀。

依布片圓形底墊的要領，製作和紙圓形底墊台座（參照▸p.9步驟1至4）。

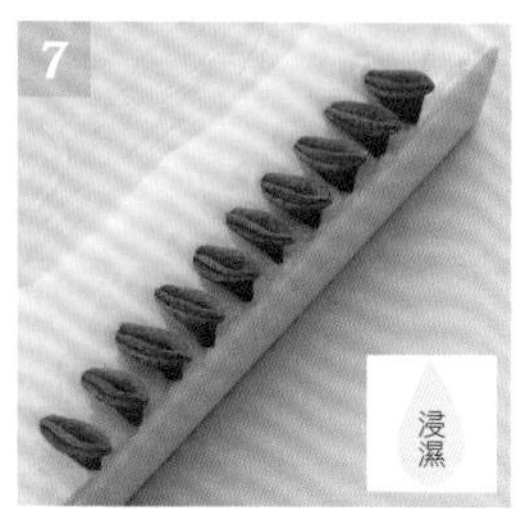

小花進行劍撮之後，以「端切位置」的圖示為基準，進行端切（▸p.22）。

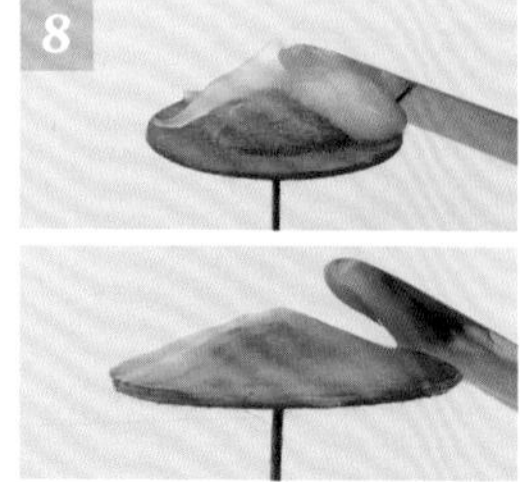

將和紙包釦台座厚厚地塗上漿糊，形成傘狀般的造型。

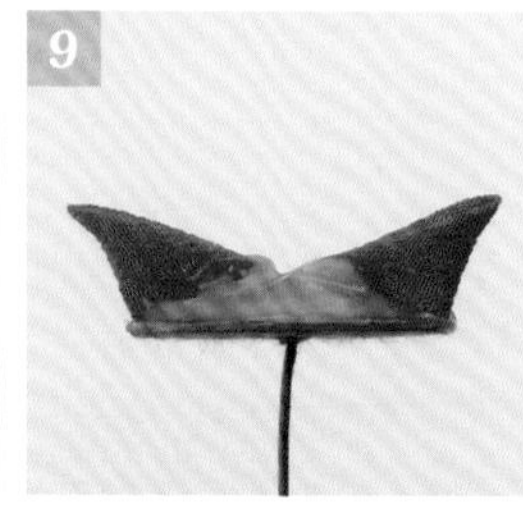

以對角的配置葺上2片花瓣。再將剩餘的花瓣各取4片，逐一葺置於花瓣之間。

葺置上10片花瓣之後，以白膠黏接上花心的裝飾（▸p.25）。

❖組合大花・小花・蝴蝶・葉子・銀片

在距離底座約2.5cm處，摺彎小花的鐵絲。

將小花對準大花之後以手拿持。在小花＆大花鐵絲的接合處塗抹白膠，纏繞上組合用線。

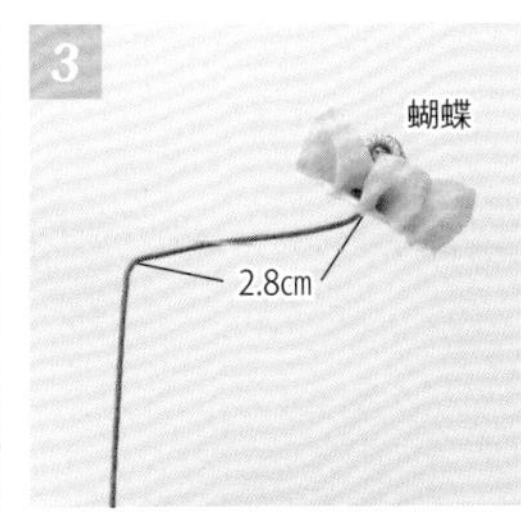

在距離底座約2.8mm處，摺彎蝴蝶的鐵絲。

於小花的上方組合上蝴蝶。

一邊添加白膠，一邊以組合用線纏繞。

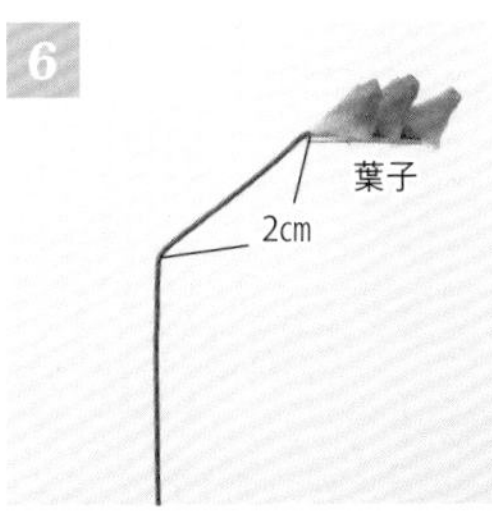

在距離底座約2cm處，摺彎葉子的鐵絲。

在大花的上方組合上葉子。

一邊添加白膠，一邊以組合用線纏繞。

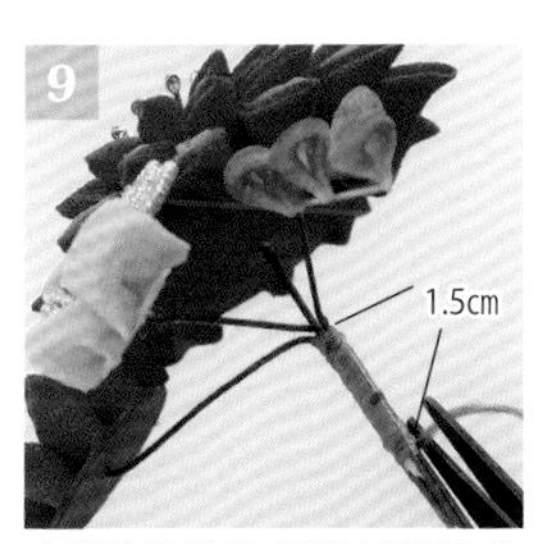

自鐵絲的分歧處開始纏繞1.5cm後，剪斷組合用線，再在線端處塗抹白膠＆纏繞固定。

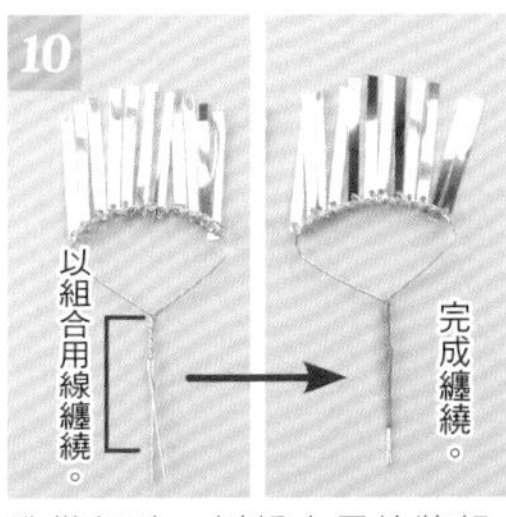

準備銀片。以組合用線將銀片的鐵絲下方纏繞固定。

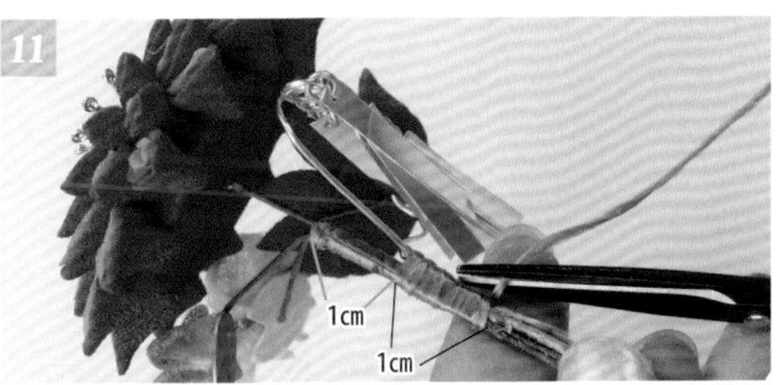

在距離鐵絲分歧1cm以下處，合併上銀片。以組合用線將銀片纏繞固定後，剪斷組合用線。

將銀片組裝在花朵下方。

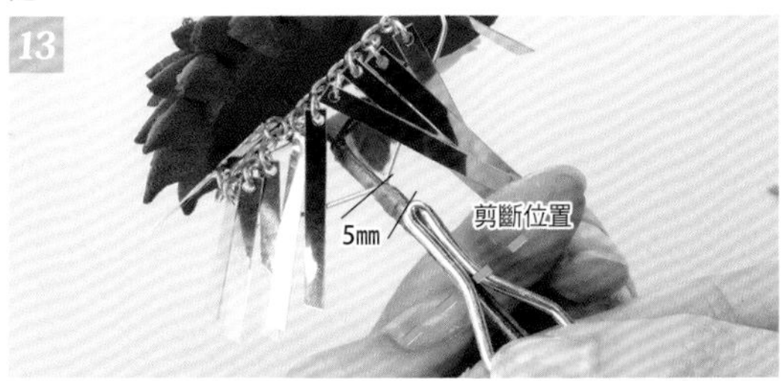

將雙股髮釵前端擺放在距離銀片根部下方約5mm處，貼放上髮簪五金後，並決定剪斷鐵絲的位置。

以斜口鉗剪斷鐵絲。

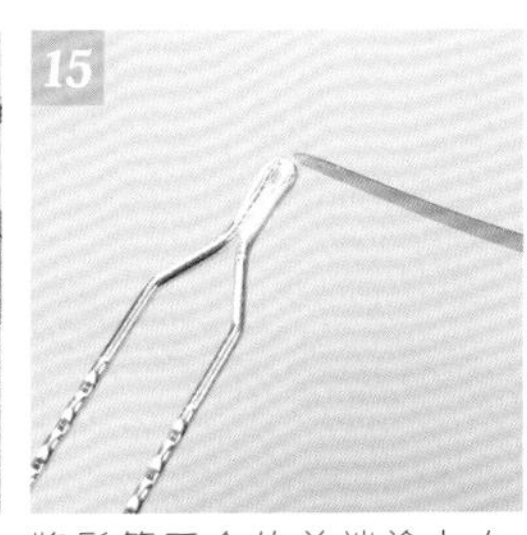

將髮簪五金的前端塗上白膠。

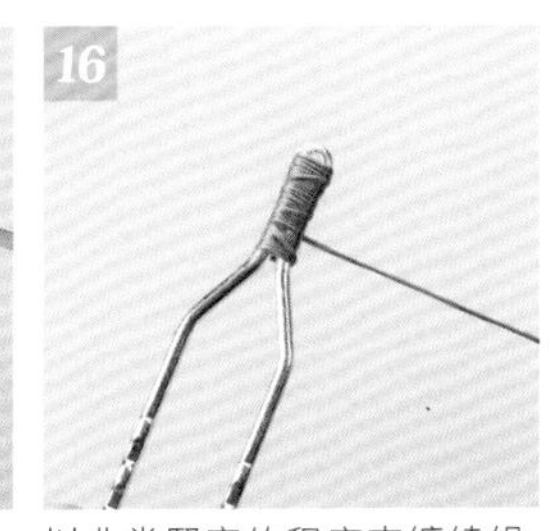

以非常緊密的程度來纏繞組合用線。

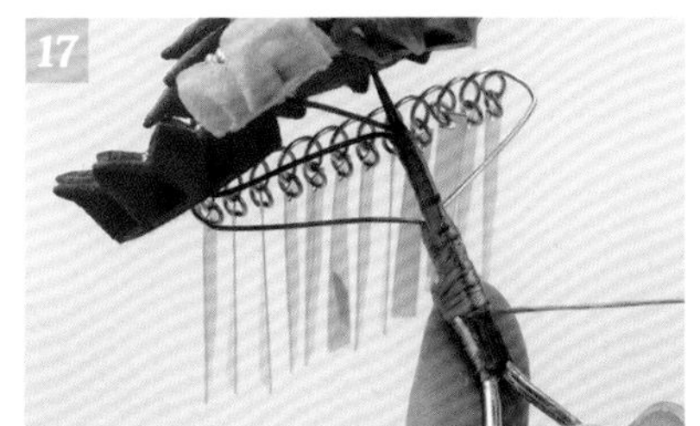

維持作業中的原狀，直接一邊添加白膠，一邊確實地以組合用線纏繞髮簪五金＆主體。

剪斷組合用線，再以白膠固定。

以平口鉗將髮簪的花頭部分立起。

勻稱地整理整體配置，完成！

❖製作飾穗

1

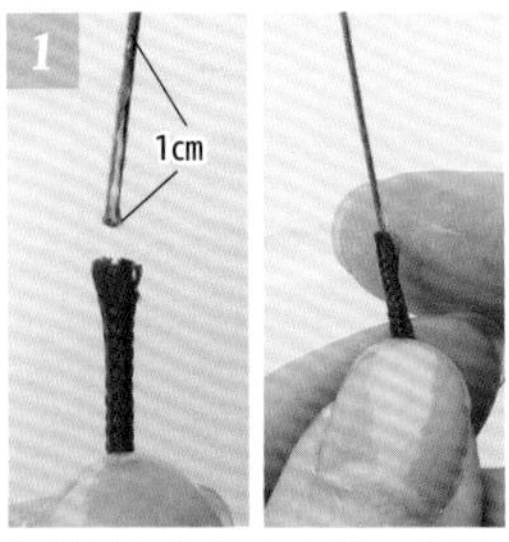

鐵絲的前端塗上白膠，插進人五紐的內部。

2

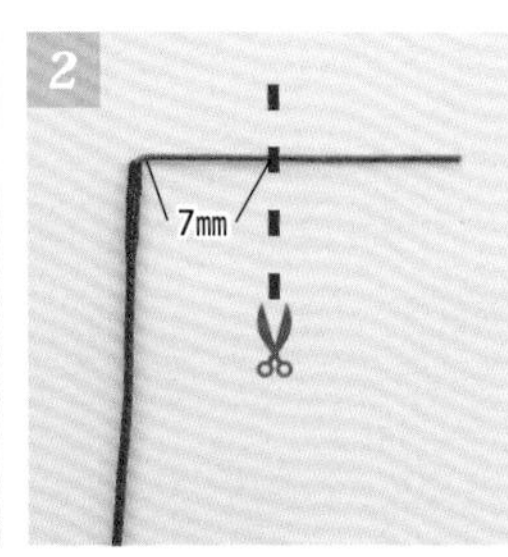

將鐵絲摺彎成直角，預留7mm後，剪斷鐵絲。

3

以圓嘴鉗夾住鐵絲的尾端，如反轉手腕般，一口氣捲成圈狀。

4

捲成圈狀。

5

在影印用紙上以18mm的間距畫上6條線，並裝入透明文件夾內。

6

進行圓撮之後，以「端切位置」圖示為基準，進行端切(▶p.12)。

7

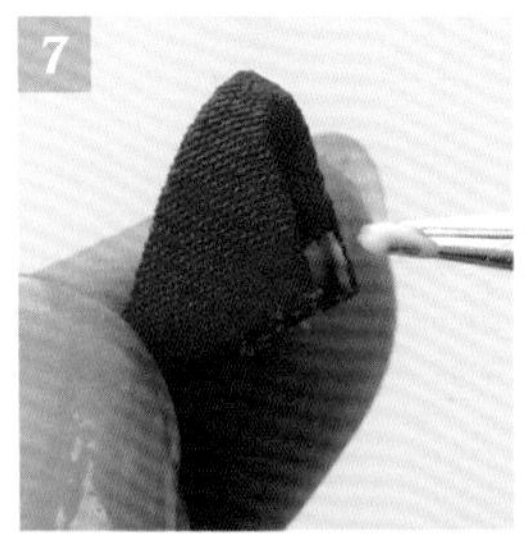

在撮花的布足內側塗抹少量的白膠後，將布足捏緊&放置於漿糊板上。

8

除去多餘的漿糊，並由漿糊板上移至鮮奶盒紙片的上方，靜置乾燥(▶p.18)。

9

在撮花的裁切邊上塗抹白膠。

10

依步驟5畫好的引導線黏貼上步驟4的線繩後，再將2片撮花葺置於線繩上。

11

水平檢視步驟10，將撮花宛如呈現V字形般的葺置上去。

12

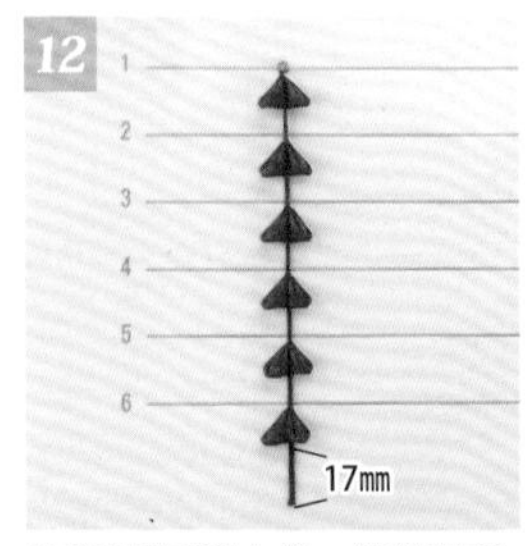

待葺置完6段之後，線端預留17mm，剪斷。

13

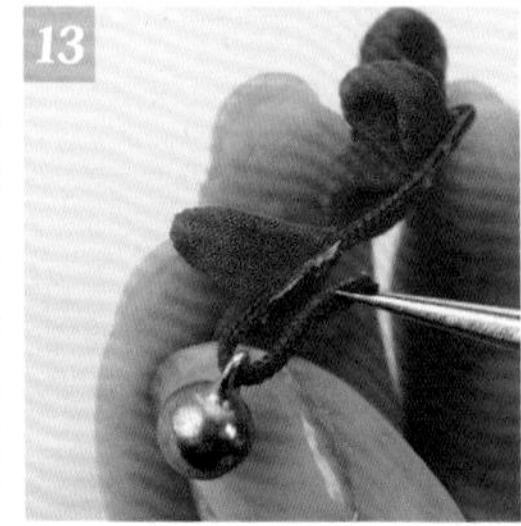

將鈴鐺穿於線繩中，並以白膠固定。

14

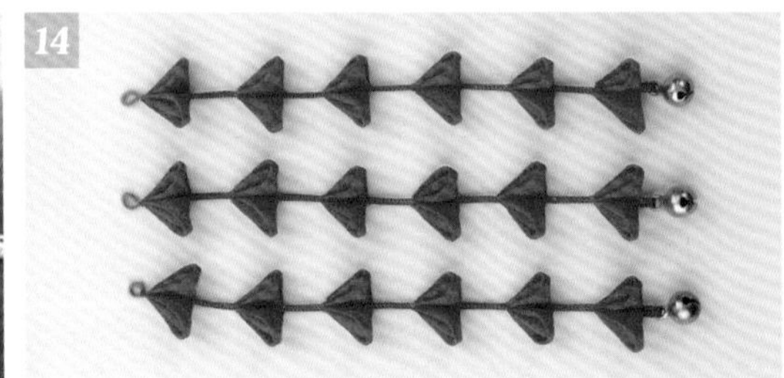

依相同方式進行，共製作3條。

❖組合大花・小花・蝴蝶・葉子・飾穗

1

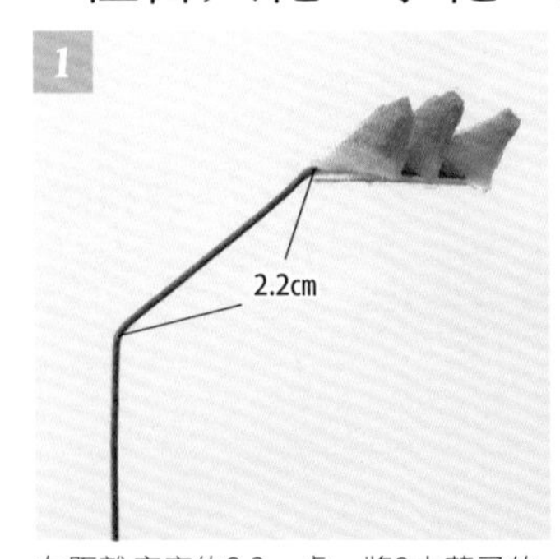

在距離底座約2.2cm處，將3支葉子的鐵絲全部摺彎。

2

如圍繞著大花般，以三角形的配置組合上葉子。

3

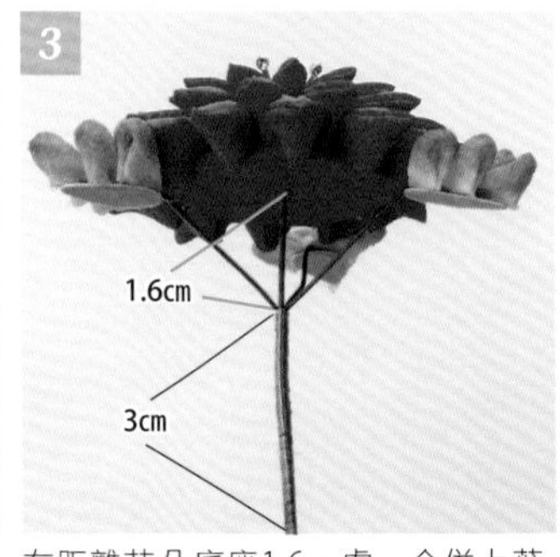

在距離花朵底座1.6cm處，合併上葉子，並繞線固定大約3cm左右，再剪斷組合用線。

4

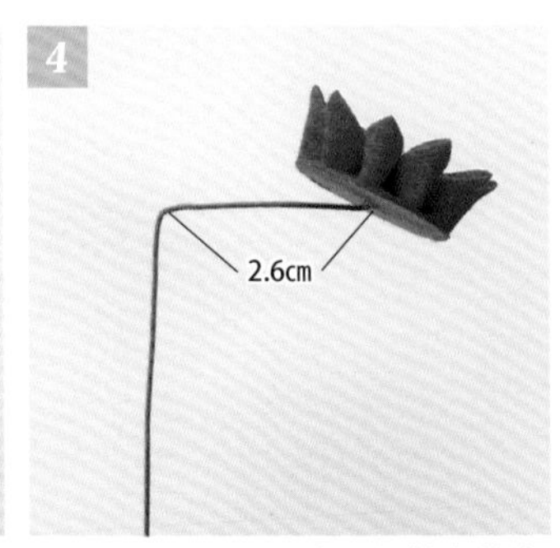

在距離底座約2.6cm處，摺彎小花的鐵絲。

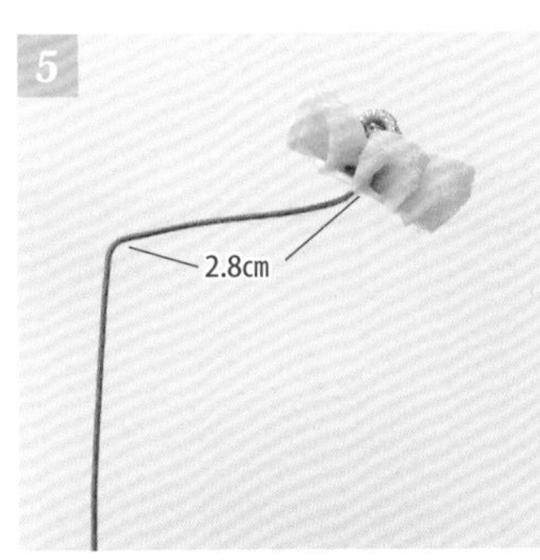

在距離底座約2.8cm處，摺彎蝴蝶的鐵絲。

在大花的右邊組合上小花，再將蝴蝶組合在其上方。

側視的模樣。將小花＆蝴蝶併接之後，以組合用線纏繞5次左右，進行固定。

在大花的下方添加2支小花後，依相同作法以線纏繞5次，進行固定。

在大花的左上方添加2支小花後，依相同作法以線纏繞5次，進行固定。

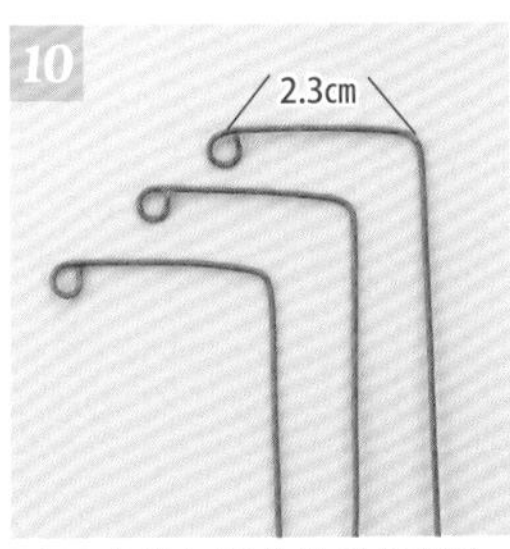

以圓嘴鉗在鐵絲的前端製作環圈，並依圖示摺彎。

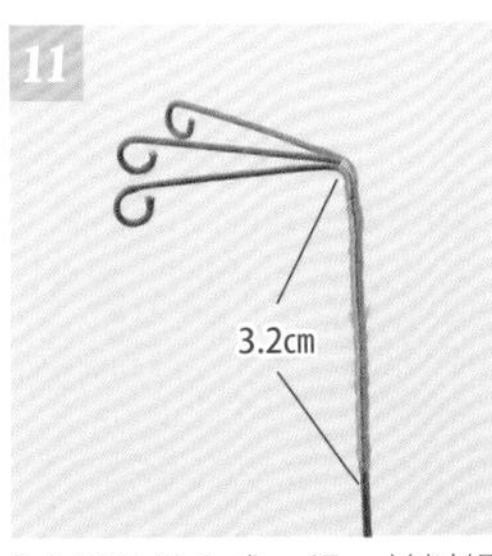

3支鐵絲組合成一組，並以組合用線纏繞3.2cm，完成飾穗用釘耙。

以自小花的下方往下垂掛飾穗為標準，確認併接飾穗用釘耙的位置＆進行組裝。

一邊添加白膠，一邊逐一以組合用線纏繞2.3cm。

在距離分歧1cm處貼放上雙股髮釵後，並決定剪斷鐵絲的位置。

以斜口鉗剪斷鐵絲。

以平口鉗將髮簪的花頭部分立起。

在飾穗用釘耙的環圈上接裝飾穗，完成！

請配合孩子的和服顏色，自由地嘗試改變顏色製作。

◆p.73 No.32

成人式の花簪

▸32 材料（1個）

〈布材〉羽二重5文目

①（大花3支）→八重櫻胸花（▸p.50）
　第1段：4.5cm正方形×5片×3支＝共15片
　第2段：4.5cm正方形×5片×3支＝共15片
　第3段：5cm正方形×5片×3支＝共15片
　第4段：5cm正方形×10片×3支＝共30片

②（小花4支）2cm正方形×10片×4支＝共40片

③（飾穗）7段：2.3cm正方形×14片×2支＝共28片、8段：2.3cm正方形×16片

〈花心〉花座（大）3個、水晶貼鑽（直徑4.7mm3顆・直徑3.9mm4顆）

〈底座〉

①（大花）半球台座D（直徑27mm）3支→作法▸p.36至p.37、和紙（6.5cm正方形）1片

②（小花）圓形底墊（直徑18mm）4片、和紙（3.6cm正方形）4片
　花藝鐵絲（#22茶色 大花用）12cm×3支
　花藝鐵絲（#24茶色 小花用）12cm×4支、組合用線

③（飾穗）圓形彈簧扣頭3個、葉片墜飾3個、Fine yarn線繩（20cm）3條

〈飾品・五金配件類〉雙釵髮簪（13.2cm）1個

【完成尺寸】大花：直徑約5.8cm・小花：直徑約2.3cm

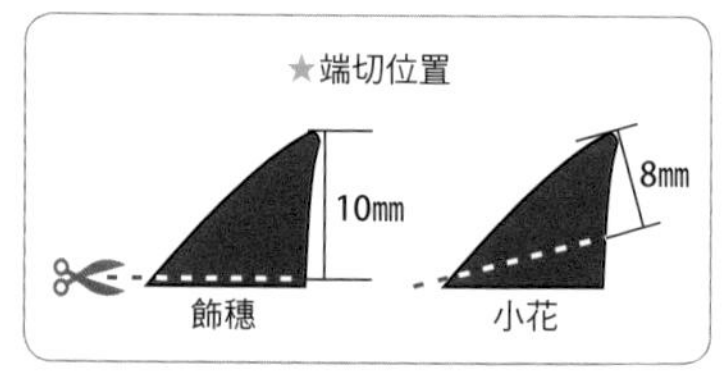

製作飾穗

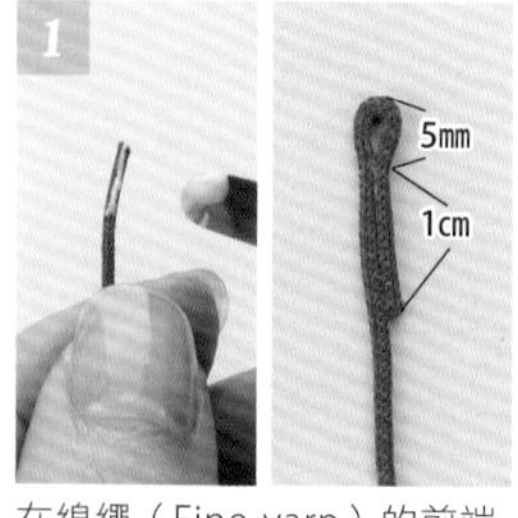

在線繩（Fine yarn）的前端1cm處塗抹白膠。

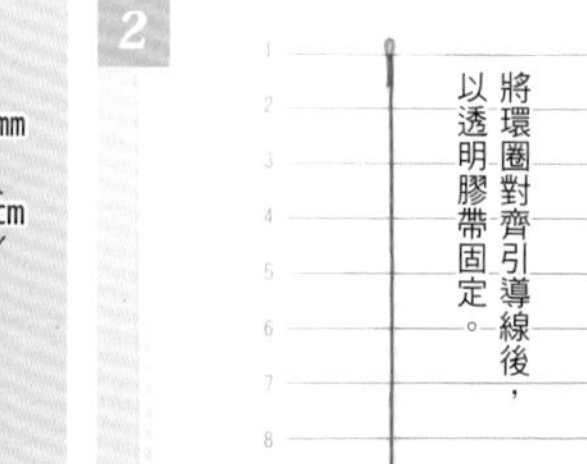

在影印用紙上取16mm的間距畫上8條線，並裝入透明文件夾內。

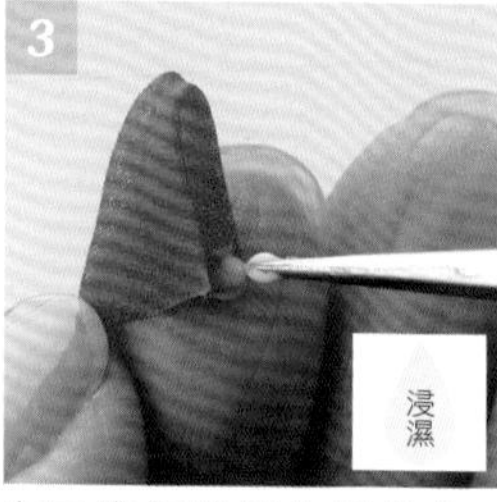

在已進行端切的圓撮（▸p.12）的布足內側，塗抹少量的白膠後，捏緊布足。

放置於漿糊板上。

依步驟1畫好的引導線黏貼上步驟2的線繩後，再將2片撮花葺置於線繩上。

水平檢視步驟5，使撮花的側面彷彿往上一般，水平地葺置上去。

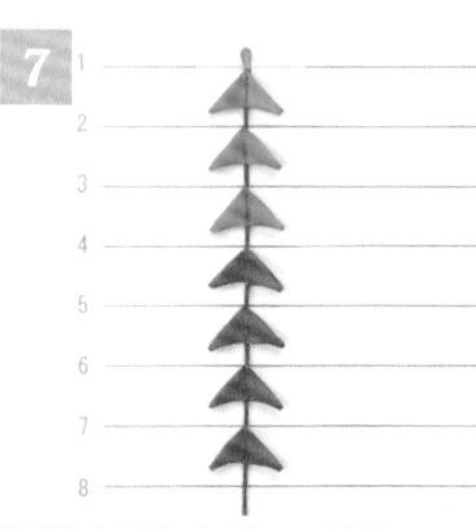

葺置完7段之後，靜置10分鐘使其乾燥。

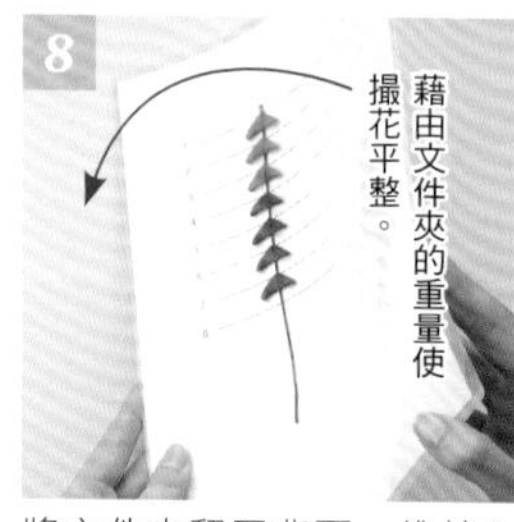

將文件夾翻至背面，維持5分鐘後，再翻至正面待其乾燥。

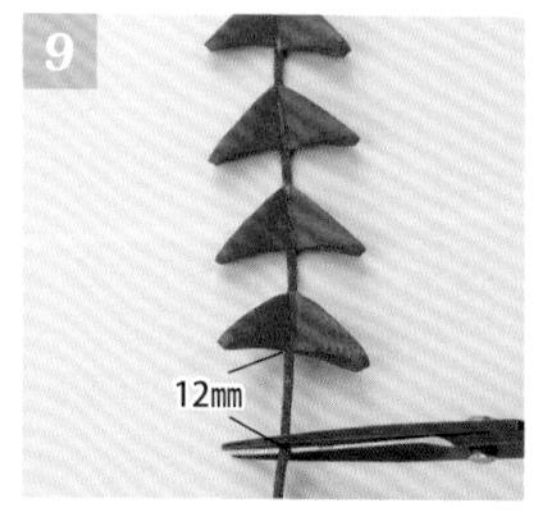

線繩尾端預留12mm後剪斷。

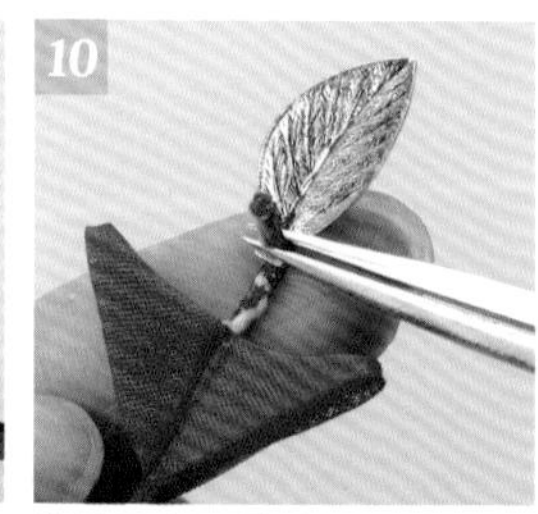

將線繩穿入葉片墜飾的圈環中，塗抹白膠黏接固定。

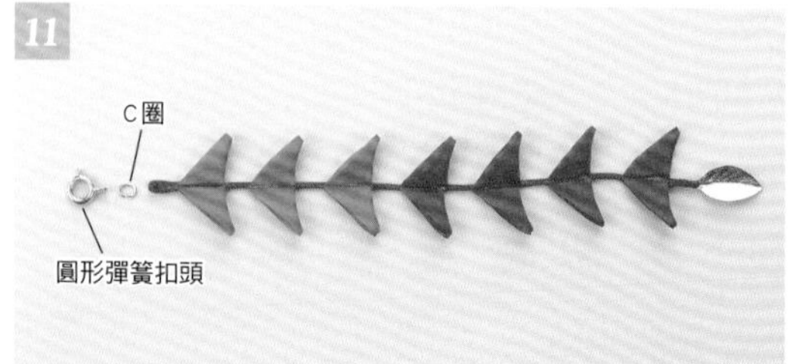

準備圓形彈簧扣頭&C圈。

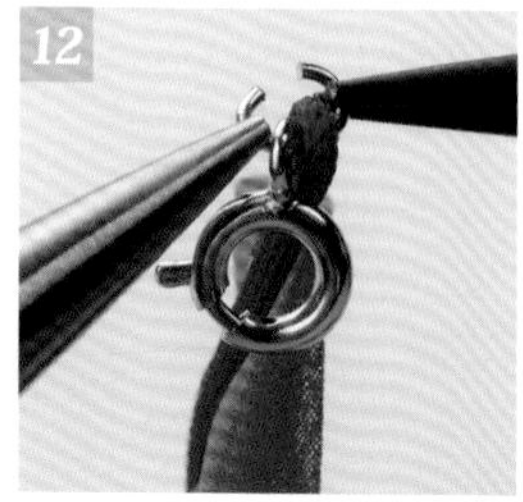

C圈穿入飾穗的環圈中，再連接上圓形彈簧扣頭（▸p.24）。

製作2條7段&1條8段的飾穗。

❖葺置小花

進行圓撮之後，以「端切位置」圖示為基準，進行端切（▶p.12）。

將打洞圓形底墊台座（▶p.8）塗上一層漿糊。

以對角的配置葺上2片花瓣，再將剩餘的花瓣各取4片，逐一葺置於花瓣之間。

緊閉布足，葺置上去。

將水晶貼鑽塗上白膠，黏貼於花朵的中心處。

❖組合大花&小花

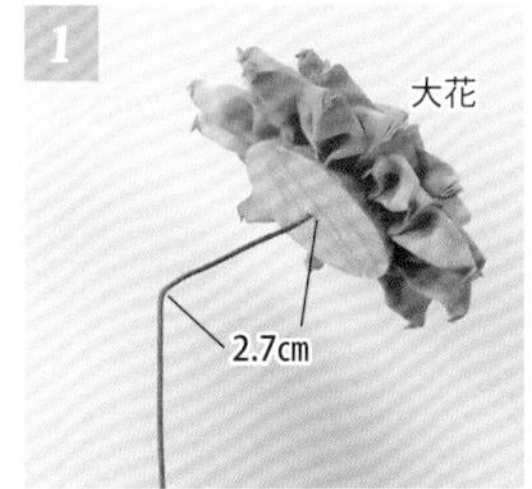

在距離底座約2.7cm處，將3支大花的鐵絲全部摺彎。

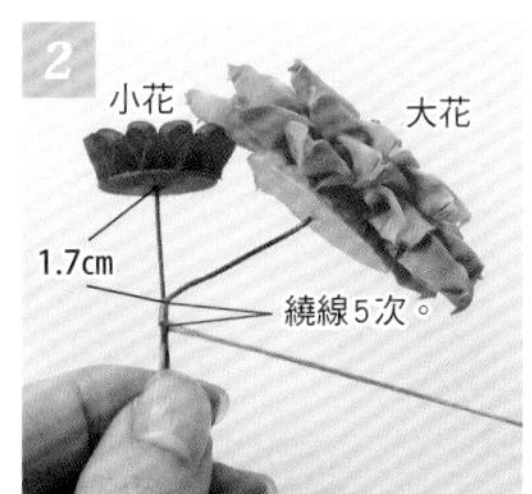

將大花合併於小花上，以手拿持固定位置。再將鐵絲的接合處塗上白膠後，纏繞上組合用線。

依相同方式製作，組合上另2支大花。

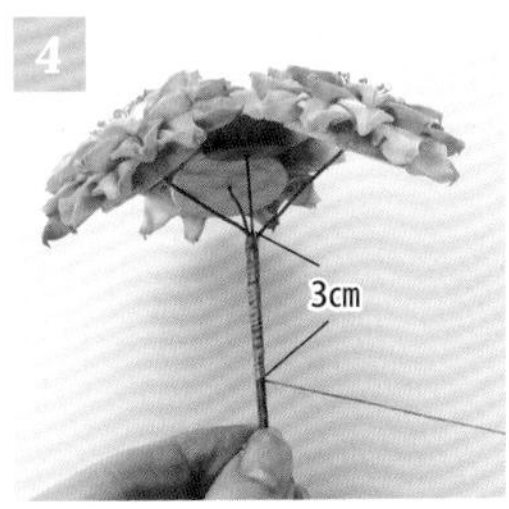

自分歧處開始纏繞固定3cm後，剪斷組合用線。

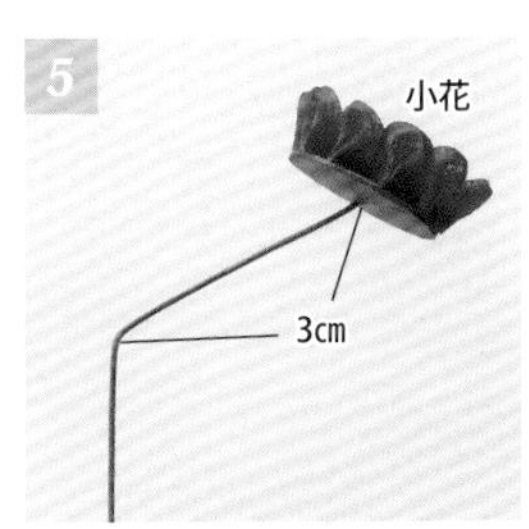

在距離底座約3cm處，將3支小花的鐵絲全部摺彎。

在步驟4的分歧處，將3支小花分別依相同要領，纏繞於大花&大花之間。

自分歧處開始纏繞固定2.2cm後，剪斷組合用線

組裝髮簪（參照「▶p.75 七五三節の髮簪」作法13至18），以平口鉗將髮簪的花頭部分立起。

大花處取8段的飾穗&小花處取7段的飾穗，各自組裝於鐵絲上，完成！

不加裝飾穗地直接製作成頭飾風的作品。布片的顏色也試著更換成典雅的紫色。

Gallery

以日常生活使用的飾品來發想，進而配合目的或場合，即可製作出千變萬化的原創作品——這就是製作時愉快＆使用時開心的捏撮和風布花。請盡情享受這超棒的飾品DIY樂趣吧！

花嫁の髮飾

施作了一道樹脂塗層加工的原創飾品「水晶＊撮花」。詮釋出完美的透明感。

美麗和服配戴の八重櫻花簪

搭配成人式的振袖和服，完成了優雅的色調。亦可當作花束使用。

扇形牡丹花簪

整體輪廓顯得雍容華貴的創作花簪。以搭配小紋（重覆印染的花樣）和服為主題，精心製作而成。

稜角玫瑰の腰帶扣飾

以不同厚度的布料表現出纖細感，製作成百搭的腰帶扣飾。

輕・布作 40

和風布花の手作時光

從基礎開始學作和風布花の32件美麗飾品

作　　者／かくた まさこ
譯　　者／彭小玲
發 行 人／詹慶和
總 編 輯／蔡麗玲
執行編輯／陳姿伶
編　　輯／蔡毓玲・劉蕙寧・黃璟安・李佳穎・李宛真
封面設計／鯨魚工作室
美術編輯／陳麗娜・周盈汝・韓欣恬
內頁排版／鯨魚工作室
出 版 者／Elegant-Boutique新手作
發 行 者／悅智文化事業有限公司　　郵政劃撥帳號／19452608
戶　　名／悅智文化事業有限公司
地　　址／220新北市板橋區板新路206號3樓
電　　話／（02）8952-4078
傳　　真／（02）8952-4084
網　　址／www.elegantbooks.com.tw
電子信箱／elegant.books@msa.hinet.net

2017年12月初版一刷　定價320元

Lady Boutique Series No.4277
TSUMAMI ZAIKU NO ACCESSORY

經銷／高見文化行銷股份有限公司
地址／新北市樹林區佳園路二段70-1號
電話／0800-055-365　　傳真／(02)2668-6220

かくた まさこ

女子美術大學附屬高中・短期大學部
主修造型科生活設計，畢業於紡織設計。

自學生時代起，開始學習繪畫與設計的基礎。畢業後，從事於show window設計或商品目錄等DTP設計編輯的工作。

2008年起，投入捏撮和風布花的製作。於百貨公司、吳服店、髮型沙龍、活動展場等地點，舉辦相關的販售活動或個展，且十分重視來自於客源層的心聲……以從和服小物到能夠搭配一般服裝等日常生活中使用的飾品為創作中心。

此外，也從事寄放於店舖的委託販賣或個人訂單的製作。

。部落格「kakuya」捏撮和風布花的飾品
http://kakuya.exblog.jp
。線上購物中心（材料＆成組材料包販售）
http://kakuya.ocnk.net

國家圖書館出版品預行編目(CIP)資料

和風布花の手作時光 / かくたまさこ著；彭小玲譯. -- 初版. -- 新北市：新手作出版：悅智文化發行, 2017.12
面；　公分. -- (輕.布作；40)
ISBN 978-986-95289-5-5(平裝)

1.花飾 2.手工藝

426.77　　106017999

雅書堂 EB新手作

雅書堂文化事業有限公司

22070新北市板橋區板新路206號3樓

facebook 粉絲團:搜尋 雅書堂

部落格 http://elegantbooks2010.pixnet.net/blog

TEL:886-2-8952-4078 · FAX:886-2-8952-4084

輕・布作 24

簡單×好作
初學35枚和風布花設計
福清◎著
定價280元

輕・布作 25

從基本款開始學作61款手作包
自己輕鬆作簡單&可愛の收納包
BOUTIQUE-SHA◎著
定價280元

輕・布作 26

製作技巧大破解!
一作就愛上の可愛口金包
日本ヴォーグ社◎授權
定價320元

輕・布作 28

實用滿分・不只是裝可愛!
肩背&手提ok的大容量口金包手作提案30選
BOUTIQUE-SHA◎授權
定價320元

輕・布作 29

超圖解!
個性&設計感十足の94枚可愛布作徽章×別針×胸花×小物
BOUTIQUE-SHA◎授權
定價280元

輕・布作 30

簡單・可愛・超開心手作!
袖珍包兒×雜貨の迷你布作小世界
BOUTIQUE-SHA◎授權
定價280元

輕・布作 31

BAG & POUCH・新手簡單作!
一次學會25件可愛布包&波奇小物包
日本ヴォーグ社◎授權
定價300元

輕・布作 32

簡單才是經典!
自己作35款開心背著走的手作布
BOUTIQUE-SHA◎授權
定價280元

輕・布作 33

Free Style!
手作39款可動式收納包
看波奇包秒變小腰包、包中包、小提包、斜背包……方便又可愛!
BOUTIQUE-SHA◎授權
定價280元

輕・布作 34

實用度最高!
設計感滿點の手作波奇包
日本VOGUE社◎授權
定價350元

輕・布作 35

妙用墊肩作の37個軟Q波奇包
2片墊肩→1個包,最簡便的防撞設計!化妝包・3C包最佳選擇!
BOUTIQUE-SHA◎授權
定價280元

輕・布作 36

非玩「布」可!挑喜歡的布,作自己的包
60個簡單&實用的基本款人氣包&布小物,開始學布作的60個新手練習
本橋よしえ◎著
定價320元

輕・布作 37

NINA娃娃的服裝設計80+
獻給娃媽們~享受換裝、造型、扮演故事的手作遊戲
HOBBYRA HOBBYRE◎著
定價380元

輕・布作 38

輕便出門剛剛好の人氣斜背包
BOUTIQUE-SHA◎授權
定價280元

輕・布作 39

這個包不一樣!幾何圖形玩創意
超有個性的手作包27選
日本ヴォーグ社◎授權
定價320元